[美] 戈兰·莱文
（Golan Levin）

泰加·布莱恩
（Tega Brain） 著

张宜春 译

U0125381

执剑而舞

用代码创作艺术

Code as Creative Medium

A Handbook for Computational Art and Design

机械工业出版社
CHINA MACHINE PRESS

图书在版编目（CIP）数据

执剑而舞：用代码创作艺术 /（美）戈兰·莱文（Golan Levin），（美）泰加·布莱恩（Tega Brain）著；张宜春译 . —北京：机械工业出版社，2023.10

书名原文：Code as Creative Medium: A Handbook for Computational Art and Design

ISBN 978-7-111-74189-3

I. ①执… II. ①戈… ②泰… ③张… III. ①程序设计　IV. ① TP311.1

中国国家版本馆 CIP 数据核字（2023）第 212134 号

机械工业出版社（北京市百万庄大街 22 号　邮政编码 100037）
策划编辑：曲　熠　　　　　　　　责任编辑：曲　熠
责任校对：王荣庆　丁梦卓　闫　焱　责任印制：任维东
北京瑞禾彩色印刷有限公司印刷
2024 年 1 月第 1 版第 1 次印刷
240mm×186mm · 17.5 印张 · 521 千字
标准书号：ISBN 978-7-111-74189-3
定价：139.00 元

电话服务　　　　　　　　网络服务
客服电话：010-88361066　　机　工　官　网：www.cmpbook.com
　　　　　010-88379833　　机　工　官　博：weibo.com/cmp1952
　　　　　010-68326294　　金　书　网：www.golden-book.com
封底无防伪标均为盗版　　机工教育服务网：www.cmpedu.com

推荐序一

Casey Reas
2020年6月

如果我刚开始学习编程的时候有这样一本书，那么此时的世界将完全不同。开始学编程的三年里，我一直在断断续续地学习——自学加上 1997 年参加的晚间编程补习班，但当时并没有任何资源专门讲解如何学习视觉艺术的编程。我的课程中只有数学运算与文本处理的编程实例和练习。这些编程练习挺难，也挺无趣，但是我知道，如果我要做自己想做的东西，就必须学会各种编程技巧。

在学完补习课程并且最终学到足够的 C 语言知识之后，我真正开始了视觉艺术的编程之旅，然后，整个世界都变了。我的梦想开始启航，我在接下来几周内学到的东西，比以前几个月学到的都要多。我把编程实验的结果统合在一起，形成了实验集《反应 006》（Reactive 006）。这个实验集成为我的敲门砖，让我在 1999 年进入了麻省理工学院媒体实验室，成为 John Maeda 领导的艺术 + 计算研究组（Aesthetics + Computation Group，ACG）的成员。ACG 就是我梦想起飞的地方。ACG 作为一个小型研究组，里面有艺术家、设计师和程序员，大家共同探索新的跨界融合方式。2001 年，Ben Fry 和我为 Processing 1.0 制作了一部分实例。我在 ACG 工作了两年，这段经历帮助我明确了未来的方向，也引领我首次开始尝试讲授创意编程。

正如我在开篇所讲到的，计算机科学所使用的教学方式并不适合视觉艺术的学生。因此，像我这种给视觉艺术专业和设计专业教课的教师，需要按照学生的思路开发新的教学方式。这也就意味着，需要解构现在的教学方法，并用新的方式加以建构。我从 John Maeda 所著的《数字设计》（Design By Numbers）中的练习开始，在每年的课程中反复调整，逐年改进，并不断添加或删除作业和练习，确保编程和创意之间的平衡。我把课程讲义与其他课程相比较时发现，这门课程同其他计算机科学课程完全不同。

2011 年的首届 Eyeo 艺术节是一个重要时刻。当时艺术家、设计师、教育家和技术专家首次在明尼阿波利斯齐聚一堂。艺术家在 2013 年首次召开了"代码 + 教育"峰会，让大量教育工作者有机会发声。Tega 和 Golan 参加了全天的会议，并提出大量关于创意编程课程的设计建议。从此以后，大量教育工作者开始研究教授创意编程的技巧和策略。本书就是对这些宝贵经验的首次总结，也希望分享给新一代教授创意编程的教师。

伟大的艺术作品让人铭记，但是艺术家如何学习编程则没有人关心。我们的网络课程由于网址和服务器经常更换，所以资料常常丢失。Johannes Itten 通过他的《设计与形式》(Design and Form) 一书开启了包豪斯艺术的教育之门。我们这本书也在做类似的事情。根据我们的教育实践，这本书将通过各种作业和练习开展创意编程教学。

和其他编程学习过程一样，学生都需要先阅读教材，再学习编程。然而现在所有的教材都会纠结于使用哪种语言，因为选定了编程语言，就缩小了读者的范围，把特定的教师和学生排除在外。Tega 和 Golan 发现了这种困境，并提出了"代码是创意媒介"的观点，剔除编程语言的限制——因此本书不再包含代码。秉承这个观念，就能够聚焦于代码和艺术相关的更高层面的概念，而不用再去解释编程的具体技术原理。像色彩、素描、风景、自画像等主题，成为这本书的重点，而像变量、函数、矩阵等技术细节则成为次要的东西。这是一次非常重要和充满激情的转变。**这使得创意编程教材不会变得单调乏味！**

如何让"创意人群"参与到编程中来？毕竟编程对他们来说是很奇特的方式。我们如何让"程序员"参与到复杂的视觉艺术中来？本书用作者过去 30 年在视觉艺术领域的教学成果，来回答上面两个不相干的问题。它不仅为学生提供了关于新型创作方式的指导，也为教育者提供了新的挑战和创作灵感。我已经教了 20 多年视觉艺术，但仍然能够在这本书中学到新东西。这本书中有足够多的素材，足以支撑多种多样的艺术课程。除此以外，书中的资料还可以用来开设周末专题补习班，或者给高中生开一门创意编程的新课，又或者开启一个技能认证项目。创意编程是一个快速进化的新领域，而本书就是一座宝库。

感谢 Tega 和 Golan 为视觉艺术教育社区提供了大量真知灼见，引入了各类资源。过去 20 年，如幻亦如电。让这本书成为我们新时代的指南，让我们向前走得更远。

推荐序二

张晴
中国美术馆副馆长，策展人，艺术家
2023年10月

当前，我们迎来了文化与科技融合发展与创新的时代，数字化与计算机已成为日常生活中的组成部分，同时也深刻地影响着当代艺术创作，在当下国际艺坛，已迅速呈现出艺术实践的多媒体融汇与跨界拓展趋势。事实上，从 20 世纪 50 年代以来，随着计算机这一发展迅猛的工具在社会中日益广泛的应用，利用计算机进行艺术创作的作品也就不断涌现。发展到今天，艺术家已经能够利用计算机代码和程序，创造出令人惊叹的艺术作品，艺术与科技的融合已经成为一种普遍存在和逐步得到认可的新兴艺术创作方式和手段。新工具、新技术、新方法、新思维，都为艺术的探索和发展提供了前所未有的可能性与无限性。因此，相关知识的更新和艺术人才的培养也就成为十分迫切的社会需求。

艺术家用计算机代码和程序创作艺术，并且建构起一个具有丰富内涵的美学问题域。与计算机相关联的艺术概念非常丰富，比如电子艺术、计算机辅助艺术、新媒体艺术、计算机艺术、计算艺术、算法艺术、过程艺术、生成艺术、数字艺术、人工智能艺术等，但是其核心，都是将计算机作为一种技术工具，将工具理性价值融入艺术家的浪漫创造。

艺术与科技的关联是计算机艺术的基础性问题。1969 年，在一次计算机与视觉研究的国际研讨会上，与会技术专家宣言，计算机技术能够促成"艺术与科技的相遇"，而艺术家走入计算机技术领域，也有助于"将人性与美带入技术研究，让技术更好地为人服务"。其实计算机艺术本身就是艺术与科技之间的纽带，而艺术性和科学性也正是计算机艺术的重要表征。计算机艺术以理性形式表达了感性内容，不断弥合着科学的严谨性与人文的情感性之间的鸿沟。

本书由 Golan Levin 和 Tega Brain 共同撰写。Golan Levin 是一位跨界数字艺术家，同时兼具软件工程师、作曲家和表演艺术家等多种身份，在计算机编程领域也具有很深的造诣。Tega Brain 是一位艺术家、环境工程师。本书的重要贡献者 Casey Reas 教授是 Processing 的创始人之一，他在创意编程、计算机艺术与人工智能领域长期从事研究和教学工作。

本书作为艺术和科技融合的范例，并没有采用传统编程类书籍的严肃撰写方式，而是按照艺术家创作的思维和逻辑，将计算机艺术领域多年来的作品按照主题进行了分类，方便艺术创作者、艺术设计师和艺术院校的学生按照动手、动脑的方式，实现理性思维和感性思维的统一，以及冰冷的计算机科技和温暖的人文关怀的统一。

本书是对全球计算机艺术领域 30 多年创作和教育经验的总结，其中的数百个艺术作品和案例，凝结了全球计算机艺术领域的灵感和智慧，是全球艺术家、科学家、工程师的心血结晶。读者可以通过这些艺术作品和案例探索如何用计算机代码创作艺术。本书是一本将理论与实践相结合的创意编程教程，适合计算机技术和艺术融合领域的学生、从业者作为入门手册和练习用书。

本书译者张宜春先生是国内数字艺术领域的翘楚，他从事以计算科学为切入点的文化科技融合相关基础理论和应用的研究工作，有许多学术成果，翻译本书只是他在此领域深耕的注脚，背后休现的是他对这一领域的深入研究与发现。翻译是一种再创造，同样需要艰辛的付出，本书由他这样一位造诣高深、经验丰富的研究者操刀，再合适不过。作者与译者强强联合，必能开启我国数字艺术教育的新篇章，让中国的艺术创作插上科技的翅膀，奏响新时代数字艺术的华丽乐章。

是为序。

推荐序三

王志鸥
黑弓BLACKBOW创始人，国庆70周年视觉总
设计，北京冬奥会开幕式视效总监
2023年10月

英国文化理论家、媒体理论家、思想家 Stuart Hall 曾对大众媒介在现代文化中的地位和作用做了分析，他认为"媒介是表意的工具，通过技术媒介过程建构意义，呈现给阅听者关于世界的图景"。在数字媒介飞速发展的今天，科技与艺术的融合使艺术呈现出多元性和实验的多样性。当新的媒介或技术介入艺术创作中时，一种新的审美体系和美学架构也随之形成，即数字艺术。创作者可通过算法编程等新的创作手法来丰富自我的表达，艺术作品的载体和呈现形式也随之得到拓宽。可以说，数字艺术突破了传统语言和物象表达方式与呈现方式的有限性，以不断扩充、更新的"有限"来表达东方意境的"无限"，是一种具备科技前沿性的哲理性创构。

顺应数字化浪潮，我国诸多大型活动也依托数字手段，不断实现与完善着对于中华文化符号的当代建构，向世界传递着中国深厚的文化意蕴与独特的美学浪漫。2019 年国庆 70 周年联欢活动上，通过将真人构成的图形与虚拟影像结合，又将虚拟影像延伸到真人演绎中，以人屏交融的流动数字演艺诠释了中国式现代化的壮丽图景。2022 年北京冬奥会开幕式上震撼人心的"黄河之水天上来"，则是通过建立东方水墨意境的纹理特征模型，实现了对其奔涌磅礴之势的呈现。

我认为，数字媒体艺术的发展为传统东方美学及人文意蕴的呈现带来了无限可能，提供了更加丰富的表现形式与更加多元的审美维度。以算法、编程为手段，构建东方美学的多维度感官演绎，推动实现中华传统文化的活化，也已经成为当前时代艺术发展的前沿趋势。而随着智能设备、可穿戴设备逐渐进入我们的日常生活，这些科技元素也在影响着我们对艺术的观看形式。这种多样的、大众的、即时的美学形态也为数字艺术的普及提供了可能与土壤。

与此同时，近年来，国内许多高校都在积极建立相关学科，开设相关课程，"科技艺术"等学科的建立也为我国系统开展数字艺术教育打下了坚实的基础。我认为张宜春先生在此时对本书进行翻译，将极大地推进我国在数字艺术教育领域的进展。

本书讨论了以代码作为创意媒介的多种创作方法，涵盖作业、课堂练习、采访等内容，配有 170 多幅创意作品插图。对于想要探索如何将代码作为创意媒

介的艺术教育者和业界人士来说，本书是必不可少的资源。通过分析不同类型的代码艺术作品的创作理论，提供一系列经典的创意编程方法和作业，并附有经典和当代艺术项目的注释示例，本书系统地与读者一起探讨了代码作为艺术媒介的各种可能性。教学者和学习者都可以使用这些创意提示来探索数字技术的构建模块。它非常适合作为编程艺术的入门书籍或相关课程的教材，帮助创作者在脑海中形成基于系统编程规则、用户交互、全球连接和虚拟体验等方式的创作路径，这种路径能弥合计算机科学和艺术之间的差距，而不仅仅是告诉你答案是什么。在这些大大小小又富有诗意的编程创作练习中，我们或许能真切感受到用代码"执剑而舞"的创作之趣。

本书完整呈现了创意编程者的学习路径，在创意编程的教学目的和学习原因之间建立了链接，也使得教学更富有实践意义。在信息飞速更迭的数字时代，也许我们教学的目的也应当随着媒介的变革而从观念上更新，从而帮助创作者找到更多元的创作语言去进行艺术表达，而不仅仅是使用"机器"来创作。相信本书一定能帮助国内广大相关行业的从业者及学习者重新认识编码的艺术与诗意，促使更多的创作者以数字技术为媒介，赋无形以有形，在科技革新中实现东方美学的数字再生。

译者序

张宜春
中国艺术科技研究所数字艺术部主任，
科技工作者
2023年10月

我一直从事文化和科技相融合的相关工作，在从业过程中与科学家、艺术家、工程师、企业家都有所接触。虽然大家都说艺术和科技的结合是社会发展的必然之路，但是在实践过程中依然能明显感受到由于专业背景的不同，艺术工作者和科技工作者看待同一事物的视角完全不同，实现的路径和最终的结果也大相径庭。因此，如何找到一条新的路径，让两种拥有不同认知的人能够走到一起，以对方的视角看待问题，就成为一个极具价值和探索性的好问题。幸好，我看到了这本书。它的究极目标就是让艺术家用放飞的想象力去驾驭理性的代码，用运行的程序来表达情感和观念。这也正是本书译名的由来——执剑而舞，手持代码之剑，跳出律动之舞。

应该说，艺术和科技的渊源由来已久。比如，在文艺复兴时期，透视法和暗箱等技术和工具的出现，使得 15 世纪和 16 世纪的西方绘画得到了突飞猛进的发展。而到了 19 世纪，出现了摄影技术，这也使得电影等新的艺术形式得以出现。可以这么认为，每一次科学技术所带来的工具革新，都会连带性地带来艺术上的新变化和新变革。现在，人类正在从模拟的、物理的世界，迈入一个数实混合的新世界。数字、信息、代码和程序，构成了这个新世界的底层工具。而学会使用这些工具，就相当于在一个异构的世界里，画家用上了新的画笔，雕塑家用上了新的雕刻刀，乐手用上了新的乐器，这将为艺术家打开一扇通往宝藏的大门。

本书的作者既是创意编程领域的资深教育者，也是当代数字艺术领域的前沿艺术家，这本书不仅仅是他们呕心沥血的成果，也是整个创意编程社区近十年的经验结晶。不论书里面的大作业（作业）还是小作业（课堂练习），都是多年精心积累的结果，每个例子都值得反复玩味，时学时新。而第三部分的采访，则为希望从事本专业教育工作的人员排雷避坑，对他们开展教学工作有着极大的借鉴意义。

最后，运用之妙，存乎一心。永远要记住，最重要的依然是艺术家自己无尽的激情和想象力。

目录

当暑假快结束时，我们一边研讨"计算性艺术和设计"（computational art and design）的教学大纲以迎接即将到来的新学期，一边分享教授这门课的高光时刻和至暗时刻。在讨论课程作业时，我们不约而同地选择了"时钟"这个项目，让学生开发出一种时间的动态表示法。虽然我们曾经在不同的国家接受教育——Golan 在美国，Tega 在澳大利亚，但是大家对于这门课的作业却有着相似的认知，即那些在艺术和设计学院教授编程的人，把这门课的作业当作像民间传说一样的东西，要永久流传。我们摒弃了这种传统，这本书要教会大家**怎样**编程，而不是教会大家要编程必须学会**什么**，也不需要教会大家**为什么**要这样做。这本书就是要跨越隔阂，在接地气的基础上不断演进。这本书是给那些已经使用过代码作为创意媒介的艺术家、设计师、诗人用的，或是给那些对于代码艺术充满好奇的人用的。这本书也是给计算机科学家、软件开发人员和工程师用的，让他们能够以更加开放、更具有感染力、更具有震撼力的方式展示编程技巧。这也是一本给上述专业教育者的案例宝典——让教师能够策划出一学期的教程，引导学生利用计算机代码参与到一个充满创意、深思熟虑、打破形式的过程中。创意编程领域现在有一个活跃的网络社区，由各类实践艺术家和教育者构成。他们在教授创意编程的课题时，解决了大量工程与艺术相结合的挑战。本书借鉴了这些人的研究、教育和实践成果。

计算机技能在 21 世纪极其重要，怎么说都不为过。计算机编程已经成为工科和商科的必备技能，在艺术、设计、建筑、音乐、人文学、新闻、社会管理、诗歌和其他创意学科领域也日益得到广泛应用。但是，在课堂教学中，要让不同学科背景、学习目的、学习风格的学生适应现在的计算机编程教育，还存在很多问题。除此以外，计算机编程类课程已经同艺术、设计、文化的语境割裂了50 多年，这两者之间的适配成为持续的挑战。Leah Buechley 既是设计师，也是工程师。他发现，传统的计算机课程教育非常失败，学生不是从书本的抽象概念中学会编程的，而是从实操的经验中学会编程的。学生需要即兴发挥，而不是按照公式画虎类猫。而且学生希望编程的结果看得见摸得着，而不是去开发虚拟的功能[1]。我们发现，**计算机科学**作为一门**学科**，现在更关注算法和算法的优化。而现实社会中，**计算机编程**是一种**技巧**，是一种在日常生活中解决实际问题的形式（或理念）。大家日益发现，编程教育必须覆盖更大范围、更多职业的人，因此需要有新的教育方法来满足这个要求[2]。幸运的是，新的教育方法——采用艺术编程的工具、课堂教育法、作业和社区活动——已经出现，并有着日益丰富的成功案例。这种教育方法就是"创意编程"。

"创意编程师"是艺术家、设计师、建筑师、音乐家和诗人，他们使用计算机编程和定制软件作为创意的媒介。创意编程师模糊了艺术、设计、科学和工程的界限，并形成特有的跨领域融合。这类人，最好用德语"Gestaltern"来描述，即"形式创造者"。创意编程师的编程工具包括 Processing、p5.js、Tracery、Max/MSP/Jitter、Arduino、Cinder、openFrameworks 和 Unity。这些工具为学生提供了视觉－空间、音乐－节奏、人声－语言、身体－动作智能等艺术风格[4]。因为这些编程工具都是开源的、免费的，所以代码开发更靠个人能力，编程更像是一种对于文化艺术进行探索的过程。学习本书之前，应该首先使用过其中一种或几种创意编程工具，这样才能完成书中的练习和作业。

本书读者对象

本书面向那些把编程作为创意媒介的学习者和教育者，是他们的工作手册和源代码手册，让他们在更充满活力的文化氛围中学习编程。本书把软件当作艺术创作的工具，引导读者体验创意编程的细微点滴、强大功能、局限和不足。我们希望这本书能够让大学教师（如媒体艺术、设计、信息技术、媒体研究、人机交互等专业）、教授计算机编程的高中教师、开设"非计算机专业的计算机课程"

Processing 这个软件会让现在充满才华的设计师无所适从，让他们不得不放弃熟悉的工具，尝试进入编程和计算的新领域。同样，这个软件也会让从事艺术和设计工作的工程师或计算机科学家少了很多炫耀的资本。

——Ben Fry 和 Casey Reas[3]

对我来说，这本书没有讲什么媒介、信息或格式。它引入了一种更为宽广、更为灵活的思维方式，让我们去看待世界。

——Mimi Onuoha[5]

的本科教师、研讨会（艺术创作、黑客大赛、编程研讨、教师技能进修、成人教育）发起人从中受益。我们相信，艺术家、设计师和需要自己动手完成项目的创意自学者都能够从中直接受益。

为什么要写一本给**教师**的书？大部分的书都是为学生写的，主要讲授计算性艺术和设计的基础知识，但是很少有书是为教师而作。像我们这样从事创意编程的人，大多在教书，滋养和引导下一代人。我们通过艺术教育活动，支撑艺术和设计的实践，与不同时代的人教学相长。我们所在的大学大多是私立大学，个人收入和教学成果紧密挂钩，但是本专业的老师并没有接受过严格的教育训练。由于存在各种不足，当我们完成教学任务后，不得不进行教育上的反思：如何管理课堂时间？如何规划课程作业？这本书就为这些教师提供了足够多的答案。这本书凝结了我们作为教育者的教学经验，搜集并整理了几十名教师的成果，对于相关网络课程和在线资源也进行了整理和提炼。

本书目标

创意编程课现在已经成为很多艺术和设计专业的标准课程，这不仅仅是因为计算已经成为日常生活的组成部分，而且是由于创意编程已经成为艺术创作的工具、艺术教育的实践活动和团队建设的黏合剂。我们在创意编程领域已经有数十年的经验，针对不同的学习风格，有了大量成功的经验和明确的方法，并积累了大量相关资料文档。创意编程社区的焦点刚开始是**如何**写代码，很快转向了**谁**来使用代码。这种关注焦点的转化，让我们开始思考要做**什么**和**为什么要做**。

在计算性艺术和设计领域，当要回答**是什么**和**为什么**的问题时，就会集中讨论过程、连接、抽象、权威、时间的本质、机会等概念。人们对于这些概念的研讨，催生了新的艺术实践形式，同时也逐渐强化了计算性艺术的工作流程和特质。参与这个领域的艺术

艺术作品最大的挑战在于用情感打动人，而不是让人们去想技术，或者去想作品是怎么做出来的。我们认为，创意编程的作品更应该像一首诗，短小精悍、口碑相传、充满韵律和含义。而不是一个演示样例，纯粹是为了技术而技术。

——Zach Lieberman[6]

家会逐渐去芜存菁，形成计算性艺术的专业领域。媒体艺术家、计算性设计师、创意编程师都是交互吟游诗人，按照 Julie Perini 的话说，"给亟须治愈的社会以关怀"[7]。

现在，计算机艺术家和设计师正在日益主动地参与社会中的技术变革运动——"尝试各种观察、构建和关联的新方式，开发各种新手段和新工具，抵抗社会的变革"[10]。这些艺术实践既有灵机闪现，也有深思熟虑，既有艺术创作，又有相当的工程难度，让大众重新思考新技术的本原、后果，以及对于不同个体和社群的不同影响。本书的作业和练习也涉及这类艺术实践，引发读者进行相关的技术反思、艺术讨论并进一步了解社会关注。

Marshall McLuhan 认为，艺术是"遥远的早期预警系统，向陈腐的文化宣告，什么即将开始"[12]。使用计算机和新兴科技的艺术实践会比科幻小说更加直观，它能告诉大家未来的日常生活中会出现什么[13]。谁在汲取这种预见性的灵感？在过去的 50 年中，大部分前沿的计算机研究中心（包括贝尔实验室、施乐帕洛阿尔托研究中心、麻省理工学院媒体实验室、谷歌先进技术和项目实验室），都招募了懂技术的艺术家，展开了"发明未来"的研究项目，投入大量金钱把艺术家的想象做成工具。Stewart Brand 在麻省理工学院媒体实验室工作过，他解释道："大家各取所需。实验室不是为了艺术家建的，艺术家是冲着实验室去的。艺术家用以下三种方式来帮助科学家和实验室。首先，艺术家是洞见的前沿者；其次，让所有的产品演示都具备艺术感，也就是充满表现力；最后，使得实验室做出来的东西在文化上也是极具创新的。"[14]

随着社交媒体导致的社会生活巨变，数字霸权的邪恶面逐渐凸显，而且环境崩溃的危险日益临近。很明显，只靠着硅谷和各种技术方案，是解决不了这些复杂问题的。我们需要像资本主义早期那样，不断尝试未来可能的各种原型，并回应 McLuhan 所说的艺术

艺术是人工智能合乎道德的重要使用方式之一。

——Allison Parrish[8]

我的 app 和歌曲的作用是一样的。

——Scott Snibbe[9]

我们需要多领域和跨领域的方式，融合艺术、科学、理论和动手实践。媒体会告诉大家，世界如何构建。但是，我们需要知道世界如何解构，这样才能彻底理解世界的规律，教育他人，从而产生明智的政策和对策。

——Heather Dewey-Hagborg[11]

数字艺术和设计把技术重新带回文化，把技术重新解读成文化。而且，数字艺术和设计还使用了一种扎实的、可行的方式来运用技术，同时高屋建瓴地洞察出技术滥用、自适应性、颠覆性、黑客文化、伪随机函数性和偶然性等技术特征。创意编程实践同样把技术原理解构成数以百万计的、彼此类似的个人喜好、调查研究、艺术作品、艺术理论和艺术项目。

——Mitchell Whitelaw[15]

是"预警系统"的观念。艺术家和设计师需要加紧行动，在技术世界所构建的预警系统中找到自己的位置。正如 Michael Naimark 所说，"艺术家用批评的眼光看待周围环境，否则像技术乐观主义和唯技术论之类的极客文化，就会暴露出阿喀琉斯之踵"[16]。懂技术的艺术家和设计师在审视社会的错误思潮时，有着极为重要的作用。他们不仅能够发出警报，而且能够想象出什么事物会出现危机。他们还能应用各自的特质创造出新的系统。正如 Elvia Wilk 所提到的，去"捍卫主观体验"，"扩展人类表达的边界"，然后在力所能及的范围内影响日常观念和学校教育[17]。

本书是为那些拥有多种技能和开放心态的艺术创作者服务的。我们坚守艺术的价值，让它在工程技术的空间呈现，同时让工程技术用艺术的方式来表达——现在的教育体系在批判思维、想象力、同理心和正义感的培养方面，日益依赖专业机构的参与[20]。我们坚信，这本书对此意义重大。这本书传道于文笔间，让大家认识技术的政治性，以及技术所强化的价值和观念，并培养与之对话的批判能力[21]。真实世界不是可被优化的计算机系统，世界不能被简单分类，也不存在固定不变的价值判断[22]。艺术教育能够培养人们与复杂世界融合的能力，并鼓励"推而广之、大而化之"式地理解世界。由于计算机程序日益遍及日常生活，我们必须从文化上养成习惯，去联系、去质疑、去修正，并提出与之共存的思维方式。正如"每个人都应该学习编程"，每个人都需要有艺术思想作为工具。人文教育需要计算机实践。这本书搜集了大量创意编程的教学实践案例，必将成为教育者得心应手的工具。

教育领域指南

本书所列出的资源和练习，是对本领域各种作业、讲义、课堂教学经验的提炼和升华。本书采用项目制学习法，把不同创作者的素材组织在一起编成讲义，让课堂变得更加生动有趣。

人们总想着科学能够治愈疾病、解决人类日常存在的各种问题。但我认为，科学最大的突破在于艺术，也就是常常被认为是"无用"的东西。艺术的突破，才能够让人们认识到为什么我们要长寿，为什么要生活得更加丰富多彩。艺术是让生活充满喜悦的科学。

——John Maeda[18]

我们可以幻想，科技会让世界变得完全可预测、可控制。但是我还是想从新的视角看问题——技术充满复杂性和不确定性，从我们的身边到整个世界，每时每刻都充斥着奇幻、好奇、魅力和惊奇的新体验。

——Laura Devendorf[19]

人文学者必须接受良好的现代科学教育，科学家和工程师则必须深度介入人文科学。要以进化的眼光、宽广的视野把所学知识关联在一起，产生技术的复合效应。

——Jerome B. Wiesner[23]

为什么要强调项目？编写代码和写作很像。学习写作时，光学会拼写、语法和标点符号是不够的。要学会用自己的思想讲故事。编写代码也是一样的。

——Mitchel Resnick[24]

项目制学习是艺术学教育的核心方法。和其他编程类教程不同的是，本书的作业带有开放式的提示，鼓励学生以好奇的、即兴发挥的状态来进行编程。我们认为，作业应该有一系列的限制，能够约束学生学到某方面的知识和技巧，同时激发学生更广泛的思考，用批判性思维进行创造性比较。好的作业还提供了审视社会热点的机会，正如 Paolo Pedercini 所说，作业形成了"通向严肃议题的入口"[25]。特别是对于计算性艺术家和设计师来说，作业为批判、想象、反思、表达当代技术相关问题提供了足够的空间。我们认为，编写作业的程序代码，会让艺术家用新鲜的视角（陌生化、再语境化、再阐释等方式）看待技术。我们不是最先倡导"以做代学"的教育者，但是我们坚持 Idit Harel、Seymour Papert、Sherry Turkle、Mitchel Resnick 等先行者在几十年前的观点，在技术教育领域采取"情景构建主义"的思想，不断完善我们的教育工作[26]。

我们选择作业的标准是让每个作业都能够成为个性化展示、炫技和争论的机会。每个作业都是精心设计的教学模块，训练不同的编程技巧，有着不同的教学目标。每个作业都有着计算机科技、编程文化、主观实践、历史事件反思的重要文化内涵。这些作业能激励读者创作多样性和个性化的编程作品，同时保持真诚、好奇、敏锐的璞玉之心；而不是像之前众多的计算机教材那样，去编写（或者说重新编写）一个银行管理软件。更为重要的是，本书中的作业是和编程语言无关的，学生可以选择自己喜欢的编程工具或语言。

为了证明我们的作业能够达到预期的教学目标，我们秉承如下**教育学理念**：这些作业不仅在实践中很成功，教师在课堂上也容易讲解。对于练习的讲解，我们不专注于对编程代码和艺术作品的讲解，而是对作业本身的艺术讲解。我们摒弃了大量的传统媒体艺术作品和设计案例，也是出于这个原因。而且，我们更强调作业的可理解程度，因此选择了部分鲜为人知的艺术项目。

> 对于我来说，好的作业必须满足以下标准：（1）进入一个严肃的学术话题；（2）传授某种技艺（用 Arduino 来控制 LED 闪烁挺无趣的，但是向学生传达了重要概念）；（3）让学生能做出不一样的东西——不论学生来自什么专业，作业都能激发学生开展个性化的创意实践，丰富自己的人生体验。
>
> ——Paolo Pedercini[27]

> 创意编程工作不仅是对自身身心的挑战，也是与其他人一起想象和创造新世界的挑战。创意编程中的新世界，既不是科技－商业所驱动的现实世界，也不是科技至上主义的新世界——认为自由和繁荣或多或少均可物化的新世界。
>
> ——Ruha Benjamin[28]

我们必须承认，本书的内容无法涵盖所有编程软件的创意实践，也无法涵盖所有创意艺术的主题。我们精心选择案例，讲解作业，尝试给读者展示一条多样化的实践之路。但是要做的事情实在是太多了。正如 Heather Dewey-Hagborg 所指出的，"艺术和科技的交叉，把两个世界中最丑陋的一面整合到了一起"[29]。这种结合趋势会暗示，谁才有资格使用软件进行创意编程，因此我们强调课程的多样性，消弭种族主义和性别歧视[30]。

发出不同的声音，提出不同的观点，让掌权者理解这个他们所构建的系统可能存在的风险和破坏力[31]，实现 Kamal Sinclair 所说的"对于未来的想象，需要群智群力"[32]。把计算机和想象力结合在一起，对于两者都是挑战。但是把两者分开，又会出现其他问题。举个例子，我们在美国东海岸的精英大学教书，用多年的教学经验编写本书，自然会带有自己所接触的社群的文化观念。我们认为，艺术所传递的价值是：艺术给人类以工具，用以撕破偏见、反思态度、重塑所见、揭露不公正的权利关系。创意编程把这个理念作为教育的起点，为读者铺开了理解历史和未来的道路，扩展了编程技巧的用途，从而弄清程序所关注的焦点，明确程序代码的使用者和受益人，以及如何用代码改变世界。

除此以外，这本书中的每个作业和练习都提供了大量参考资料，让课堂变得更加有趣，学习氛围更为宽容开放。我发现，课堂上教得越细，学生的批判思维就越差。计算机编程技术往往忽视个性，使得创意工作变得更加困难。而在传统的计算机科学教育中，比如为保证独立完成而使用抄袭检测工具，会加剧学生的挫败感，打击创作团队的热情[34]。创意编程的教育者，特别是要传授交叉学科知识、推进各类创意项目的人，必须体察到课堂上学生的情绪。正如作家和教育家 bell hooks 所观察到的，以往的教育工作往往忽视了课堂上的情绪。hooks 认为，激情"来自不懈的努力"，这会增强群体满足各自目标的能力，从而营造好学向上、充满干劲和

每位学生都天赋禀异。每个人都不是空载的航船。每个学生坐到课桌前，接受的是一种社区，接受的是一种文化。学生已经会了什么，他们又想要学些什么，教师又能做哪些牵线搭桥的工作。这些事情弄得越清楚，学生的参与性才越强，坚持完成课程的可能性就越大。我们需要做这种搭桥的工作。

——Nettrice Gaskins[33]

渴望成长的学习氛围 [35]。本书所讲述的教学技巧，能够让教师引导学生度过对于编程充满恐惧和挫败感的时期。

本书组织方式

本书由三个基本组成部分：作业、课堂练习和采访。

第一部分：作业。这部分包括一系列教学模块，每个教学模块都带有开放式的作业或项目提示。从事创意编程的学生和教师在 20 多年里完成了各类艺术项目。这些艺术项目历经多年的使用、测试、修改、反思，已经非常经典。作业就是对这些项目的总结和归纳。这些项目大致是按照实现难度排序的，但更关注编程艺术和设计的如下领域：

自生成性
迭代图案、人脸生成器、自生成风景画、模块化字符集、参数化物体

交互性
虚拟生物、绘画机器、单按键游戏、语音机

再阐释和跨媒体
时钟、定制像素、数据自画像、测量仪、联觉乐器

联结性
机器人、群体记忆、实验性交谈、浏览器插件、创意密码学

物质性和虚拟性
增强投影、人体义肢、虚拟公共雕塑、外化身体

每个教学模块都通过"概述"归纳艺术创作理念;"学习目标"定义这个作业需要掌握的创意技巧和知识点;"引申"是一些和作业相关的趣味知识点,以及作业可以延拓的空间;"按语"是一篇短文,让学生了解作业本身的价值、挑战和带来的成长机会。通过对过去和现在诸多艺术项目的讲解,会让学生发现,即使是相同的作业,过去的学生和现在的学生完成的效果也会大相径庭。本书后面的"缘起"部分给出了项目缘起的信息,并介绍了项目的历史(如果有可能的话),以及最早的创作者。

第二部分:课堂练习。每个练习包含短小的编程提示,训练艺术家和设计师必须掌握的、特定方面的编程技巧。这些练习能够帮助学生掌握计算机技术,学会控制各类视觉、听觉、纹理的艺术编程要素,创作出相应的图案和形式。这些练习可以作为课后作业,也可作为随堂练习。虽然每个练习总是有着确定的范围,但是这些练习并没有标准答案,不论是从技术上还是感觉上都可以做出无穷多的方案。比如,有个关于迭代的练习,需要学生不断变换棋盘格的方块,结果也因此而层出不穷。这部分内容按照难度顺序,依次完成条件语句、迭代、排版、视觉化等专业技能训练。

在对作业和课堂练习部分进行总结时,我们汲取了如下先驱者的精神营养:Dushko Petrovich 和 Roger White 的《闭上眼睛绘画:艺术作业的艺术》(Draw It with Your Eyes Closed: The Art of the Art Assignment)(2012),Nina Paim、Emilia Bergmark、Corinne Gisel 的《漫步静思:设计教育的作业》(Taking a Line for a Walk: Assignments in Design Education)(2016),Jason Fulford 和 Gregory Halpern 的《摄影师的脚本集:307 个作业和创意》(The Photographer's Playbook: 307 Assignments and Ideas)(2014),Emiel Heijnen 和 Melissa Bremmer 的《超棒的艺术作业:当代艺术教育中的创意

训练》（Wicked Arts Assignments：Practising Creativity in Contemporary Arts Education）。这些书籍都在各自关注的创意教育领域颇有见地，将项目、练习、特定领域的实践路径整合到一本书中。这些书籍同样说明，没有创意设计领域的万能课程——教育者背景不同，所秉持的理念也大相径庭。这些冲突的理念我们将在后文中详细介绍。

第三部分：采访。这部分主要记录了和 13 位背景不同的著名教育家进行的谈话。Dan Shiffman、Lauren McCarthy、Taeyoon Choi 会讲到，他们在教授表现艺术和严肃艺术时，学生极其讨厌软件开发，教学过程就是实践上、哲学上和心灵上的挑战。所有问题的核心在于，如何通过教育弥补科学和人文之间的裂隙 [36]。我们如何在技术教育中重新强调"内心"？采用什么样的教育方法才能帮助艺术家掌握科学知识？如何让背景和能力各不相同的学生都能获益？这些问题是由计算机艺术和设计学科交叉的本质决定的，也强迫教育者必须能够在数学和艺术之间来回穿梭。通过对这些教育家的访谈，我们给出了编程艺术领域的珠玑良言，也给出了艺术和科学相交融的跨学科教学建议。

读读好书，写写代码

这本书第一眼看起来会显得很奇怪：一本讲编程教育的书，书里面却没有代码。作为对此疑问的回答，我们提供开源代码库，书中的练习有多种编程语言的实现代码。在网络开源库中，还有"初学者"代码，以及体量更大、开放式的编程作业。我们不在书中提供代码，主要基于两点考虑。第一，如果给出代码，一般会是"初学者"级别的代码，而这种代码会严重限制学生的想象力，让学生的视野变窄，使得最终的作业效果不佳。第二，我们需要考虑书籍的生命周期。由于本书不把作业限制于某种特定的编程语言和开发环境，那么开发平台即便发生改变，这本书还是有用的。我们会根据技术领域的进步更新网络代码库，支持全球的艺术家使用我们的例子、主题和工具，进而超越我们的成就，做出新的贡献。

不论你是教师还是学生，不论你是在厨房、在中学还是在大学，不论你是学艺术的还是学科学技术的，不论你是单打独斗还是共同学习，只要你在学习创意编程——我们都相信，这本书会极大地丰富你的阅历。我们迫不及待地想看到你或你的学生能做出什么作品了。

参考文献

1. Leah Buechley, "Expressive Electronics: Sketching, Sewing, and Sharing" (lecture, wats:ON? Festival, Carnegie Mellon University, Pittsburgh, PA, April 2012), https://vimeo.com/62890915.

2. See, for example, Mark Guzdial, "Computing Education Lessons Learned from the 2010s: What I Got Wrong," *Computing Education Research Blog*, January 13, 2020, https://computinged.wordpress.com/2020/01/13/computing-education-lessons-learned-from-the-2010s-what-i-got-wrong/.

3. Ben Fry and Casey Reas, "Processing 2.0 (or: The Modern Prometheus)" (lecture, Eyeo Festival, Minneapolis, MN, June 2011), 0:45, https://vimeo.com/28117873.

4. Howard Gardner, *Frames of Mind: The Theory of Multiple Intelligences* (New York: Basic Books, 2011).

5. Mimi Onuoha, "On Art and Technology: The Power of Creating Our Own Worlds," Knight Foundation, last modified March 2, 2018, https://knightfoundation.org/articles/authors/mimi-onuoha/.

6. "YesYesNo," *IdN Magazine* 19, no. 5 October 2012): 30–31.

7. Julie Perini, "Art as Intervention: A Guide to Today's Radical Art Practices," in *Uses of a Whirlwind: Movement, Movements, and Contemporary Radical Currents in the United States*, ed. Team Colors Collective (Chico, CA: AK Press, 2010), 183, http://sites.psu.edu/comm292/wp-content/uploads/sites/5180/2014/10/Perini-Art_as_Intervention.pdf.

8. Claire Evans (@YACHT), "Thanks so much for having us! Full credit due to the brilliant @aparrish for saying 'art is the only ethical use of AI' during a panel we hosted in NYC a few months back. It's become our mantra <3," Twitter, December 2, 2019, 5:01 PM.

9. Scott Snibbe, personal communication to Golan Levin. See Golan Levin (@golan), " @snibbe used to say, it's "as useful as a song". Case closed." Twitter, September 4, 2018, 9:11 PM.

10. Perini, 183.

11. Heather Dewey-Hagborg, "Sci-Fi Crime Drama with a Strong Black Lead," *The New Inquiry*, July 6, 2015, https://thenewinquiry.com/sci-fi-crime-drama-with-a-strong-black-lead/.

12. Marshall McLuhan, *Understanding Media: The Extensions of Man* (New York: McGraw Hill, 1964), 22.

13. Golan Levin, "New Media Artworks: Prequels to Everyday Life," *Flong* (blog), July 19, 2009, http://www.flong.com/blog/2009/new-media-artworks-prequels-to-everyday-life/.

14. Stewart Brand, "Creating Creating," *WIRED*, January 1, 1993, https://www.wired.com/1993/01/creating/.

15. Adapted (with permission) from Mitchell Whitelaw, *Metacreation: Art and Artificial Life* (Cambridge, MA: The MIT Press, 2004), 5. See Mitchell Whitelaw (@mtchl), "Written by my younger and more idealistic self - if I could revise it now I'd expand / disperse 'art' to encompass a wider range of practices (including design). But thanks Sara [Hendren]!," Twitter, April 29, 2020, 11:48 PM.

16. Michael Naimark, personal communication to Golan Levin, 2014.

17. Elvia Wilk, "What Can WE Do? The International Artist in the Age of Resurgent Nationalism," *The Towner*, September 11, 2016, http://www.thetowner.com/international-artists-nationalism/.

18. John Maeda, in "VOICES; John Maeda," *The New York Times*, November 11, 2003, https://www.nytimes.com/2003/11/11/science/voices-john-maeda.html.

19. Laura Kay Devendorf, "Strange and Unstable Fabrication" (PhD diss., University of California, Berkeley, 2016), 81, https://digitalassets.lib.berkeley.edu/etd/ucb/text/Devendorf_berkeley_0028E_16717.pdf.

20. Orit Halpern, "A History of the MIT Media Lab Shows Why the Recent Epstein Scandal Is No Surprise," *Art and America*, November 21, 2019, https://www.artnews.com/art-in-america/features/mit-media-lab-jeffrey-epstein-joi-ito-nicholas-negroponte-1202668520/.

21. Danielle Allen, "The Future of Democracy," *HUMANITIES* 37, no. 2 (Spring 2016), https://www.neh.gov/humanities/2016/spring/feature/the-future-the-humanities-democracy.

22. Tega Brain, "The Environment Is Not a System," *A Peer-Reviewed Journal About* 7, no. 1 (2018): 152–165.

23. In *Momentum*, MIT Media Laboratory, 2003, http://momentum.media.mit.edu/dedication.html.

24. From Mitchel Resnick, "Computational Fluency," Medium, September 16, 2018, https://medium.com/@mres/computational-fluency-776143c8d725. (Adapted from his book *Lifelong Kindergarten*.) See also Yasmin Kafai and Mitchel Resnick, *Constructionism in Practice: Designing, Thinking, and Learning in A Digital World* (New York: Routledge, 1996).

25. Paolo Pedercini, personal communication to Golan Levin, June 16, 2020.

26. Idit Harel and Seymour Papert, "Situating Constructionism," in *Constructionism* (Norwood, NJ: Ablex Publishing, 1991), http://web.media.mit.edu/~calla/web_comunidad/Reading-En/situating_constructionism.pdf.

27. Pedercini, June 16, 2020.

28. Ruha Benjamin, ed., *Captivating Technology: Race, Carceral Technoscience, and Liberatory Imagination in Everyday Life* (Durham, NC: Duke University Press, 2019), 12.

29. Heather Dewey-Hagborg, "Hacking Biopolitics" (lecture, The Influencers 2016: Unconventional Art, Guerrilla Communication, Radical Entertainment, CCCB, Barcelona, October 2016), 48:20, https://vimeo.com/192627655.

30. See the Refresh campaign and project that has addressed gender bias in the Prix Ars Electronica awards: https://refreshart.tech/.

31. Catherine D'Ignazio and Lauren F. Klein call this the "privilege hazard" in their book *Data Feminism* (Cambridge, MA: MIT Press, 2020), 57.

32. Kamal Sinclair, "Democratize Design," Making a New Reality, May 18, 2018, https://makinganewreality.org/democratize-design-86d2385865bd.

33. "The Technologists in the Studio: Nettrice Gaskins Highlights the Connections between Communities, Cultures, Arts, and STEM," Wogrammer, April 24, 2019, https://wogrammer.org/stories/nettrice.

34. James W. Malazita and Korryn Resetar, "Infrastructures of Abstraction: How Computer Science Education Produces Anti-Political Subjects," *Digital Creativity* 30, no. 4 (December 2019): 300–312, https://doi.org/10.1080/14626268.2019.1682616. Malazita and Resetar discuss how the ubiquitous use of plagiarism tools in computer science infrastructurally discourages collaboration, discussion, and knowledge sharing. This can be observed firsthand in David Kosbie's Automated Plagiarism Detection Tool tutorial, developed for CMU introductory programming course 15-110, https://www.youtube.com/watch?v=LdU0dTPaueU.

35. bell hooks, *Teaching to Transgress* (New York: Routledge, 2014), 7–8.

36. As identified by C. P. Snow in *The Two Cultures* (Rede Lecture, University of Cambridge, 1959).

第一部分　作业

HOW TO BE IRR
Your Updated CreditRep
80% DELLE PERSONE
NEWOFFER100MGCERTIFIED
CON I NOSTRI EUROFARMA
For sure, you will feel
MONOLOGOS DE LA VAGINA
HARUM VI?
JAMIE GILE
FUN GAMES
Hey buddy,
Bingo,
Order discount
prices
VISIT OUR NEW
Satisfy Your Lover
SUA FISIOTERAPIA
HER ACCOUNT
LAPTOPS EXPLODE WITH
DID SHE
GET CHEAP
It's lynosel
Jamie Gile

迭代图案
生成纹理，做织物设计

概述

    写出一段代码，生成壁纸或纺织品上的拼贴图案或者纹理。写代码时需要考虑对称、律动、色彩、不同尺度的细节、形状的精确控制、自然和几何形式的平衡等美学问题。

    你所设计的图案应该可以无限制地平铺或扩展。想象一下这个图案被铺在墙上、地板上或者穿在身上的效果，然后再做设计。把设计好的图案用高解析度的文件格式导出，然后打印出来，尺寸越大越好。把打印好的效果图交给同学或朋友进行评论。注意，要首先画好草图。

学习目标

- 学会使用笛卡儿坐标系和绘图函数完成视觉设计。
- 学会使用函数抽象封装代码构造设计元素，实现模块化设计。
- 能够使用对称、重复等方法生成图案。

引申

- 尝试使用各类 2D 图形变形函数，比如旋转、缩放和镜像。
- 学习使用嵌套函数，用来生成二维的律动图案，或者各类网格状视觉结构。
- 编写帮助函数，解释在你的设计中是如何生成

复杂的视觉元素（如流体、动物、水果、传统符号）的。

- 只用代码实现真实存在的织物或墙纸图案。
- 把照片或视频导入你所设计的图案中，通过对称、反射等方式实现万花筒的效果。
- 把你所设计的图案打印到真实的织物上，或者是真实的墙纸上。还可以使用其他计算机控制的设备，如激光切割机、编织机或花边机，把你所设计的图案做成实体。
- 做出"动态壁纸"，在视频会议的时候作为背景播放。要确保你所设计的图案在不同的画面解析度下都能够正确显示[1]。

按语

    图案是我们感知世界和接触世界的起点。从远古时期开始，在马赛克镶嵌、日历、挂毯、纺缝、珠宝、书法、家具、建筑等事物中，就出现了各类功能性、装饰性、表达性的图案。图案设计同视觉律动、几何、数学、迭代算法都存在着紧密的联系。在本次练习就是让学习者理解这些艺术要素之间的关系。在本次作业的"引申"中，有一点非常重要，就是通过数字印刷、编织、大型打印等方式，把计算机代码在物理上实现。这可能是从软件艺术嬗变为实体艺术的起始点。

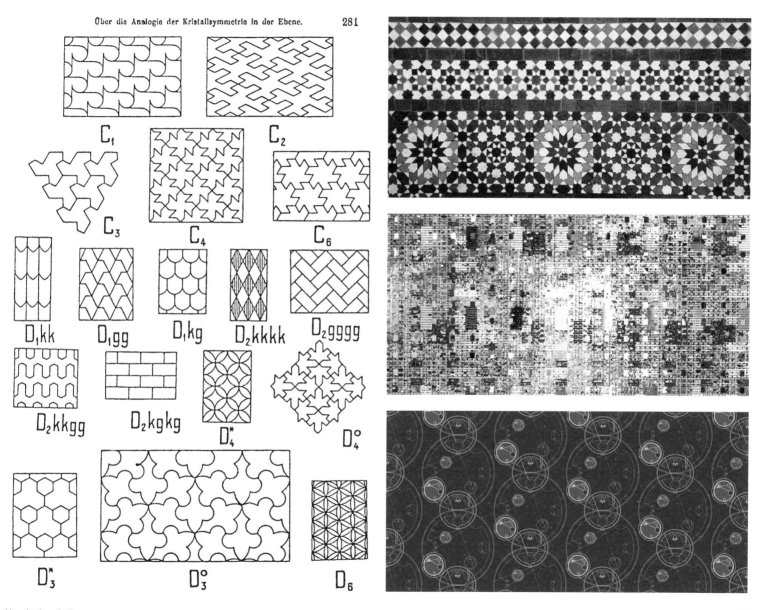

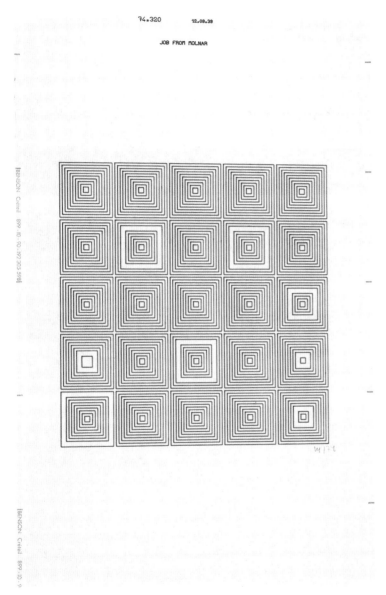

插图说明

1. 意大利面（Spamgetto）（2009），意大利设计事务所 Todo 用代码生成的墙纸，面条上的文字来自大量垃圾邮件的信件内容。

2. Georg Pólya（1924）设计的 17 个周期性对称平面图案。他的设计思路对于 M. C. Escher 的算法图案理论有着深刻影响。

3. 马拉喀什（Marrakech，摩洛哥城市）17 世纪的陶制马赛克拼图。这幅拼图镶嵌严密，图案规则，画面多变。

4. Casey Reas 的作品《每日一片清醒药》（One Non-Narcotic Pill A Day）（2013），用记录的视频生成一种动态的拼图效果。

5. Alison Gondek 是卡内基·梅隆大学景观设计专业的学生，他在上编程入门课时使用 p5.js 创作了这个图案。这个图案的灵感来自电视剧《神秘博士》（Drotor Who）中博士使用的语言"圆形加里弗雷语"（Circular Gallifreyan）。

6. Vera Molnár 是最早一批使用计算机的艺术家之一。她在 1974 年创作了这幅没有起名的图案作品。图案通过迭代函数和随机消解的方式产生。

7. Leah Buechley 将计算机艺术和手工艺结合到了一起。她使用各种迭代函数和受控随机函数，采用 Processing 语言编写代码，最终完成激光切割的窗帘（2017）。

相关项目

Dave Bollinger, *Density Series*, 2007, generative image series.

Liu Chang, *Nature and Algorithm*, 2016, algorithmic images, satellite imagery, ink on paper.

Joshua Davis, *Chocolate, Honey and Mint*, 2013, generative image series.

Saskia Freeke, *Daily Art*, 2010–2020, generative image series.

Manolo Gamboa Naon, *Mantel Blue*, 2018, ink on paper.

Tyler Hobbs, *Isohedral III*, 2017, inkjet print on paper, 19 x 31".

Lia, *4jonathan*, 2001, generative image series.

Holger Lippmann, *The Abracadabra Series*, 2018, generative image series.

Jonathan McCabe, *Multi-Scale Belousov-Zhabotinsky Reaction Number Seven*, 2018, generative image series.

Vera Molnár, *Structure de Quadrilateres (Square Structures)*, 1987, ink on paper.

Nontsikelelo Mutiti, *Thread*, 2012–2014, screen print on linoleum tiles.

Nervous System, *Patchwork Amoeba Puzzle*, 2012, lasercut plywood.

Helena Sarin, *GANcommedia Erudita*, 2020, inkjet printed book.

Mary Ellen Solt, *Lilac*, 1963, concrete poetry.

Jennifer Steinkamp, *Daisy Bell*, 2008, video projection.

Victor Vasarely, *Alom (Rêve)*, 1966, collage on plywood, 99 1/5 x 99 1/5".

Marius Watz, *Wall Exploder B*, 2011, wall drawing, 9 x 3.6 m.

参考文献

David Bailey, *David Bailey's World of Escher-Like Tessellations*, 2009, tess-elation.co.uk.

P. R. Cromwell, "The Search for Quasi-Periodicity in Islamic 5-fold Ornament," *The Mathematical Intelligencer* 31 (2009): 36–56.

Anne Dixon, *The Handweaver's Pattern Directory: Over 600 Weaves for 4-shaft Looms* (Loveland, CO: Interweave Press, 2007).

Ron Eglash, *African Fractals: Modern Computing and Indigenous Design* (New Brunswick, NJ: Rutgers University Press, 1999).

Samuel Goff, "Fabric Cybernetics," *Tribune* (blog), August 23, 2020.

Branko Grünbaum and G. C. Shephard, *Tilings and Patterns* (New York: W. H. Freeman & Company, 1987).

"Wallpaper Collection," Collections, Historic New England, historicnewengland.org.

Owen Jones, *The Grammar of Ornament* (London: Bernard Quaritch Ltd., 1868).

Albert-Charles-Auguste Racinet, *L'Ornement Polychrome* (Paris: Firmin Didot et Cie, 1873).

Casey Reas et al., *{Software} Structures*, 2004–2016, artport.whitney.org.

Petra Schmidt, *Patterns in Design, Art and Architecture* (Vienna: Birkhäuser, 2006).

附注

1. 本作业的"引申"由 Tom White（@dribnet）提供。

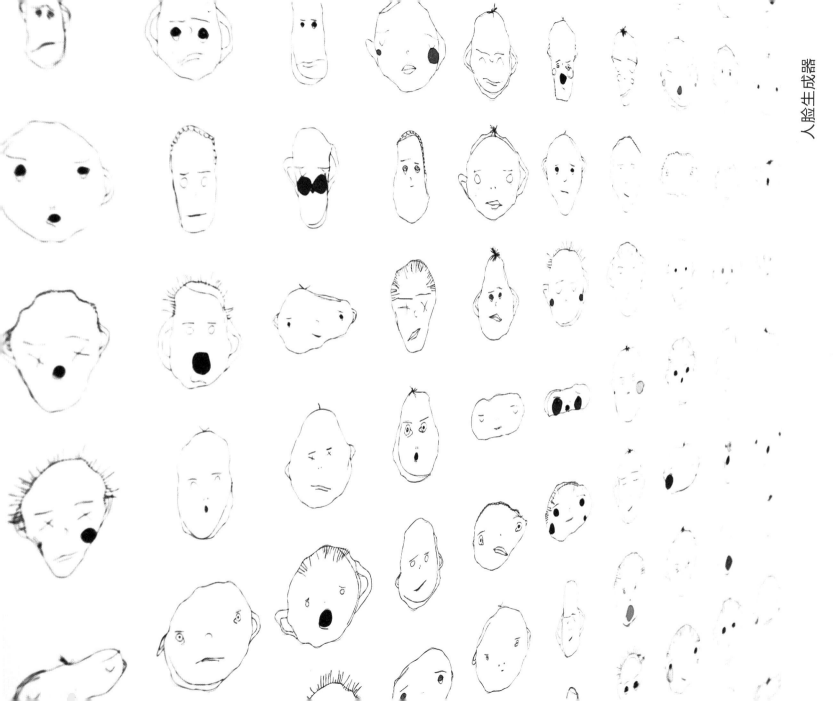

人脸生成器
生成参数化的人脸

概述

写出代码，设计人脸的图像，要求至少具备三个以上的参数来控制。比如，你可以设置变量来控制人脸的大小、位置、色彩，或者眼睛、鼻子、嘴巴等视觉特征。通过调整参数，改变脸的表情（快乐、忧伤、发怒）、身份（约翰、玛利亚）、种群（猫、猴子、僵尸、外星人）。设计参数来调整面部的精确形状，如鼻子、下颌、耳朵、面颊的精确曲线，以及肤色、胡茬、发型、疤痕、瞳孔间距、脸部不对称性、头宽指数、下颚突出程度。调整连续性参数（脸的大小、特征的位置）和离散参数（打孔的个数、眼球的个数）。是做成 2D 还是 3D 的人脸？人脸是正面像、侧面像还是四分之三正面像？你的程序需要做到用户一按下某个键，就能生成一张新的人脸。

学习目标

- 使用绘图函数和笛卡儿坐标系进行参数化设计。
- 使用生成设计原则进行人物角色设计。
- 进行元设计（开发一个系统来进行设计）。

引申

- 用软件生成一副可收集的卡牌（就像口袋怪物或者垒球卡），卡牌上是一系列想象中的英雄或者怪兽。把卡牌打印出来。

- 尝试使用现实世界中的各种变量数据来生成新的人脸，而不是随机生成人脸。
- 开发一个交互式工具，人们可以用它来画出卡通风格的自画像。然后保存你的程序和示例。
- 一种设计方法是通过各类预制元素（胡须、鼻子等）的组合生成各种人脸。还有一种设计方法是不断调整人脸的各种曲线和形状，从而生成人脸。对比这两种设计方法。
- 为生成的人脸添加功能，让人脸随着外界的音频、麦克风或者语音输入产生变化。

按语

人类对于人脸极其敏感。从儿时开始，我们就能够察觉人脸上的细微表情变化，感受到情绪上的波动。而计算机目前依然没有这种能力。我们可以根据人脸，轻松地在人群中找到家人或朋友。人脸是视觉感知的核心要素，"如果人们识别人脸的能力出现问题，那么就得了**脸盲症**（prosopagnosia）。如果本来没有人脸，却有人看出了人脸，则叫作**幻想错觉**（pareidolia）"[1]。本次作业的灵感来自"切尔诺夫脸谱图"（Chernoff face）的数据可视化作品，其中通过人类对于人脸的敏感性来表现多元数据的变化。切尔诺夫脸谱图上的眼睛、耳朵、嘴巴、鼻子等元素，其形状、大小、位置和朝向都受数据控制。艺术家 Herman Chernoff 使用了 18 个

变量来合成人脸。艺术家 Paul Ekman 和 Wallace Friesen 的作品《脸部动作编码系统》（Facial Action Coding System）用到了 46 个参数，每个参数代表脸部的不同肌肉。

开发出生成人脸的程序能创造出更多的概念和想象空间，比如能够做出家族合影、高中同学录、卡牌游戏。

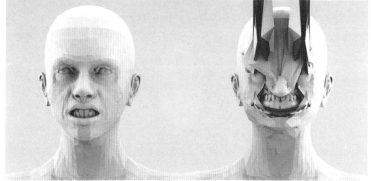

AARONSON,L.H.

ALEXANDER,J.M.

ARMENTANO,A.J.

BERDON,R.I.

BRACKEN,J.J.

BURNS,E.B.

CALLAHAN,R.J.

COHEN,S.S.

DALY,J.J.

DANNEHY,J.F.

DEAN,H.H.

DEVITA,H.J.

执剑而舞：用代码创作艺术

插图说明

8. Matthias Dörfelt 的作品《奇怪的人脸》(Weird Faces)(2012)。虽然这些脸看起来是手绘的，但实际上都是用软件代码生成的。

9. Heather Dewey-Hagborg 的伟大作品《陌生人的视野》(Stranger Visions)(2012)，根据已有的 DNA 片段进行计算机处理后得到的三维人脸肖像。

10.《切尔诺夫脸谱图》(Chernoff faces)(1973)，通过将人脸器官的形状、大小、位置和朝向做参数化处理，形成最终的人脸。

11. 艺术家 Kate Compton 的软件作品《基于用户输入进化的人脸》(Evolving Faces with User Input)(2009)，采用基因算法来控制人脸的进化，每个人脸由一个浮点数矩阵控制。用户选择自己最喜欢的人脸，作品通过用户的决定来推动所有人脸的进化。

12. Mike Pelletier 的作品《参数化人脸表情》(Parametric Expression)(2013)，控制人脸的参数能够突破真实世界的限制。

13. Karolina Sobecka 的作品《所有的世界都充满了完美的生物》(All the Universe Is Full of the Lives of Perfect Creatures)(2012)，作品中出现的模拟动物像会随着参观者的脸部表情变化而变化。

14.《死亡处方》(Prescribed to Death)是一个挂在墙上的纪念艺术品。作品由 22 000 片雕刻了人脸的药片组成，用来纪念 2017 年由于滥用阿片类药物(译者注：包括鸦片、吗啡、海洛因、美沙酮等毒品)而死去的人。在美国，每 24 分钟就有 1 人因为滥用阿片类药物而去世。艺术家使用 Rhino Grasshopper 脚本语言，直接控制一台联网的数控机床，每过一段时间，就在一片新的药片上雕刻一个人脸。这个项目是为美国安全委员会的"终止日常杀手"运动所开发的，参与的艺术家及团队包括：海芬实验室(Hyphen-Labs)(译者注：麻省理工学院从事艺术创作的实验室)、天联广告(Energy BBDO)、MssngPeces 艺术设计和 Tucker Walsh。

相关项目

Zach Blas, *Facial Weaponization Suite*, 2011–2014, masks computationally modeled from aggregate face data.

Lorenzo Bravi, *Bla Bla Bla*, 2010, sound-reactive phone application.

Joy Buolamwini, *Aspire Mirror*, 2015, mirror and generative face system.

Heather Dewey-Hagborg, *How Do You See Me*, 2019, self portraits generated via adversarial processes.

Adam Harvey and Jules LaPlace, *Megapixels*, 2017, art and research project.

Hyphen-Labs and Adam Harvey, *HyperFace*, 2017, computer vision camouflage textile.

Mario Klingemann, *Memories of Passersby I*, 2018, system for synthesizing portraits using neural nets.

Golan Levin and Zachary Lieberman, *Reface [Portrait Sequencer]*, 2007, system for generating face composites.

Jillian Mayer, *IMPRESSIONS*, 2017, facial analysis and billboard campaign.

Macawnivore, *Nose Chart*, 2014, digital drawing.

Kyle McDonald and Arturo Castro, *Face Substitution*, 2012, face-swapping application and installation.

Orlan, *The Reincarnation of Saint ORLAN*, 1990–1993, facial surgery as performance.

Ken Perlin, *FaceDemo*, 1997, interactive face simulation.

参考文献

Greg Borenstein, "Machine Pareidolia: Hello Little Fella Meets Facetracker, *Idea for Dozens* (blog), UrbanHonking.com, January 14, 2012.

Charles Darwin, *The Expression of Emotions in Man and Animals* (London: John Murray, 1872).

Heather Dewey-Hagborg, "Sci-Fi Crime Drama with a Strong Black Lead," *The New Inquiry*, July 16, 2015.

Paul Ekman and Wallace Friesen, *Facial Action Coding System (FACS)*, 1976.

Zachary Lieberman, "Más Que la Cara Overview," Medium.com, April 3, 2017.

Bruno Munari, *Design as Art* (London: Penguin Books Ltd., 1971).

Jean Robert and Francois Robert, *Face to Face* (Zurich: Lars Muller Publishers, 1996).

George Ischerny, *Changing Faces* (New York: Princeton Architectural Press, 2004).

附注

1. Kyle McDonald 的项目《人脸即接口》(Face as Interface)，在 GitHub 上正需要使用新技术加以修改(NYU ITP)，目前最后一次修改为 2017 年 5 月 11 日。

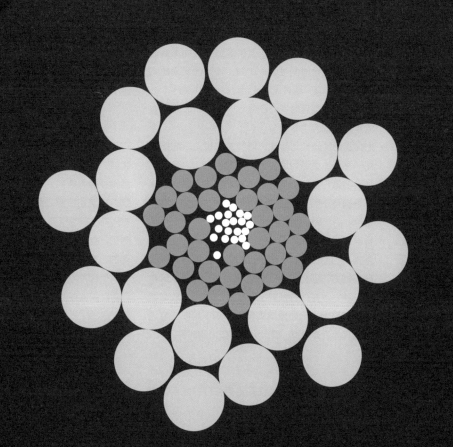

时钟

时钟
表示时间

概述

设计一个"视觉时钟",用不寻常的方式显示时间。所设计的时钟应该能显示一天中的任何时间,并且 24 小时循环往复(如有其他设计理念,也可以按照其他周期往复)。要试着不用数字表示时间。

仔细思考一下,时间如何形成,应该如何表达。复习生物钟(生物节律)、超日节律、亚日节律、太阳周期、月亮周期、天体时间、恒星时间、十进制时间、单位时间、地理时间、历史时间、心理时间、主观时间等概念。学习理解时间计量的历史、方法和设备,了解时间对于社会的影响和作用,然后再展开自己的设计。

学习目标

- 回顾和研究计时的历史、方法、设备和系统。
- 采用新的图形显示概念,使用相关的技术手段,突破常用方式来呈现时间。
- 编程控制时间呈现的形状、色彩、形式和运动方式。
- 使用变化的图像来表达时间的变化。

引申

- 尝试使用各种方式来表达时间,比如透明度、色彩、声音、动作或物理变化。如果指示器具备交互性则更好。
- 不要使用罗马、阿拉伯或者中文数字,而是要通过其他方式让时间可读。比如,让时间变成视觉化的点状图案,或者设计成可计数的视觉符号。
- 设计一个超慢速时钟,在月、季节、生命等更大的尺度下显示时间。
- 把你的时钟做成可移动、可穿戴的设备。比如应用于移动电话、智能手表、运动手表,以及其他独立的带有显示屏的计算设备上。思考如何把计算设备传感器上搜集的用户的头像、动作、身体温度、心跳等数据用到时间显示上。
- 将自己从台式机或笔记本电脑屏幕上解放出来,根据自己的选择设计时钟。如果你能把时钟放在任何地方,那么你会把它放在哪里?放在建筑物的一侧?放在一件家具上?放在口袋里?放在某人的皮肤上,比如数字文身?使用手绘图、渲染图或其他设计原型,展示出你想象中的时钟。

按语

从几千年前起,人类就开始用各种技术手段来计时。这些计时工具包括日晷、日冕、水利钟和太阳历。古代苏美尔人使用六十进制计时。目前所使用的标准计时法,也就是把小时和分钟都划成 60 等分,就是从古代苏美尔人那里传承下来的。

在历史上,计时主要用于经济和军事用途,以满足精度、准度和同步的要求。每次对于时间度量的精度提升,都对科学、农业、航海、通信乃至战争产生了重大影响。

虽然现在使用了大量机械装置来计时,但是还有其他方式可以解释时间。当人们的注意力发生变化时,所感知到的心理时间也会随之压缩或延长;生物钟会影响我们的情绪和行为;生态时间可用于观察种群和资源之间的动态关系;地理时间或行星时间能够跨越千年。在 20 世纪出现了爱因斯坦的相对论。这个理论说明,时间并不是以固定的方式变化的,而是和测量时的相对位置相关联——兜兜转转,反而使观察者变得更为重要。相对论更新了我们对时间的理解。

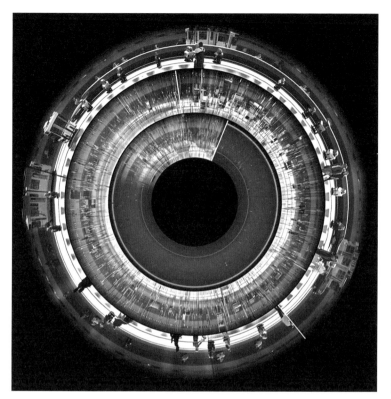

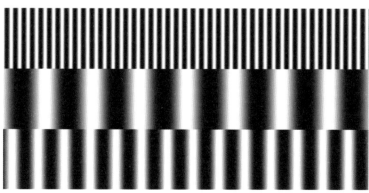

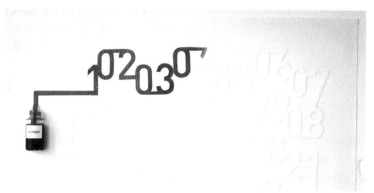

15	16	18
		19
	17	20

插图说明

15. Lee Bryan 的作品《中央时钟》(Center Clock)（2007），用跳跃的圆圈数量来表示时间。中间白色的圆圈代表"秒"，每分钟过去后，60 个白圆圈就会消失，然后新形成 1 个紫罗兰色的圆圈，代表"分"。同理，"分"和"小时"的圆圈也会出现同样的变化。

16. Jussi Ängeslevä 和 Ross Cooper 的作品《最后的钟》(Last Clock)（2002）。这个作品使用狭缝扫描技术将实时影像记录下来，并分解成分、小时、天三个时间维度。

17. Golan Levin 的《条状时钟》(Banded Clock)（1999），秒、分、小时都用不同的条带表示，条带的数量代表相应的时间。

18. Jonathan Puckey 和莫尼克工作室（Studio Moniker）的合作作品《每一分钟》(All the Minutes)（2014）。这个作品是个 Twitter 发帖机器人，从 Twitter 的大规模语料库中搜集曾经发过的帖子，然后重新发出来，显示当前的时间。

19. Mark Formanek 的作品《标准时间》(Standard Time)（2003）是一个 24 小时的表演艺术作品。70 名工人一直工作，不断拆装木制的"时钟数字"以显示当前时间。

20. Oscar Diaz 的作品《墨水日历》(Ink Calendar)（2009），利用毛细效应让墨水在纸上产生洇染效果，从而显示当前的日期。

相关项目

Maarten Baas, *Real Time: Schiphol Clock*, 2016, performance and video, Amsterdam Airport Schiphol.

Maarten Baas, *Sweeper's Clock*, 2009, performance and video, Museum of Modern Art, New York.

Marco Biegert and Andreas Funk, *Qlocktwo Matrix Clock*, US Patent D744,862 S, filed May 8, 2009, and issued December 8, 2015.

Jim Campbell, *Untitled (For The Sun)*, 1999, light sensor, software and LED number display, White Light Inc., San Francisco.

Bruce Cannon, *Ten Things I Can Count On*, 1997–1999, counting machines with digital displays.

Mitchell N. Charity, *Dot Clock*, 2001, online application.

Taeyoon Choi and E Roon Kang, *Personal Timekeeper*, 2015, interactive hardware and software system, Los Angeles Museum of Art, Los Angeles.

Revital Cohen and Tuur Van Balen, *Artificial Biological Clock*, 2008, data-driven mechanical sculpture.

Skot Croshere, *Four Letter Clock*, 2011, modified electronic alarm clock.

Daniel Duarte, *Time Machine*, 2013, custom analog electronics.

Ruth Ewan, *Back to the Fields*, 2016, botanic installation.

Daniel Craig Giffen, *Human Clock*, 2001–2014, website.

Danny Hillis et al., *The Clock of the Long Now*, 1986, mechanical system, Texas.

Masaaki Hiromura, *Book Clock*, 2013, video, MUJI SHIBUYA, Tokyo.

Tehching Hsieh, *One Year Performance (Time Clock Piece)*, 1980–1981, performance.

Humans since 1982, *The Clock Clock*, 2010, aluminum and analog electronics.

Humans since 1982, *A Million Times*, 2013, aluminum and analog electronics.

Natalie Jeremijenko, Tega Brain, Jake Richardson, and Blacki Migliozzi, *Phenology Clock*, 2014, phenology data, software, and hardware system.

Zelf Koelman, *Ferrolic*, 2015, software, hardware, and ferrolic fluid.

Rafael Lozano-Hemmer, *Zero Noon*, 2013, software system with digital display.

George Maciunas, *10-Hour Flux Clock*, 1969, plastic clock with inserted offset face, Museum of Modern Art, New York.

John Maeda, *12 O'Clocks*, 1996, software.

Christian Marclay, *The Clock*, 2010, film, 24:00, White Cube, London.

Ali Miharbi, *Last Time*, 2009, analog wall clock and interactive hardware.

Mojoptix, *Digital Sundial*, 2015, 3D-printed form.

Eric Morzier, *Horloge Tactile*, 2005, interactive software and screen.

Sander Mulder, *Pong Clock*, 2005, inverted LCD screen and software.

Sander Mulder, *Continue Time Clock*, 2007, mechanical system.

Bruno Munari, *L'Ora X Clock*, 1945, plastic, aluminum, and spring mechanism, Museum of Modern Art, New York.

Yugo Nakamura, *Industrious Clock*, 2001, Flash program and installation.

Katie Paterson, *Time Pieces*, 2014, modified analog clocks, Ingleby Gallery, Edinburgh.

Random International, *A Study Of Time*, 2011, aluminum, copper, LEDs, and software, Carpenters Workshop Gallery, London.

Saqoosha, *Sonicode Clock*, 2008, 2008, audio waveform generator.

Yen-Wen Tseng, *Hand in Hand*, 2010, modified analog electronic clock.

Laurence Willmott, *It's About Time*, 2007, language data, software, and hardware.

Agustina Woodgate, *National Times*, 2016, modified electric clock system.

参考文献

Donna Carroll, "It's About Time: A Brief History of the Calendar and Time Keeping" (lecture, University Maastricht University, Maastricht, Netherlands, February 23, 2016).

Johanna Drucker, "Timekeeping," in *Graphesis: Visual Forms of Knowledge Production* (Cambridge, MA: Harvard University Press, 2014).

John Durham Peters, "The Times and the Seasons: Sky Media II (Kairos)," in *The Marvelous Clouds: Toward a Philosophy of Elemental Media* (Chicago: University of Chicago Press, 2015).

Joshua Foer, "A Minor History of Time without Clocks," *Cabinet Magazine*, Spring 2008.

Amelia Groom, *Time (Documents of Contemporary Art)* (Cambridge, MA: MIT Press, 2013).

Golan Levin, "Clocks in New Media," GitHub, 2016.

Richard Lewis, "How Different Cultures Understand Time," *Business Insider*, June 1, 2014.

Leo Padron, "A History of Timekeeping in Six Minutes," August 29, 2011, video, 6:37.

自生成风景画

自生成风景画
构建地形和虚拟世界

概述

编写程序，呈现出一个不断变化的、想象中的风景。用你的想象来描绘这个世界的各种细节：树、房子、汽车、动物、人、事物、身体部位、头发、海草、空间垃圾、僵尸等。

深入思考你创造的风景：经过多久以后，它会变成现实？你能延缓这种情况的出现吗？你能创作出与现实紧密联系而又冲突的超现实主义风景吗？

思考：如何将风景中的前景、中景、背景一层层展现；风景在宏观、中观、微观尺度下的变化；自然特征和人造物体的特征；乌托邦（utopia）、反乌托邦（dystopia）和异托邦（heterotopia）（译者注：乌托邦象征着想象中的终极至善，反乌托邦象征着想象中的终极至恶，异托邦象征着从真实世界演进出来的至善世界）；运动视差所造成的立体感和沉浸感；以及出现各种不常见的现实细节，从而引发观者的惊叹。

学习目标

- 应用各类自生成方法设计出地形、风景和想象中的世界。
- 调整风景生成的概率，控制其随机性。
- 使用元设计。

引申

- 在风景画中添加"三种垂直物"（人、树、建筑）

中的一种或几种：根据荣格心理学的理论，你所添加的这些垂直物暗示了风景的心理特征。

- 思考风景的运动方式，让风景在"镜头"前以不同的方式呈现。比如，风景可能一闪而过（就好像你坐在火车上看窗外的风景）；又比如，出现第一人称视角的风景（就好像你开着车，或者坐在摩天轮上）；俯视风景（就好像你坐在玻璃制的飞机上，朝外看风景）；想象有一台照相机正在运动，还可能正在旋转或调换镜头，它会拍摄出什么样的风景。
- 想象一下外部风景，也就是内部物体如何看待外部世界（比如放在传送带的东西），或者如何呈现外部风景和内部风景结合的梦境。
- 尝试设计 3D 风景（用噪声形成地形）、2D 风景（类似于横版电子游戏）、2.5D 风景（呈现出空间感）、正交视图风景，以及非线性、非笛卡儿坐标系下的风景画。
- 考虑加入声音，实现风景中的音画同步，可参考游戏《吉他英雄》（Guitar Hero）。
- 加入生物、车辆或其他角色，让它们在你设计的风景画中穿梭。
- 随着时间的流逝，在你所设计的风景中，出现某些风景特征的生长、进化、衰亡。

按语

人类是喜欢迁移的种族，总是想着探索新的世界。在现代便捷的交通工具出现之前，风景画就是人们探究远方的最主要方式，也是人们在心灵中脱

离俗世的主要方式。

而现在，由程序代码生成风景在电子游戏中已变得司空见惯。比如，游戏《我的世界》（Minecraft）已经有了 8 年的历史。人们在游戏中利用各类算法工具，创作出各种别样的世界和风景，成为游戏持续不竭的运营动力。而对于元设计师和编程艺术家来说，这种构建世界的方式有点像造物者在世界外看世界。这种创作模式在电影中也有反映。在 1982 年的电影《星际迷航 II》中，人们首次完全使用计算机生成图像（CGI），构建了一个叫作"创世纪"（Genesis Sequence）的行星。

自生成式设计系统，不论是用来生成人脸、风景、生物或者桌椅，都为创作者带来了无穷的可能性。但是要留意 Kate Compton 所说的"10 000 碗麦片粥"的问题，即"我可快速生成 10 000 碗麦片粥，每个碗里面的麦片朝向不同，位置不同。从数学意义上看，每碗麦片完全不一样。但是对于观众来说，他们看到的就是很多碗麦片粥而已"。正如 Compton 所说，要使用元设计方式来构建世界。而这种设计方式最大的挑战在于，需要构建出一个观众**感知独特**的世界，这样的设计才有意义。

本次作业要求大家把想象中的世界呈现出来。除此以外，你还需要使用各种程序代码来精确描绘理想中的位置——比想象更加"细节"。

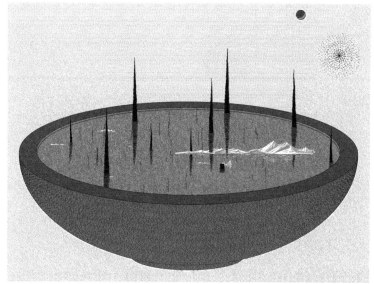

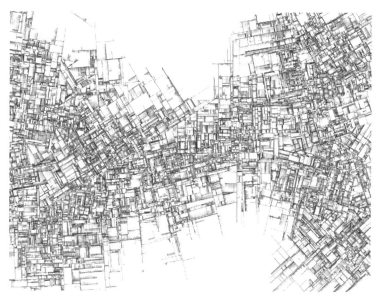

插图说明

21. Daniel Brown 的作品《数字旅行》(Travelling by Numbers)（2016），该作品是他的光照分形系列作品，呈现的是反乌托邦的居住环境。

22. Kristyn Janae Solie 的作品《孤独星球》(Lonely Planets)（2013）。这幅作品所构建的 3D 地形带有极简主义和迷幻艺术的特点。这个作品来源于 Casey Rea 的本科生课程，课程名称为"用创意编程做现场电影"（Live Cinema through Creative Coding）。

23. 由 Benoît Mandelbrot（译者注：数学家，分形算法的创始人）和 IBM 公司的 Richard F. Voss 共同创作的《分形噪声》(Fractional noise) 之"山脉"（约 1982 年）。这个项目是使用数学工具生成地形的里程碑。

24. Everest Pipkin 的作品《湖之镜面》(Mirror Lake)（2015）。该作品生成了一个盆景，给人一种荒凉的、神秘的、流浪的感觉。

25. Jared Tarbell 的经典作品《基质》(Substrate)（2003），通过简单的沉积、分叉、反馈等算法规则，模拟出城市的结构。

相关项目

Memo Akten and Daniel Berio, *Bozork Quest*, 2013, scene generated with a fragment shader.

Tom Beddard, *Surface Detail*, 2011, evolving fractal landscape.

Tom Betts, *British Countryside Generator*, 2014, procedural world engine.

Ian Cheng, *Emissaries*, 2015–2017, trilogy of evolving animated worlds.

Char Davies, *Osmose*, 1995, interactive VR.

Field.io, *Interim Camp*, 2009, generative software and film.

Simon Geilfus, *Muon glNext*, 2014, landscape generation software.

Chaim Gingold, *Earth: A Primer*, 2015, interactive book app.

Beatrice Glow, *Mannahatta VR: Envisioning Lenapeway*, 2016, immersive visualization.

Michel Gondry, *Chemical Brothers "Star Guitar,"* 2003, video clip.

Vi Hart et al., *Float*, 2015, virtual reality game.

Hello Games, *No Man's Sky*, 2016, multiplayer video game.

Robert Hodgin, *Audio-Generated Landscape*, 2008, audio-generated landscape system.

Robert Hodgin, *Meander*, 2020, procedural map generator.

Anders Hoff, *Isopleth*, 2015, virtual landscape generator.

Joanie Lemercier, *La Montagne*, 2016–2018, digital print on paper and projection.

Jon McCormack, *Morphogenesis Series*, 2001–2004, computer model and prints on photo media.

Joe McKay, *Sunset Solitaire*, 2007, software projection and performance.

Vera Molnár, *Variations St. Victoire*, 1989–1996, silkscreen prints on canvas.

Anastasia Opara, *Procedural Lake Village*, 2017, generative 3D landscape.

Paolo Pedercini and Everest Pipkin, *Lichenia*, 2019, city building game.

Planetside Software, *Terragen*, 2008, scenery generator software.

Davide Quayola, *Pleasant Places*, 2015, digital paintings.

Jonathan Zawada, *Over Time*, 2011, 3D models and oil on canvas.

参考文献

Kate Compton, Joseph C. Osborn, and Michael Mateas, "Generative Methods" (paper presented at 4th Workshop on Procedural Content Generation in Games, Chania, Greece, May 2013).

Ian Cheng, "Worlding Raga: 2—What Is a World?" *Ribbonfarm, Constructions in Magical Thinking* (blog), March 5, 2019.

Philip Galanter, "Generative Art Theory," in *A Companion to Digital Art*, ed. Christiane Paul (Hoboken, NJ: John Wiley & Sons, Inc., 2016), 146–175.

Robert Hodgin, "Default Title, Double Click to Edit" (lecture, Eyeo Festival, Minneapolis, MN, June 2014).

Jon McCormack et al., "Ten Questions Concerning Generative Computer Art," *Leonardo* 47, no. 2 (April 2014): 135–141.

Paolo Pedercini, "SimCities and SimCrises" (lecture, 1st International City Gaming Conference, Rotterdam, Netherlands, 2017).

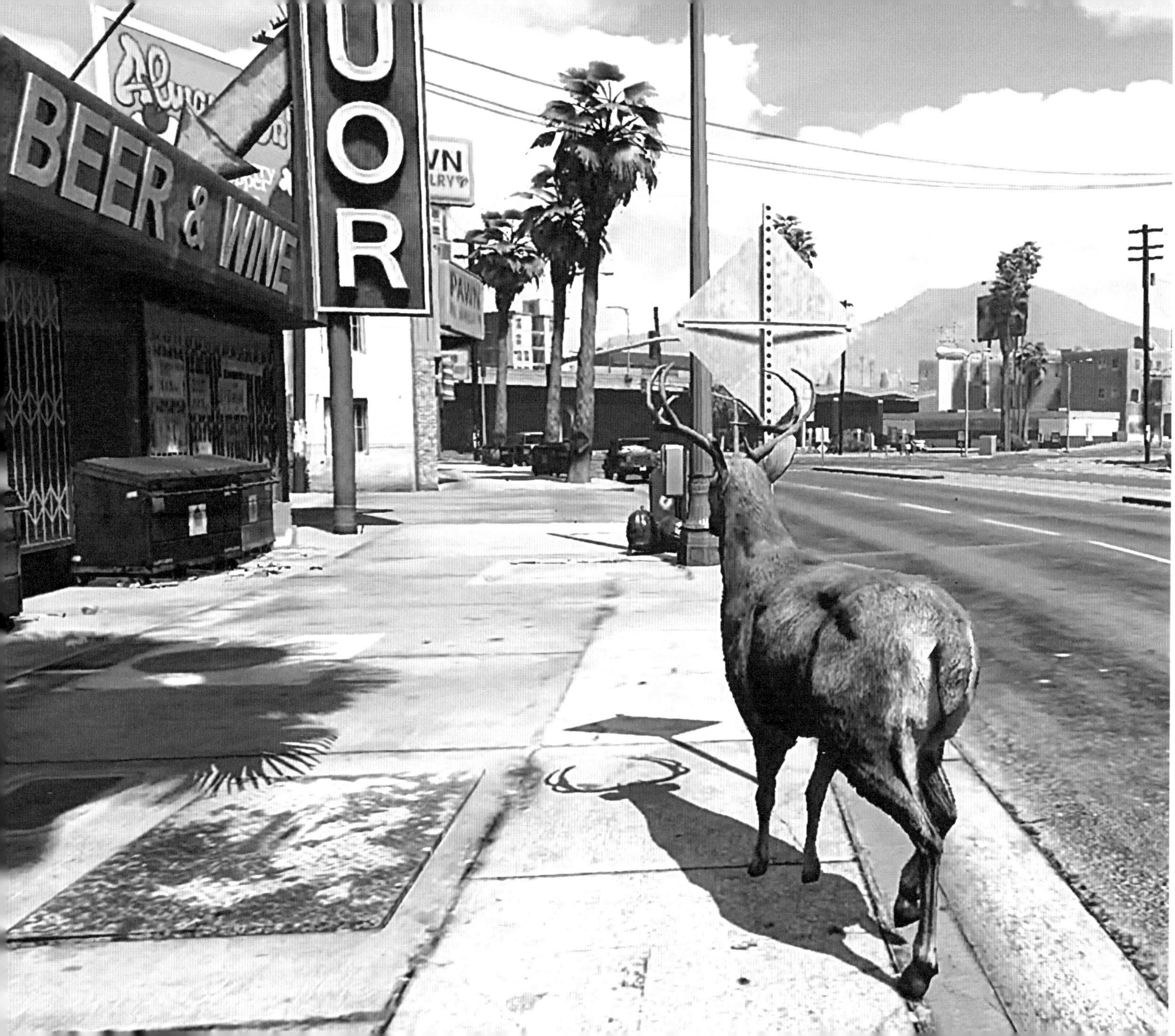
BEER & WINE
UOR

虚拟生物
创建人造生命

概述

你就是弗兰肯斯坦（Frankenstein）博士（译者注：弗兰肯斯坦是欧美文化中著名的科学怪人形象，有着不死之身），你的任务就是创造新的生命——有情感的高级生物、移动的羊群或蜂群、人工智能生物、新的植物甚至是新的生态圈。你需要用算法生成自己想象中的生物，并设计它的行为方式——这种生物如何睡觉、如何繁殖、如何死亡，如何自相残杀？想象一下你所设计的生物种群，种群中的个体会是怎样的关系？个体之间是相互排斥还是相互吸引？你所创造的生物如何适应周边的生态环境，又受到哪些环境的限制？

仔细想一想，如何让你所创造的生物和某种隐喻、评论或者人类的真实需求相联系，让它成为某种文化符号。

学习目标

- 研究、讨论和编写各类函数，用来模拟不同的生物动作。
- 使用面向对象的编程方法设计和开发虚拟生物程序。
- 编程实现生物间的交互。

引申

- 构造一个生态系统，至少包含一对相爱相杀的生物，如猎物／掠食者、共生生物等。
- 编程设计你的生物，让生物的外表和其行为相互关联。比如，想象一下阿米巴虫的伪足，它既决定了阿米巴虫的身体形态，也决定了阿米巴虫的运动方向。尝试利用可能的粒子运动、布娃娃物理系统（译者注：三维动画里面所使用的物理引擎动画方式）或者增强学习系统（译者注：人工智能中一种重要的信息处理方式），来设计你想象中的生物的身体形态。
- 编写面向对象的代码，把你设计的生物进行封装。如果你的同学遵守了相同的设计协议（吃、睡觉、觅食等），那就能互相交换各自的代码，实现至少包含两种动物的生态系统。**引申代码可以使用 GitHub 之类的版本控制工具进行协作，从而尝试软件开发的线上协作，并学会正确注释代码。**
- 把你设计的数字生态系统做成增强现实，投影到某个特定的投影表面。能让你设计的生物和你选择的真实物理环境产生互动吗？

按语

正如皮格马利翁、魔像、弗兰肯斯坦等故事中所描述的一样，人类从骨子里就有神的欲望——创造生命。这种人类的本能冲动，已经在各种机器人的历史中得到了验证。日本有"机关人偶"，欧洲则有 Turriano 的"祈祷僧侣"（约公元 1560 年）、Vaucanson 的"嚼食的鸭子"（公元 1738 年）等自动机器。现在有了计算机，可以用计算机程序模拟生命系统及其行为和交互活动，构造出多智能体系统。很多模拟生命的系统运用了简单的规则，设计出大量的生命体，结果会出现**涌现**现象，比如出现自规范、表观智能和群体协作等特征（译者注：涌现是系统科学中的概念，主要强调某个复杂系统表现出了其组成各体完全不曾出现的新特性）。

不论你所使用的媒介是硬件还是软件，人造生命的目标就是要让人感到**鲜活**，这是个系统工程。创造虚拟生物不是"设计角色"，设计角色更多关注的是视觉呈现效果，而创造生物则要求你关注虚拟生物在环境中的反应，以及它的各种动态行为。在教学过程中，教师需要反复强调，生命的外在形态可以极度简化，甚至可以用几个矩形表示，但其生命活动依然鲜活动人。学生需要把重点放在生命的生活方式上。

没有故事的生命是苍白的——自身没有价值，对他人也没有价值。生命在与其他生命和环境的互动中有了故事，有了个性，生命才有了价值。如果生物能够对外界刺激或主体做出反应，比如能够与观众产生交互，那么就能抚慰人类孤独的心灵，成为 Tamagotchi（电子宠物鸡）之类的电子宠物，柔弱乖巧，人见人爱。这种反馈机制还有可能以出乎意料的方式，形成一个新的生态系统。

插图说明

26. Brent Watanabe 的作品《圣安地斯的野鹿漫游》（San Andreas Streaming Deer Cam）（2015~2016）。这是艺术家在电脑游戏《侠盗猎车手 5》（Grand Theft Auto V）中制作的一段视频。艺术家在游戏中先创作了一头野鹿，然后让这头鹿在虚拟的城市里漫游，并和周边环境、游戏角色发生各种类型的互动。在视频录制的过程中，这头野鹿沿着洒满月光的海滩漫步，造成了主干道的交通拥堵。鹿还参与了黑帮枪战，被警察追捕。

27. Design IO 工作室（Theo Watson 和 Emily Gobeille）的作品《连接的世界》（Connected Worlds）（2015）。这个作品是放置在纽约科学大讲堂的互动装置。作品营造了 6 种生态环境，把这些环境投射到大讲堂的墙壁和地面上，形成了沉浸式的体验环境。观众可以在体验环境中与水流交互，了解水循环在不同生态系统中的作用。艺术家设计了几十种生物，用各种生物的反馈来描绘不同的生态系统。

28. 神经科医生 William Grey Walter 创作的《陆龟》（tortoises）（1948~1949）。这个机器人具有趋光性和障碍规避的能力。

29. Karl Sims 的项目《进化的虚拟生命》（Evolved Virtual Creatures）（1994）。这种虚拟生命采用基因算法加以设计，不断进化，有一种迷人而独特的运动形态。

相关项目

Ian Cheng, *Bob (Bag of Beliefs)*, 2018–2019, animations of evolving artificial lifeforms.

James Conway, *Game of Life*, 1970, cellular automaton.

Sofia Crespo, *Neural Zoo*, 2018, creatures generated with neural nets.

Wim Delvoye, *Cloaca*, 2000–2007, large-scale digestion machine.

Ulrike Gabriel, *Terrain 01*, 1993, photoresponsive robotic installation.

Alexandra Daisy Ginsberg. *The Substitute*, 2019, video installation and animation.

Edward Ihnatowicz, *Senster*, 1970, interactive robotic sculpture.

William Latham, *Mutator C*, 1993, generated 3D renderings.

Golan Levin et al., *Single Cell* and *Double Cell*, 2001–2002, online bestiary.

Jon McCormack, *Morphogenesis Series*, 2002, computer model and prints on photo media.

Brandon Morse, *A Confidence of Vertices*, 2008, generated animation.

Adrià Navarro, *Generative Play*, 2013, generated characters and card game.

Jane Prophet and Gordon Selley, *TechnoSphere*, 1995–2002, online environment and generative design tool.

Matt Pyke (Universal Everything), *Nokia Friends*, 2008, generative squishy characters.

Susana Soares, *Upflanze*, 2014, hypothetical plant archetypes.

Christa Sommerer and Laurent Mignonneau, *A-Volve*, 1994–1995, interactive installation.

Christa Sommerer and Laurent Mignonneau, *Lifewriter*, 2006, interactive installation.

Francis Tseng and Fei Liu, *Humans of Simulated New York*, 2016, participatory economic simulation.

Juanelo Turriano, *Automaton of a Friar*, c. 1560, Smithsonian Institution, National Museum of American History.

Jacques de Vaucanson, *Canard Digérateur*, 1739, automaton in the form of a duck.

Lukas Vojir, *Processing Monsters*, 2008–2010, online bestiary.

Will Wright and Chaim Gingold et al., *Spore Creature Creator*, 2002–2008, creature construction software.

参考文献

Jean Baudrillard, *Simulacra and Simulation* (Ann Arbor: University of Michigan Press, 1994).

Valentino Braitenberg, *Vehicles: Experiments in Synthetic Psychology* (Cambridge, MA: MIT Press, 1984).

Bert Wang-Chak Chan, "Lenia: Biology of Artificial Life," *Complex Systems* 28, no. 3 (2019), 251–286.

Ian Cheng et al., *Emissaries Guide to Worlding* (London: Koenig Books, 2018).

Craig W. Reynolds, "Steering Behaviors For Autonomous Characters," *Proceedings of the Game Developers Conference* (1999), 763–782.

Daniel Shiffman, *The Nature of Code: Simulating Natural Systems with Processing* (self-pub., 2012).

Mitchell Whitelaw, *Metacreation: Art and Artificial Life* (Cambridge, MA: MIT Press, 2006).

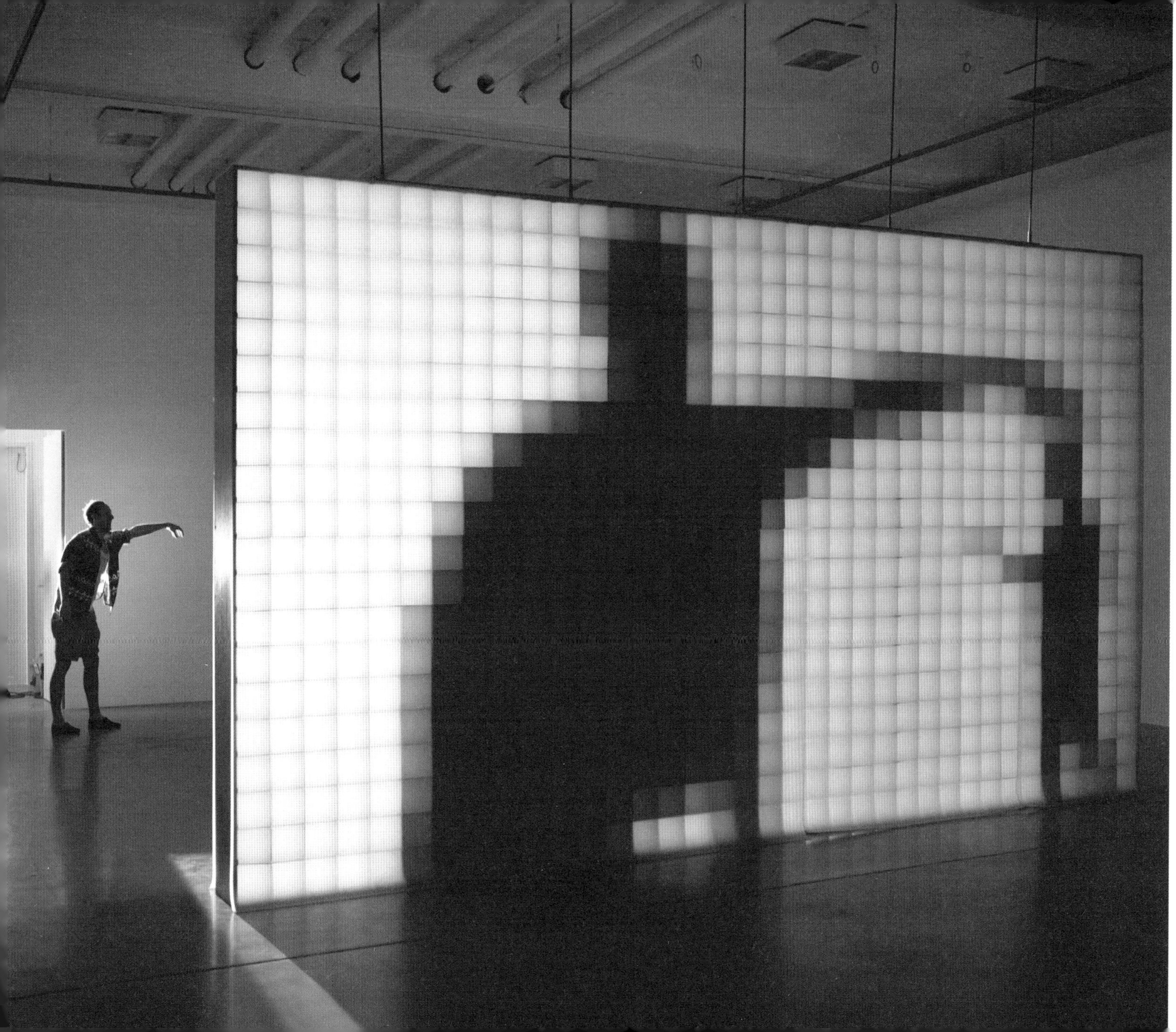

定制像素
新的显示方式

概述

　　像素是数字显示和位图显示的技术基础。一般情况下，像素都是方形的、统一大小的，放置在笛卡儿坐标系的网格中。尝试用你自己设计的代码打破这种显示方式，用"定制像素"来重构图像。比如，把像素设置成六边形，或把像素放置在不规则的网格中，或者让像素能够重叠、移动或改变大小，那会有什么效果呢？是否有可能由一幅图的碎片拼贴成另外一幅图？或者有可能由各种图标、符号、旗帜、表情包来构建新的图像？仔细想象你的"像素概念"同你想要实现的图像之间存在什么样的联系。在程序实现之前，你所要实现的图像必须和真实图像没有联系。

学习目标

- 反思艺术、设计和数字图像中的显示和感知方式。
- 开拓图像整体和图像组成部分间的新关系。
- 用合适的方式操作底层的像素数据。

引申

- 用两种或三种色块来实现你的"分色主义"风格图像。
- 摒弃正方形的像素，而是使用极坐标系构建一个环形的图像。
- 设计一种方式，用某种图像元素来做画刷，并使用"画刷宽度"和"不规则度"等参数来加以控制。看看用这个画刷能不能重现原画的边缘、渐变、斑点等特征，你所设计的画刷能不能捕捉这些画面细节？

- 修改你的代码，使之能够用于视频或实时监控数据流，并解决原代码因视频帧差异而形成画面抖动的问题，形成新的视觉风格。看看你所设计的算法最适合处理哪种类型的画面。
- 设计一种方案，当人们移动真实物理世界的物体（如卵石或糖果）之后，就会显示新的图像。
- 有些图像压缩算法会根据图像元素采取不同的方式进行处理。学习一下四叉树、游程编码、8×8 JPEG 宏块词典、小波变换等图像压缩算法。借鉴这些压缩算法，设计属于你自己的图像压缩算法。然后再看看你所设计的算法，它的美学特点和艺术效果是什么。

按语

　　用各种新型像素构造的艺术作品，都是严格意义上的"新媒体"——这些作品都符合 McLuhan 关于媒介的重要观点——媒介（自身）即信息。虽然像素本身的信息很弱，但是由于像素会生成新的图像风格，而且这种风格和原始图像主体无关，因此像素就不仅仅是一种显示方式。在这种图像处理方式中，一旦内容和形式（也就是显示图像的元素和最终形成的显示主体）之间建立起有意义的连接，就形成了一种新的艺术风格。比如，由 Chris Jordan、El Anatsui、Jenny Odell 所完成的艺术项目，就是利用完全没有价值的垃圾或碎石创作出有价值的东西，表达观念上的冲突，从而形成了新的艺术风格。

　　定制图片像素可以在多个尺度上创造出有趣的效果，为观众提供新的观察方式，让观众不得不去思考图像整体的含义。观众的观察原先是一种瞬时的动作（"我看到了"），现在则变成了一种交互的过程（"我观察到了"）。艺术设计中最常见的方式是更改图像的清晰度。艺术家可以对图片做马赛克处理，比如，粉丝会"放大"偶像的照片，任人观瞻。在 19 世纪，点彩画派和分色画派的画家通过色彩对比的方法引导观众去"缩小"视角，观众只有缩小了视角才能将不同的色彩和斑点融合，看到画面中真正的主体。

　　定制图像元素体现了图像制作的过程。当我们仔细观察拜占庭风格的马赛克画时，那些层层叠叠的马赛克耗费了大量的人工，让人不由得为之惊叹。Koblin 和 Kawashima 所创作的当代艺术作品《10 000 美分》（10 000 cents）也使用了类似的方法。他们使用 Mechanical Turk 这样的众包平台创作作品，让大家对数字经济和著作权的本质产生了新的思索。

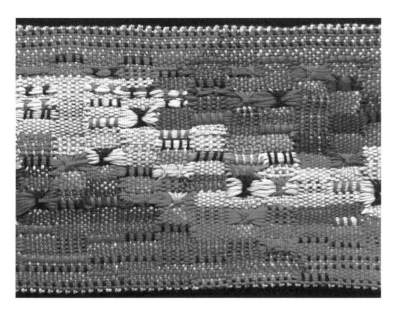

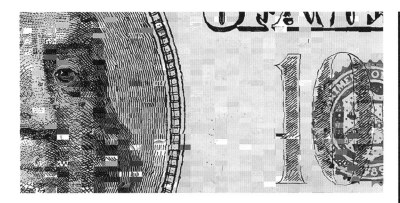

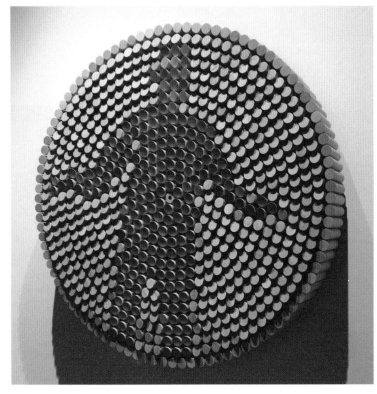

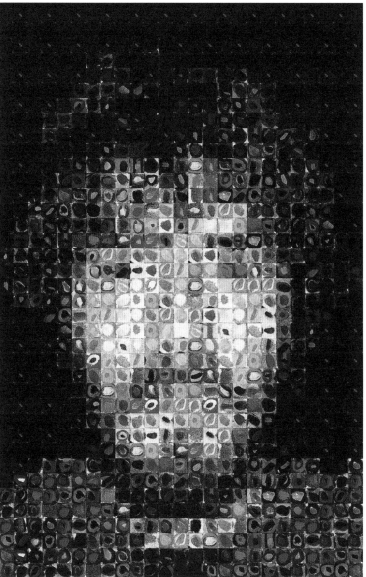

插图说明

30. Aram Bartholl 创作的《0, 16》(2009)。这幅作品纯粹是一个模拟光学装置,用半透明的纸张将观众的影子转成大尺寸的像素画。

31. 像织、编结、针刺等织物艺术,都是传统文化中的像素艺术风格。Anni Albers 既是纹理设计师,也是包豪斯艺术教育家。她在作品《边界之南》(South of The Border)(1958)中,巧妙地把不同的线编织在一起,从而形成整幅画面中的像素。

32. Leon Harmon 和 Ken Knowlton 的作品《感知研究 1 号》(Studies in Perception #1)(1966)。这个作品是由科学符号作为图像元素,拼贴组合而成的马赛克风格画,画面主体是一个女性裸体。作品采用 Knowlton 的 BEFLIX 语言编写。这幅作品首次出现在《纽约时报》1967 年 10 月 11 日的头版,并于 1968 年在现代艺术博物馆展出。当时现代博物馆的展出主题为"机械时代末期的机器",首次向美国大众介绍了计算机艺术。

33. Jenny Odell 的垃圾自画像。她说:"从 2014 年 2 月 10 日到 3 月 1 日,我丢弃、回收、积攒了大量垃圾。我用这些垃圾创作了自己的自画像。"

34. Charles Gaines 使用不确定性等数学工具,将照片剖析成手绘元素的网格,从而探索表达的建构本质。这个作品叫作《数与树:中央公园系列 II,第八棵树,阿梅利亚》(Numbers and Trees: Central Park Series II: Tree #8, Amelia)(2016),是一张铺在有机玻璃板上的亚克力材质照片。

35. Aaron Koblin 和 Takashi Kawashima 的作品《10 000 美分》(2008,局部细节图)。这个作品是数据众包的结果,最后得到一张 100 美元的图像。艺术家写道:"数以千计的人使用特制的绘画工具,独自绘制美元中的一小部分。每个绘画者都不知道整体任务是什么,也不知道最终汇聚形成的画面会是什么样。每个人只要画完一个部分,就会从亚马逊的 Mechanical Turk 众包网站上获得 1 美分的报酬。"这个项目的制作和传播过程,高度揭示了分布式劳动力市场的不平等。

36. Daniel Rozin 花了几十年的时间,用木头、毛皮、玩具企鹅等各种可以想象的材料,做成成像用的像素。他的作品《木销镜子》(Peg Mirror)(2007)由 650 个木销组成。每个木销都按照某个角度进行了切削,并由独立的电动马达进行控制。当木销中心的摄像头捕捉到影像时,每个木销就会发生旋转,从而呈现出所捕捉到的光影效果。

37. Scott Blake 开发了《查克·克洛斯滤镜》(Chuck Close Filter)的软件(2011~2012),可将任意图像转换成查克·克洛斯的风格。他发布了这个滤镜之后,就同克洛斯本人产生了法律纠纷。克洛斯认为这个软件降低了自己风格的制作门槛,影响了自己的职业生涯。Blake 的作品《使用卢卡斯风格制作的自画像》(Self Portrait Made with Lucas Tiles)(2012)完全模仿自克洛斯的作品《卢卡斯》(Lucas),用许多方格拼贴形成最终的图像。

相关项目

El Anatsui, *Earth Shedding Its Skin*, 2019, aluminum and copper wire.

Angela Bulloch, *Horizontal Technicolor*, 2002, modular light sculpture.

Jim Campbell, *Reconstruction Series*, 2002–2009, custom electronics, LEDs, and cast resin screens.

Evil Mad Scientist Laboratories, *StippleGen*, 2012, image processing software.

Frédéric Eyl and Gunnar Green, *Aperture*, 2004–05, interactive facade.

Kelly Heaton, *Reflection Loop*, 2001, kinetic sculpture with Furby pixels.

Chris Jordan, *Running the Numbers II: Portraits of Global Mass Culture*, 2009–, variable material.

Rafael Lozano-Hemmer, *Pareidolium*, 2018, software, camera, and ultrasonic atomizers.

Vik Muniz, *Pictures of Garbage*, 2008, photographed arrangements of detritus.

Everest Pipkin, *Unicode Birds*, 2013–2019, unicode and twitter bot.

Gonzalo Reyes-Araos, *RGB Paintings*, 2018, oil on paper, mounted on aluminum, KINDL Berlin.

Elliat Rich, *What colour is the sky*, 2011, printed aluminum swatches and steel frame.

Peiqi Su, *The Penis Wall*, 2014, kinetic sculpture.

Tali Weinberg, *0.01% of vacant potential homes*, 2012, archival pigment print on paper.

参考文献

Scott Blake, "My Chuck Close Problem," *Hyperallergic*, July 9, 2012.

Meredith Hoy, *From Point to Pixel: A Genealogy of Digital Aesthetics* (Hanover, NH: Dartmouth College Press, 2017).

Christopher Jobson, "People as Pixels," *This Is Colossal*, February 24, 2012.

Julius Nelson, *Artyping* (Johnstown, PA: Artyping Bureau, 1939).

Omar Shehata, "Unraveling the JPEG," *Parametric Press* 1 (Spring 2019): n.p.

Rob Silvers, "Photomosaics: Putting Pictures in Their Place" (master's thesis, MIT, 1996).

Barrie Tullett, *Typewriter Art: A Modern Anthology* (London: Laurence King Publishing, 2014).

绘画机器
涂鸦绘画的工具

概述

开发一套软件工具，能够对现有的绘画观念或绘画形式进行各种类型的拓展、增强、混合、混乱、质疑、分析、破解、破坏、改进、加速。明确你的软件系统到底是用来做什么的，是工具、玩具、游戏还是某种表演道具？用你的软件系统完成至少三幅绘画作品，以展示所开发软件的独特魅力。

学习目标

- 深刻反思绘画的过程。
- 正确评估开发工作量与开发效果之间的关系。
- 构造合适的数据结构，用来记录、存储、操作各类手势数据。

引申

- 设计出一个给绘画带来生命活力的软件系统。
- 思考绘画的效果。比如，行人、海龟、风筝等实体无意识的动作，也能够产生绘画。
- 不要让使用者用自己灵活的手来作画，而是要利用人的脸、声音或者其他身体部位来操作软件进行绘画。
- 绘画通常被认为是一个人的事情。设计一个绘画系统，必须由两个人共同操作才能完成。
- 设计一个"单功能"的绘画系统，比如，这个绘画软件只能画鸭子。

- 设计一个能够挑战传统绘画观念的系统。比如，这些传统观念包括：传统绘画需要画在一个平面上；画作完成，就代表着它将永久存在；画是一定会"完成"的；画不可以是文字。
- 设计一种运行条件极其苛刻的绘画软件，比如，这个软件拒绝执行精确、真实和功能明确的技术性指令，而是执行表达情感、显示独特性和奇思妙想的命令。
- 开发一个绘画系统，能够分析绘画数据库中的画作，并能画出有新意的作品。

按语

"做出自己的画笔"，这是艺术院校的经典口号。这个口号激励着学生利用人体或其他材料，创造出新的绘画工具。本次练习让"制作画笔"这件事情变得更加个性化，变得更与寻常认知不同。同时也让学生对于工具和技术如何改变艺术表达，有了更为深刻的认识。"绘画机器"这个作业触及了软件设计的精髓，让设计者对于人机协作的限制、自由度和参与度有了更为深刻的反思。

绘画的过程，就是通过一种装置把人体手部的动作记录到纸张上的过程。最早的计算机绘图工具叫作"绘图板"（Sketchpad），是由麻省理工学院的 Ivan Sutherland 博士在 1963 年开发的（译者注：Ivan Sutherland 是计算机图形学之父，图灵奖获得者）。当时他在博士论文中设计了这个工具，让计算机和使用者"能够通过画线来进行交流"[1]。绘图板通常被认为是最早设计出图形用户接口的软件。绘图板可以根据人机交互改变屏幕显示的内容，并能够实现无穷尽的显示结果。这在计算机历史上是第一次。在它之后，才出现 AutoCAD、Photoshop、Illustrator 等成熟的绘图工具。目前这些绘图工具的交互方式已经基本一致，并被大家广泛接受。如果要在这些绘图工具上有创新，要么需要突破绘画的传统观念，要么需要在大家不常见的领域做出新的标志性成果。

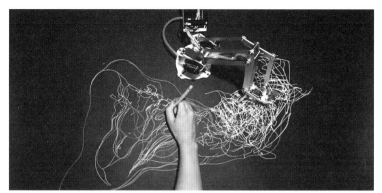

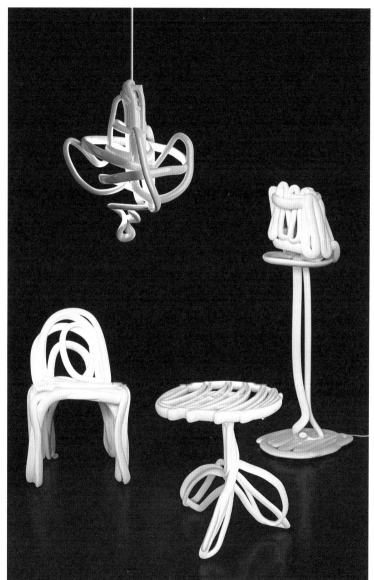

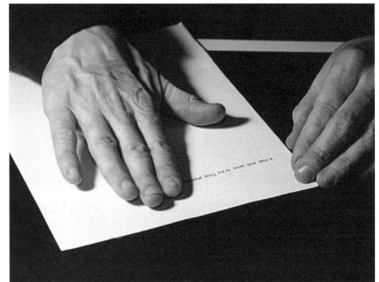

<table>
<tr><td>38</td><td colspan="2">39</td><td>41</td><td>42</td><td>44</td></tr>
<tr><td></td><td colspan="2">40</td><td></td><td>43</td><td>45</td></tr>
</table>

插图说明

38. 艺术家 Addie Wagenknecht 的系列作品《一起孤独》(Alone Together) 中的一幅（2017）。这幅画用到了 Roomba 室内扫地机器人。艺术家躺在地上，机器人围绕人的身体运动，同时用克莱因蓝色的颜料将运动轨迹画出来。这幅作品既体现了高科技自动化工具的劳动，也让人联想起以前的艺术创作手法——在艺术史中，有些作品曾使用女性的身体作为笔刷来进行创作。

39. Sougwen Chung 与半智能机器人协作，创作出《绘画操作》(Drawing Operations) 系列作品（2015~2018）。

40. Tim Knowles 的作品《树之画》(Tree Drawings)（2007）。艺术家将铅笔固定在树枝上，随着枝叶摇曳，就画出了最后的画。

41. 《家具草稿》(Sketch Furniture)（2007）软件是由瑞典的先锋设计工作室结合动作捕捉和数字编织技术所开发的软件系统。设计师使用这个软件，能够在虚拟空间中徒手设计出 1:1 尺寸的家具原型，然后再用大型 3D 打印机将模型打印成实物。

42. 格拉夫蒂研究实验室（Graffiti Research Lab）是由户外装潢艺术家和广告设计师组成的团队，主要使用开源软件工具做城市户外广告。他们开发的作品《激光标签》(L.A.S.E.R. Tag)（2007），使用计算机视觉技术跟踪观众手持激光笔形成的光点。这个系统使用大功率投影机进行投影，使用摄像头系统进行跟踪，把观众手绘的图案投射到户外建筑物表面。

43. 《赝品涂鸦》(Sloppy Forgeries)（2018）是由 Jonah Warren 开发的一款游戏。玩家在游戏中使用鼠标和简单的调色盘工具模仿世界经典名画，谁模仿得更像，谁就能赢得比赛。

44. Julien Maire 的作品《数字》(Digit)（2006）。艺术家用手划过一张白纸，指尖所触之处，会魔术般地显现一行行诗文。这是因为纸张上的文字由温感油墨打印，手掌触及之后方可显现。

45. Paul Haeberli 开发的软件《动态绘画》(DynaDraw)（1989）。这个绘图软件是早期的计算机绘图工具。软件中的画笔更像是一个有弹性的物体，具有质量、速度、黏滞度等特性。软件对于绘画过程的仿真过于夸张，以至于形成了新的绘画动作和书写风格。

相关项目

Akay, *Tool No. 10: Robo-Rainbow*, 2010, device for spray-painting rainbows.

Peter Edmunds, *SwarmSketch*, 2005, collaborative digital canvas.

Free Art and Technology (F.A.T.) Lab, *Eyewriter*, 2009, eye-tracking drawing tool.

William Forsythe, *Lectures from Improvisation Technologies*, 1994, video series.

Ben Fry, *FugPaint*, 1998, antagonistic paint program.

Johannes Gees, *Communimage*, 1999, digital collaborative collage.

David Ha, Jonas Jongejan, and Ian Johnson, *Sketch-RNN Demos*, 2017, neural network drawing experiment.

Desmond Paul Henry, *Serpent*, 1962, pen and ink mechanical drawing, Victoria and Albert Museum, London.

Jarryd Huntley, *Art Club Challenge*, 2018, drawing game iOS app.

Jonas Jongejan et al., *Quick, Draw!*, 2017, drawing game with neural net.

So Kanno and Takahiro Yamaguchi, *Senseless Drawing Bot*, 2011, chaotic drawing robot.

Soonho Kwon, Harsh Kedia, and Akshat Prakash, *Anti-Drawing Machine*, 2019, antagonistic drawing machine.

Louise Latter and Holly Gramazio, *Doodle*, 2020, exhibition of software art at Birmingham Open Media (BOM).

Jürg Lehni, *Viktor*, 2011, scalable robotic drawing machine.

Golan Levin, *Yellowtail*, 1998, audiovisual animation software.

Zachary Lieberman, *Drawn*, 2005, interactive installation.

Zachary Lieberman, *Inkspace*, 2015, accelerometer-dependent drawing app.

John Maeda, *Timepaint*, 1993, drawing software demonstration.

Kyle McDonald and Matt Mets, *Blind Self-Portrait*, 2011, machine-aided drawing system.

JT Nimoy, *Scribble Variations*, 2001, drawing software.

Daphne Oram, *Oramics Machine*, 1962, photo-input synthesizer for "drawing sound."

James Paterson and Amit Pitaru, *Rhonda Forever*, 2003~2010, 3D drawing tool.

Pablo Picasso, *Light Paintings*, 1950, long-exposure photographs by Gjon Mili, Museum of Modern Art, New York.

Amit Pitaru, *Sonic Wire Sculptor*, 2003, app for 3D drawing and composition.

Eric Rosenbaum and Jay Silver, *SingingFingers (Finger Paint with Your Voice)*, 2010, software for fingerpainting with sound.

Toby Schachman, *Recursive Drawing*, 2012, drawing software.

Karina Smigla-Bobinski, *ADA*, 2011, analog interactive installation.

Alvy Ray Smith and Dick Shoup, *SuperPaint*, 1973–75, 8-bit paint system.

Scott Snibbe, *Bubble Harp*, 1997, drawing software implementing Voronoi diagrams.

Scott Snibbe, *Motion Phone*, 1995–2012, networked animation system.

Scott Snibbe et al., *Haptic Sculpting*, 1998, prototype software for physically mediated haptic sculpting.

Laurie Spiegel, *VAMPIRE*, 1974–1979, color-music mixing software.

Christine Sugrue and Damian Stewart, *A Cable Plays*, 2008, audiovisual performance.

Ivan E. Sutherland, *Sketchpad: A Man-Machine Graphical Communication System*, 1964, drawing program.

Clement Valla, *A Sequence of Lines Consecutively Traced by Five Hundred Individuals*, 2011, video.

Jeremy Wood, *GPS Drawings*, 2014, drawings from GPS data.

Iannis Xenakis, *UPIC*, 1977, graphical music scoring system.

参考文献

Pablo Garcia, "Drawing Machines," DrawingMachines.org, accessed April 14, 2020.

Jennifer Jacobs, Joel Brandt, Radomír Mech, and Mitchel Resnick, "Extending Manual Drawing Practices with Artist-Centric Programming Tools," in *Proceedings of the 2018 CHI Conference on Human Factors in Computing Systems* (New York: Association for Computing Machinery, 2018), 1–13.

Golan Levin, "2-02 (Drawing)," Interactive Art and Computational Design, Carnegie Mellon University, Spring 2016, accessed April 14, 2020.

Zach Lieberman, "From Point A to Point B" (lecture, Eyeo Festival, Minneapolis, MN, June 2015), video, 7:20–19:00.

Scott Snibbe and Golan Levin, "Instruments for Dynamic Abstraction," in *Proceedings of the Symposium on Nonphotorealistic Animation and Rendering* (New York: Association for Computing Machinery, 2000).

附注

1. Ivan E. Sutherland, "Sketchpad: A Man-Machine Graphical Communication System," *Simulation* 2, no. 5 (1964): R-3.

模块化字符集
用统一的风格模式设计字形

概述

　　设计一种字体（可以使用你喜欢的各种视觉风格），形成模块化的字符集，这样字母表中的所有字母都是由相同的软件参数和图形逻辑所构成的。假设你所设计的字母非常独特，比如由 3 段弧线、4 个矩形或 1 堆正方形小块所组成。当字母集中的所有字母都设计完毕之后，把所有字母放到一张图中，让大家一眼就能看明白你所设计的字体。

　　你需要以数组或面向对象的数据结构存储描述字体形态的参数，然后设计一个函数，根据输入的字母做出相应字形的渲染输出。这也是字体设计中最重要的技术工作。如果每个字母都需要用不同的函数进行处理，那么就做错了（译者注：即要求使用函数重载）。

学习目标

- 设计更适合排版使用的图形风格。
- 可以使用参数来调整字形，或者让字母动起来。
- 使用元设计的概念来设计字体。
- 使用数组来存储几何数据。

引申

- 精心挑选某个单词，让该单词完美呈现字体的艺术风格。

- 让你设计的字体处在一种随时变化的状态。通过正弦曲线、佩林噪声、动态交互等方式来调整字形的参数控制点，形成字母不断变化的动画。
- 设计一种字符变形方式，让一个字符慢慢地变成另外一个字符。敲击一次键盘，就开始一次实时的字符变形（大约持续一秒钟），从一个字符变形到你预期的另外一个字符。**教学提示：对于刚入门的学生来说，最好提供字符转换的模板或示例函数。**
- 设计一种字体，其中字母是由运动粒子散落下来慢慢堆积而成的，运动粒子的运动轨迹则是由空间中分布的吸引子或排斥子的位置决定的。
- "强制对齐工具"是一种计算机软件工具，用于将音频文件和转录文本进行时间上的配准对齐。用你的字体，再加上某种强制对齐工具（如 Ochshorn 和 Hawkins 开发的 Gentle 软件），不仅能够实现与音频文件时间同步的动态排版，还能够根据说话人的声音来自动生成文字。

按语

　　Donald Knuth 在 Adrian Frutiger 的西文无衬线字体 Univers（1954）的基础上，设计出了计算机上使用的元字体（METAFONT）（1977）。Adobe 公司设计出了"MM 字体"（Multiple Master）（1994）。目前字体的设计与软件系统高度适配，完全不像早期有诸多的条件限制。Peter Biľak 写道："在西文无衬线字体出现之前，字体设计师主要关注的是，如何让所有的字体在等宽的前提下有所区别。保证 A 是 A，B 是 B。Univers 字体建立了一个新的设计体系，设计师不再逐个设计字体，而是用特定的参数来显示不同的字母形状。"[1]

　　本次作业需要在受限的条件下做出各种创意。如果要使用通用的参数来设计不同的字符，那么就需要考虑模块化、经济性，还需要考虑形态设计的多样性和开发的复杂度。在设计字符集的时候，还必须考虑字符集的视觉统一性、字符的交互性，以及随时间变化形态的可能性。设计完你的字符集之后，仔细端详，认真反思一下。在所设计的字符集中，哪个字母设计得最成功，哪个字母设计得最失败？

Wandtafel zur Veranschaulichung der Schriftbildung
Abb. 28

Behälter mit den aufsteckbaren Grundzügen der Schrift
zur Veranschaulichung der Buchstabenbildung
Abb. 29

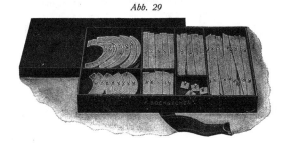

FREGIO MECANO

(Carattere scomponibile)

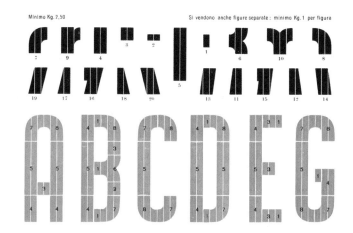

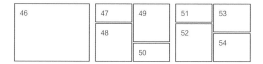

插图说明

46. Nikita Pashenkov 的作品《字母机器人》（Alphabot）（2000）是像变形金刚一样的机器人，"这些机器人通过改变自己的身体形状，组成不同的英语字母，从而和人类进行交流"。这个机器人由 8 个部分组成，通过铰链连接，能够变换形状，形成各种字母。

47. Mary Huang 的项目《字体：字符的人像照片》（Typeface: A Typographic Photobooth）（2010）。这个项目会跟踪人脸，由人类的实时表情控制字体的参数（如倾斜角度、字宽、字高等）。

48. David Lu 的作品《字符 3》（letter3）（2002）。这个作品里面的每个字母都是通过调整贝塞尔函数的控制点来实现的。因此，每个字母都能够流畅地变换成其他字母。

49. Peter Cho 的作品《似是而非》（Type Me, Type Me Not）（1997）。每个字母都是由两个"吃豆人"中的弧形所组成的。

50. Yuichiro Katsumoto 的作品《文字与数字》（Mojigen & Sujigen）（2016），这个作品制造了 6 个相互连接的机电控制部件，不同部件运动到不同的位置，就会形成相应的字母。

51. Bruno Munari 的作品《充满想象的字母书》（ABC with Imagination）（1960）。这是一本婴儿学习字母的书籍。书籍中有字片，能够拼成各个字母。

52. 在 1878 年，印刷时广泛使用了哥特体。哥特体的发明人是 Friedrich Soennecken，他将传统的德国书法进行了标准化和现代化。Soennecken 还发明了字体编写系统，仅使用弧线和直线就能设计出字符。几十年后，德国标准化研究所基于他的设计，设计出了 DIN 1451 英文字体。目前在德国广泛使用着这种字体。

53. 作品《机械装饰》（Fregio Mecano）。这个作品中设计了 20 种不同形状的模块。只要把不同的模块拼接在一起，就能构建不同的字母和图形。这是艺术家 Giulio da Milano 在 20 世纪 30 年代早期的作品。后来这个字体被 Nebiolo 字体设计商所使用。

54. Julius Popp 的作品《比特瀑布》（bit.fall）（2001~2016）。这个装置采用一组由计算机精确控制的螺旋管阀门控制水滴的下落，从而在空中形成短暂的文字。

相关项目

Agyei Archer, *Crispy*, 2017, variable font.

Erik Bernhardsson, *Analyzing 50K Fonts Using Deep Neural Networks*, 2016, machine-learning font.

Michael Flückiger and Nicolas Kunz, *LAIKA: A Dynamic Typeface*, 2009, interactive font.

Christoph Knoth, *Computed Type*, 2011, interactive typographic system.

Donald Knuth, *METAFONT*, 1977–1984, font design system.

Urs Lehni, Jürg Lehni, and Rafael Koch, *Lego Font Creator*, 2001, font.

John Maeda, *Tangram Font*, 1993, font.

JT Nimoy, *Robotic Type*, 2004, robotic typographic system.

Michael Schmitz, *genoTyp*, 2004, genetic typography tool.

Kyuha (Q) Shim, *Code & Type*, 2013, book and website.

Joan Trochut, *Supertipo Veloz*, 1942, modular type system digitized by Andreu Balius and Àlex Trochut in 2004.

Julieta Ulanovsky, *Montserrat*, 2019, variable font.

Flavia Zimbardi, *Lygia*, 2020, variable font.

参考文献

Johanna Drucker, *The Alphabetic Labyrinth: The Letters in History and Imagination* (London: Thames and Hudson, 1995).

C. S. Jones, "What Is Algorithmic Typography?," *Creative Market* (blog), May 2, 2016.

Christoph Knoth, "Computed Type Design" (master's thesis, École Cantonal d'Art de Lausanne, 2011).

Donald Knuth, "The Concept of a Meta-Font," *Visible Language* 16, no. 1 (1982): 3–27.

Jürg Lehni, "Typeface as Programme," Typotheque.

Ellen Lupton, *Thinking with Type: A Critical Guide for Designers, Writers, Editors, and Students* (New York: Princeton Architectural Press, 2010).

Rune Madsen, "Typography," lecture for Programming Design Systems (NYU).

"Modular Typography," Tumblr.

François Rappo and Jürg Lehni, *Typeface as Programme* (Lausanne, France: École Cantonal d'Art de Lausanne, 2009).

Dexter Sinister, "Letter & Spirit," *Bulletins of the Serving Library* 3 (2012).

Alexander Tochilovsky, "Super-Veloz: Modular Modern" (lecture, San Francisco Public Library, March 13, 2018).

附注
1. Peter Biľak, "Designing Type Systems," 2012, ilovetypography.com.

第一部分 作业

数据自画像
量化自拍

概述

找一个包含你自身数据的数据集，将数据可视化，体现出新的观念。你可以使用原先已经有的数据（比如存档电子邮件、健身记录数据等），也可以新建一个系统，搜集自己生活中的数据。所搜集到的数据必须存好，不能丢失。你甚至可以把衣橱看成一个数据库，里面放满了不相关的数据。看你能不能搜集到一些数据，揭示出一些新的现象。这些现象对于其他人来说，可能闻所未闻，见所未见。

你对自身数据的可视化，也反映了你对自身的认知。你可以使用现有的数据搜集工具，也可以手动搜集数据，还可以开发自动搜集工具。鼓励大家（并非强制）使用多个来源的数据，以便进行数据间的横向比较。

学习目标
- 建立起完备的数据可视化工作流程——从数据获取、数据分析、数据清洗、数据提炼到数据交互的全过程。
- 设计并使用各类基础数据结构。
- 深度理解信息的美学本质。

引申
- 通过所呈现的数据，让自己与众不同。有的时候，把注意力放在自身的某些数据上，会得到更为有趣的结果。比如，不是简单地把你发出的短信呈现出来（显示你的行文习惯），而是呈现你和某个人之间的短信（显示出你和他 / 她之间的亲密关系）。
- 使用带有时间戳的数据，然后将这些数据在时间线上呈现出来。比如你的电子邮件，既可以以时间线形式展示关于电子邮件的数据（比如每天需要处理的信件数量），也可以用图的形式展示（比如电子邮件所关联的社交网络），还可以使用直方图（显示你最常用的单词）。
- 开发一套带有传感器的数据采集装置，把传感器放在常人想不到的地方，从而得到关于自身的新数据。
- 把你开发的数据采集系统交给朋友们使用两周。然后你就得到了一组朋友们的数据，也就是 Edward Tufte 所说的"少量多组"，对这些数据进行标准化处理，你就很容易看出朋友之间的行为数据差异。
- 设计一种交互式的数据可视化系统。比如，系统能够支持放大 / 缩小、排序、数据过滤、查询等功能。

按语

在数字通信、网页搜索、电子交易、运动计步、睡眠模式和旅行线路等各种环境中，都会用到数据库来收集各种数据。我们到底要怎样理解"数据耗损"，怎样才能用这些数据加深对自身的理解？现代社会搜集了哪些数据，又没有搜集哪些数据？到底有哪些人类活动是抵触数据量化的，原因又是什么？这次的作业需要学生在数据量化的时代，对自身进行深刻的剖析和洞察。当前，来自商业公司和政府的监控，已经改变了我们的私人生活和社交方式。它们是怎么记录我们的个人数据并加以利用的？想想我们的健身数据——最开始的时候，厂商根据事先承诺，向你展示关于身体的数据分析结果，然后你就陆续收到各类保险促销广告。而且有的时候，这些健身数据还会被卖给你的雇主。除此以外，思考一下主流社交媒体平台能够搜集到哪些数据，这些数据怎样推进着广告促销，又如何通过结构化的算法修改网络平台所呈现的内容，从而出现"过滤气泡"的社会现象。（译者注：来自作家 Eli Pariser 的著作 The Filter Bubble。过滤气泡现象指的是算法基于用户数据过滤掉用户不喜欢的内容，只提供用户想看的内容，从而造成人们认知上的隔绝，只看到了自己想看到的世界，而不是真实的世界。）

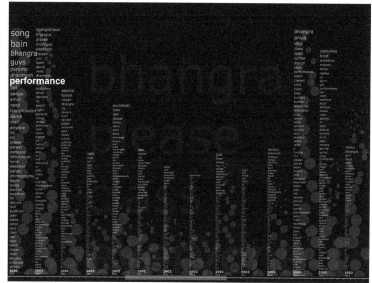

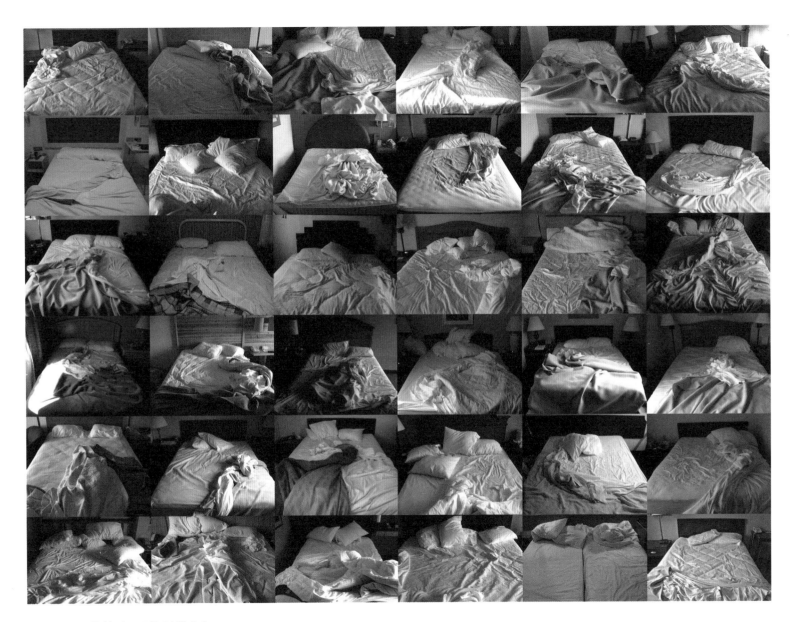

插图说明

55. Shan Huang 的作品《图标日记》（Favicon Diary）（2014）。当时她还在卡内基·梅隆大学上学。她在几个月时间里浏览了许多网站，按照时间顺序把每个网站的图标存了下来。这样大家就能看到她的数据自画像。艺术家还开发了一个 Google Chrome 的插件，让其他人也能够生成自己的数据自画像。

56. Giorgia Lupi 和 Stephanie Posavec 的项目《亲爱的数据》（Dear Data）（2016）。这个项目持续了一年时间，她们两人每周向对方邮寄手绘的明信片。明信片上的图案都是各自生活量化后的数据结果。比如，走过了多少道门，或者本周大笑的次数。

57. Tracey Emin 的项目《1963~1995 年和我睡在一起的人》（Everyone I Have Ever Slept With 1963–1995）（1995）。这个作品中有一顶帐篷，艺术家 Emin 将情人们的名字绣在了帐篷内壁。

58. Fernanda Viégas 的作品《电子邮件》（Themail）（2006）。该作品分析了艺术家往来的电子邮件内容，然后提取出和每个通信人之间最重要的词汇，从而看出两人之间的亲密关系。

59. 在 20 世纪 70 年代晚期，有一种关于人体生物节律的热潮。艺术家 Sonya Rapoport 因此创作了作品《生物节律——观众参与性表演》（Biorhythm Audience Participation Performance）（1981）。艺术家使用了一种商业性的记录工具，记录了自己每天的生物节律，然后把这个节律和计算机预测的节律进行了比较。

60. 作品《停留》（Stay）（2011）是艺术家 Hassan Elahi 的"自我监控"（self-surveillance）系列中一个。艺术家拍摄自己日常生活的照片，然后把这些照片寄给 FBI。

相关项目

Rachel Binx, *Wi-Fi Diary*, 2014, image capture software.

Beatriz da Costa, Jamie Schulte, and Brooke Singer, *Swipe*, 2004, performance and installation.

Hang Do Thi Duc and Regina Flores Mir, *Data Selfie*, 2017, browser extension.

W. E. B. Du Bois, charts prepared for the Negro Exhibit of the American Section at the Paris Exposition Universelle, 1900, ink on posterboard.

Luke DuBois, *Hindsight Is Always 20/20*, 2008, light boxes, software, and presidential speech transcripts.

Takehito Etani, *Masticator*, 2005, electronic wearable with audiovisual feedback.

Nick Felton, *Annual Reports*, 2005–2014, letterpress and lithograph.

Laurie Frick, *Time Blocks Series*, 2014–2015, wood-based data visualization.

Brian House, *Quotidian Record*, 2012, vinyl record.

Jen Lowe, *One Human HeartBeat*, 2014, online biometrics visualization.

Katie McCurdy, *Pictal Health: Health History Visualization*, 2014, health data software.

Lam Thuy Vo, *Quantified Breakup* (blog), Tumblr, October 23, 2013–September 25, 2015.

Stephen Wolfram, "The Personal Analytics of My Life," *Stephen Wolfram: Writings* (blog), March 8, 2012.

参考文献

Witney Battle-Baptiste and Britt Rusert, eds., *W. E. B. Du Bois's Data Portraits: Visualizing Black America* (San Francisco: Chronicle Books, 2018).

Robert Crease, "Measurement and Its Discontents," *New York Times*, October 22, 2011.

Judith Donath et al., "Data Portraits," in *Proceedings of SIGGRAPH 2010* (New York: Association for Computing Machinery, 2010), 375–83.

Ben Fry, *Visualizing Data: Exploring and Explaining Data with the Processing Environment* (Sebastopol, CA: O'Reilly Media, Inc., 2008).

Giorgia Lupi, "Data Humanism: The Revolutionary Future of Data Visualization," *Printmag*, January 30, 2017.

Chris McDowall and Tim Denee, *We Are Here: An Atlas of Aotearoa* (Auckland, NZ: Massey University Press, 2019).

Scott Murray, *Creative Coding and Data Visualization with p5.js: Drawing on the Web with JavaScript* (Sebastopol, CA: O'Reilly Media, Inc., 2017).

Gina Neff and Dawn Nafus, *Self-Tracking* (Cambridge, MA: MIT Press, 2016).

Maureen O'Connor, "Heartbreak and the Quantified Selfie," *NY Magazine*, December 2, 2013.

Brooke Singer, "A Chronology of Tactics: Art Tackles Big Data and the Environment," *Big Data and Society* 3, no. 2 (December 2016).

Edward R. Tufte, *The Visual Display of Quantitative Information* (Cheshire, CT: Graphics Press, 2001).

Jacoba Urist, "From Paint to Pixels," *The Atlantic*, May 14, 2015.

增强投影

增强投影
点亮常规

概述

向某个位置或某个物体上投射画面。所投射的画面必须是能够随时间变化的动态图片或视频,而不是一成不变的静止画面。你所设计的投影画面要利用投影墙上的各种特征,如电源开关、门把手、水龙头、电梯按键、窗户框等,要和投影环境相适应,并产生新的意义。你可以专门为某个真实物体设计投影画面,甚至可以为运动中的车辆或人体来投影。

根据你的投影场地,构思一些有诗意或者有趣味性的创意,反映该场地的几何特征、建筑风格、历史特点、政治含义。将你的创意用代码实现,然后将生成的图案投射到场地中或者物体上,并注意做好影像记录。如果你的设计需要做到虚拟内容和真实环境的精确对准,就需要用到投影校正工具进行画面的梯形校正。可以使用已有代码库,如 Keystone(用于 Processing)、ofxWarp(用于 OpenFrameworks)、Cinder-Warping(用于 Cinder),也可以使用 Millumin 或 TouchDesigner 之类的软件。

学习目标

- 学会使用投影机。
- 利用代码和光影,建立起真实世界和虚拟世界、物理世界和数字世界之间的联系。

- 利用投影场地的特征,设计一种新的艺术理念,完成一种新的艺术实践。

引申

- 重新编写一个老式街机游戏,如《金刚》《贪食蛇》《天蚕变》或《吃豆人》等,然后把游戏投射到墙上来玩。在这个游戏场中,投影墙上真实的窗户或其他物体,会成为游戏中的障碍物。
- 根据投影场地的特点,创作一个音画关联的投影作品。随着音乐的播出,投射出彩色的投影画面。
- 创作一个"现场数据可视化"的投影作品。将关于投影场景的数据可视化,再通过投影叠加到这个场景中。比如,形成"X光"的剖析效果、投射数据图表、投射政治评论等。
- 使用 Box2D 之类的物理引擎,让投影画面中的图形与真实环境中的物体发生"碰撞"。
- 需要考虑投影尺寸。小尺寸就足够了。
- 使用计算机视觉技术来辅助完成环境特征检测、投影机校正、画面对齐等技术工作。
- 投影出一个虚拟生物组成的生态系统,让这些虚拟生物和真实场景进行互动。

按语

一旦把虚拟的形象投射到真实的物理世界,就一定会出现新的含义,给观众留下深刻印象。投影可以变成讲解员或者评论家,向我们揭示建筑或纪念物的政治或历史含义。投影还可以用来将投影场所的相关信息视觉化,揭示投影场所的内在建筑结构、曾经发生的事件以及其他背景故事。从表演的角度看,投影可设计成运动的舞美装置、阴影效果、舞蹈服装。投影画面能与表演者的身体和动作紧密联系在一起,成为表演者的"数字服装"。增强型投影有多种用途,既可以在建筑物上形成闪亮的视错觉奇观,也可以在人脸上留下颇具诗意的手势形象。

这次作业最大的挑战是要建立起真实世界和虚拟世界的联系:将要投射的光和真实的人、场地、物体联系到一起。学生需要在投影场所进行实地测试,并做好概念设计,才能确定到底要投射到什么位置,投射什么内容,进而做出最佳的内容诠释。

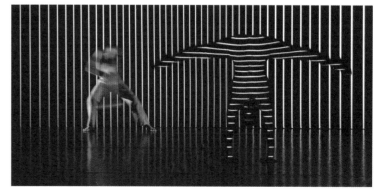

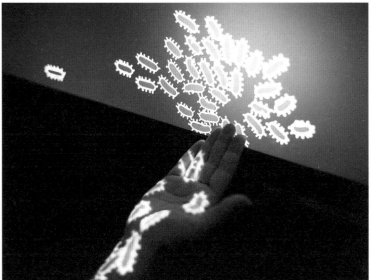

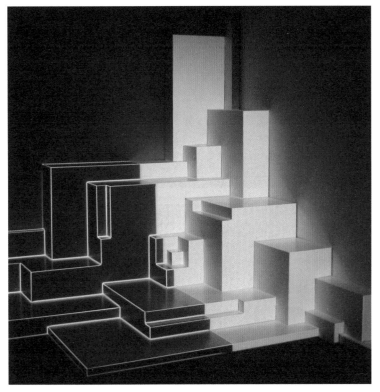

61	62	64	67	69
		65	68	
	63	66		70

插图说明

61. Krzysztof Wodiczko 的作品《华沙投影》（Warsaw Projection）（2005）。艺术家在扎切塔国家美术馆的建筑外立面上投射出画面，反映女性的不平等地位，就好像希腊神庙的女神柱。女性的影像投射到建筑物立柱上，就好像希腊神庙的女神柱。（Image © Krzysztof Wodiczko, courtesy Galerie Lelong & Co., New York.）

62. 艺术家 Michael Naimark 的作品《失序》（Displacements）（1980）。艺术家首先把一个（有人居住的）房间拍摄下来，然后把房间里面的物体涂白，再通过投影机把拍摄下来的画面投射到已经涂白的原物体上，投影画面在缓慢旋转。

63. Joe McKay 的作品《落日接龙》（Sunset Solitaire）（2007）。艺术家开发了一个软件，能够让投影画面总是和实际日落的风景相"匹配"。

64. 艺术家组合 HeHe（Helen Evans 和 Heiko Hansen）的作品《绿云》（Nuage Vert）（2008）。他们用激光投影勾勒出云气的形状，用视觉形象表现电厂的能源消耗。

65. Jillian Mayer 的作品《奔跑的风景》（Scenic Jogging）（2010）。艺术家在移动的车辆上拍摄了一段风景，冉把移动的风景投射到艺术家周围。

66. 项目《幽灵》（Apparition）（2004），由舞蹈艺术家 Klaus Obemaier 和艺术电子未来实验室（Ars Electronica Futurelab）共同完成。项目用到了计算机视觉技术，将设计好的画面投射到舞蹈演员 Desiree Kongerod 和 Robert Tannion 身上。

67. 项目《键盘跳蚤》（Keyfleas）（2013）。这个项目是由一年级的本科生 Miles Hiroo Peyton 开发的。投影打开之后，计算机键盘上就好像生活了一群小生物，当使用者按下某个键时，它们就会聚集在一起显示该键的信息。

68. Pablo Valbuena 的作品《增强雕塑》（Augmented Sculpture）（2006~2007）。这个作品非常有名。雕塑本身只用到了一组简单的立方

体，投影之后产生虚幻的效果，显示出立方体底层的几何特征。

69. Christine Sugrue 的项目《精致的边界》（Delicate Boundaries）（2006）。该项目是个交互式作品，用顶部的摄像头跟踪观看者。当观看者的手"离开屏幕"时，投影画面中的生物就会爬到观看者的手臂上。

70. Karolina Sobecka 的《野生动物》（Wildlife）（2006）。艺术家在移动的汽车上把老虎奔跑的形象投射到城市的建筑物表面，然后利用传感器确定车速，车开得越快，老虎奔跑得越快，车停下来，老虎也就停下来了。

相关项目

Emily Andersen et al., *The Illuminator*, 2012–2020, site-specific projection.

AntiVJ (Romain Tardy and Thomas Vaquié), *O (Omicron)*, 2012, sound and site-specific projection, Hala Stulecia, Wrocław, Poland.

Chris Baker, *Architectural Integration Tests*, 2009, online video.

Toni Dove, *Mesmer: Secrets of the Human Frame*, 1990, computationally driven slide installation.

Eric Forman, *Perceptio Lucis*, 2009, video projector, software, and painted wood form, New York.

Benjamin Gaulon and Arjan Westerdiep, *DePong*, 2003, projected game, Groningen, Netherlands.

GMUNK (Bradley Munkowitz), *BOX*, September 2013, video, 5:15.

Michael Guidetti, *Bounce Room*, 2009, watercolor on canvas with animated digital projection, Jancar Jones Gallery, Los Angeles.

Andreas Gysin and Sidi Vanetti, *Casse*, 2006, projection, sound, and speakers.

YesYesNo, *Night Lights*, 2011, interactive light projection, Auckland Ferry Terminal, Auckland.

参考文献

Gerardus Blokdyk, *Projection Mapping: A Complete Guide* (n.p.: 5STARCooks, 2018).

Justin Cone, "Building Projection Roundup," Motionographer.com, July 24, 2009.

Donato Maniello, *Augmented Reality in Public Spaces: Basic Techniques for Video Mapping* (n.p.: Le Penseur, 2015).

Ali Momeni and Stephanie Sherman, *Manual for Urban Projection* (self-pub., Center for Urban Intervention Research, 2014).

Francesco Murano, *Light Works: Experimental Projection Mapping* (Rome: Aracne Publishing, 2014).

Studio Moniker, *The Designer's Guide to Overprojection* (projection on posters, presented at Typojanchi: 3rd International Typography Bienniale, Seoul, South Korea, August 30–October 11, 2013).

第一部分　作业

单按键游戏
在严格的限制条件下完成设计

概述

你的设计挑战在于：在游戏中只能用一个按键进行交互。

按键只有两个状态：按下和释放。那么如何只用这两种状态实现一个完整的游戏功能？设计者要用一个按键设计出动作（跑、跳、飞）、角色行为（攻击、变形）、环境状态的变化（引力、大气、摩擦力）。如果设计的是多人游戏，那么要保证每个玩家用到不同的按键。最好不要设计成"跑步"游戏，也就是玩家使用一个按键跳过深坑或障碍物的游戏，这也是最常见的游戏设计方式。

学习目标

- 在严格的限制条件下设计并实现一个游戏。
- 尝试只使用 1 比特的输入参数来控制游戏。
- 采用更为优秀的美学和叙事方式，提升游戏体验。

引申

- 可以使用 Makey-Makey 的电路板来模拟键盘信号，这样就可以将香蕉、彩泥等家中常见物品做成游戏的控制器，得到更为脑洞大开的效果。还可以通过自制的键盘模拟器，让家中的衣服、家具、建筑变成特殊的游戏控制器。
- 把某个经典的街机游戏改编成只使用一个按键控

制的游戏。可以将原先的大部分游戏操作都"自动化"，减少游戏者需要控制的参数。比如，《太空侵略者》（Space Invaders）这款游戏原本使用了两个控制量：一个控制游戏者的激光炮船前后移动，另外一个控制开炮。你可以将激光炮船设计成自动前后移动的。

- 还可以进一步打开思路，用滑块、旋钮、光敏电阻、麦克风等传感设备获取数据，从而控制游戏进程。

按语

单按键游戏属于经典的游戏类别，控制游戏时只需要单个二进制输入数据。像《翼飞冲天》（Tiny Wings）和《笨鸟先飞》（Flappy Bird）之类游戏能在全球流行，就说明这类游戏在小型移动设备上依然充满活力。虽然现在的计算资源极为充足，大家倾向于制作有着丰富视听体验的游戏，很容易忽视资源严格受限的游戏，但是单按键游戏依然有其引人入胜之处。正如 Andy Nealen、Adam Saltsman 和 Eddy Boxerman 所观察到的，输入越精简，决策越聚焦，图形越简化，完成的效果反而越好。这是因为设计者需要用"最相关的规则、机制和表达方式来设计系统，这依然为创作者提供了巨大的可能性空间"[1]。

虽然单按键的输入方式是极简的，但是依然为设计师提供了广阔的交互设计空间，因此，游戏设计策略可以通过各种与时间相关的参数来实现。比如，可以用按键按下的时长代表游戏对象（如给电池充电或拉弹弓）的"能量值"，可以通过计算游戏者在单位时间内按下按键的频率（比如每秒按下的次数）来设计游戏机制，也可以利用玩家节奏的精准度（比如玩家贴合节拍的精确程度），还可以利用玩家对于时间的感知程度（比如当游戏中的事件发生时，玩家按键反应的提前或滞后程度）。甚至还可以将按压按键的时间长短编成摩尔斯电码，从而传输文本。

当单按键游戏与真实世界精心地联系在一起，并且让控制按键变成新的物理形式时，则会激发单按键游戏更大的创意。正如艺术家 Kaho Abe、Kurt Bieg 和 Ramsey Nasser 的作品一样，当身体的不同部分成为不同的游戏按键，就能设计出令人耳目一新的多人交互方式。综上所述，即使游戏的设计条件极度受限，依然可以用上文中提及的游戏设计机制，设计出效果震撼、形式创新的好游戏。

插图说明

71. 由 Dong Nguyen 开发的手机游戏《笨鸟先飞》(Flappy Bird)（2013），颇受大众欢迎。游戏者轻敲屏幕控制小鸟的飞行，让它不掉下来，并随着游戏画面的滚动控制小鸟避开障碍物。

72. 艺术家 Rafaël Rozendaal 是游戏《手指战争》(Finger Battle)（2011）的联合制作人，他曾写道，"这款游戏非常简单，两个玩家参与游戏，谁手指点得快，谁赢得游戏"。每个玩家只能在自己的区域内点击（蓝色或红色）。如果一个玩家点击的速度比对手快，那么他控制的区域就会变大——他就更容易点击屏幕，加速游戏的胜利。

73. Major Bueno 设计的游戏《月光华尔兹》(Moon Waltz)（2016）。这是一款由一个按键控制的横版卷轴游戏，在游戏中，玩家并不直接控制游戏角色，而是在按下按键后触发故事情节，产生一系列新的游戏结果。比如，按一下云朵，就露出月亮，游戏主角就会变身成狼人，展开新的攻击。

74. Jonathan Rubock 设计的高尔夫游戏（2016）。这个游戏用到了"按下－持续"的交互方式，半自动地调整游戏玩家推杆的方向和力量。在玩家触发推杆动作前，会有一个指示器一直围绕推杆点旋转。当指示器到达玩家要求的方向时，玩家就按下按键，确定推杆方向。接下来，由玩家按住键的时长来确定推杆的力量。

75. Kaho Abe 设计的真实世界的、不需要屏幕的游戏《打我!》(Hit Me!)（2011）。两个玩家各自的头顶都有一个按钮。游戏获胜的方式就是拍击对手头上的按钮，不让对手拍到自己的按钮。

76. Kurt Bieg 和 Ramsey Nasser 借鉴了 Kaho Abe 的游戏设计理念，将游戏按键移动到了身体的其他部位，从而让游戏更具趣味。在他们设计的游戏《斗剑》(Sword Fight)（2012）中，每个玩家在腹沟处绑一个游戏控制手柄，玩家需要用控制手柄的摇杆触碰对方手柄上的按键，这样才能赢得比赛。这个游戏既尴尬，又疯狂。

相关项目

Kaho Abe and Ramsey Nasser, *Shake it Up!*, 2013, two-player physical game.

Atari, *Steeplechase*, 1975, arcade game.

Stéphane Bura, *War and Peace*, 2010, online game.

Peter Calver (Supersoft), *Blitz*, 1979, video game for Commodore.

Bill Gates and Neil Konzen, *DONKEY.BAS*, 1981, video game distributed with the original IBM PC.

Andreas Illiger, *Tiny Wings*, 2011, mobile game.

Kokoromi Collective, *Gamma IV Showcase: One Button Games*, 2009, one-button game competition website.

Konami, *Badlands*, 1984, laserdisc cowboy-themed shooter game.

Paolo Pedercini (Molleindustria), *Flabby Physics*, 2010, online game.

Adam Saltsman (Atomic), *Canabalt*, 2009, video game.

SMG Studio, *One More Line*, 2015, online and mobile game.

Phillipp Stollenmayer, *Zip-Zap*, 2016, mobile game.

参考文献

Barrie Ellis, "Physical Barriers in Video Games," OneSwitch.org.uk., accessed April 14, 2020.

Berbank Green, "One Button Games," Gamasutra.com, June 2, 2005.

Paolo Pedercini, syllabi for Experimental Game Design (CMU School of Art, Fall 2010–2020).

Paolo Pedercini, "Two Hundred Fifty Things a Game Designer Should Know," Molleindustria.org, accessed July 20, 2020.

George S. Greene, "Boys Can Have a Carnival of Fun with This Simply Built High Striker," *Popular Science* (September 1933): 59–60.

Katie Salen and Eric Zimmerman, *Rules of Play: Game Design Fundamentals* (Cambridge, MA: MIT Press, 2005).

附注

1. Andy Nealen, Adam Saltsman, and Eddy Boxerman, "Towards Minimalist Game Design," in *Proceedings of the 6th International Conference on Foundations of Digital Games* (ACM Digital Library, 2011), 38–45.

Art Assignment Bot @artassignbot · 3h
Make an event about trips, due tomorrow.

Art Assignment Bot @artassignbot · 18m
Produce an assemblage using ranges, due on Tue, Jan 02, 2018.

Art Assignment Bot @artassignbot · 1h
Make a 3D print using privates, due in 53 minutes.

Art Assignment Bot @artassignbot · 2h
Produce a website with selfs, due in 58 seconds.

Art Assignment Bot @artassignbot · 3h
Make a linocut with satellites, due on Mon, Jan 1.

Art Assignment Bot @artassignbot · 7h
Construct a poster using perforations, due on Mon, Jan 1.

Art Assignment Bot @artassignbot · 8h
Construct a durational performance challenging muscles, due on Tue, Jan 02, 2018.

Art Assignment Bot @artassignbot · 12h
Produce a print analyzing oceans, due tomorrow.

Art Assignment Bot @artassignbot · 13h
Produce an installation about storms, due in 4 seconds.

Art Assignment Bot @artassignbot · 14h
Produce an etching using chairpersons, due in 46 seconds.

Art Assignment Bot @artassignbot · 15h
Produce an oil painting with deletions, due in 24 seconds.

Produce an etching with meats, due in 18 minutes.
♻ 2

Art Assignment Bot @artassignbot · 30 Dec 2016
Produce a piece of software with blasts, due in 53 seconds.
♻ 1 ♥ 4

Art Assignment Bot @artassignbot · Jan 1
Produce a piece with lumps, due in 8 seconds.
♥ 2

Art Assignment Bot @artassignbot   1 Sep 15
Produce an animated GIF about numbers, due in 19 minutes.

Sophie Houlden @S0phieH 🔲 Follow
.@artassignbot pic.twitter.com/VzLdTCYIIN
4:23 PM - 1 Sep 2015

↩ ♻ 3 ♥ 17

Art Assignment Bot @artassignbot   5 Feb
Make a drawing with apples, due in 30 seconds.

Chad Etzel @jazzychad 🔲 Follow
.@artassignbot pic.twitter.com/mW56NPY2UN
7:05 PM - 5 Feb 2016

Art Assignment Bot @artassignbot   13 Jul 14
Construct an event of vulnerability, due in 3 minutes.

Liam @inky  Follow
@artassignbot AAAAAAAA
10:01 AM - 13 Jul 2014
↩ ♻ 1 ♥ 2

Art Assignment Bot @artassignbot   9 Jul
Create a digital collage critiquing runways, due tomorrow.

Maxwell Neely-Cohen @nhyphenc 🔲 Follow
@artassignbot done pic.twitter.com/0abacdkK6W
4:02 PM - 9 Jul 2016

↩ ♻ ♥ 1

Art Assignment Bot @artassignbot   19 Sep 14
Create a functional object about food, due in 58 seconds.

Ranjit Bhatnagar @ranjit 🔲 Follow
Eggplant tablet stand DONE! Only 20mn late RT @artassignbot Create a functional object about food, due in 58 seconds. pic.twitter.com/NmEB5tMlgT
1:22 PM - 19 Sep 2014

↩ ♻ 2 ♥ 14

Art Assignment Bot @artassignbot   2 Sep 14
Construct a series about gender, due in 6 seconds.

newupdate @newupdate 🔲 Follow
@artassignbot 🙂🤖🙂🤖
11:02 PM - 2 Sep 2014

机器人
自动化的艺术代理

概述

设计开发一个自动发帖的软件，也就是"机器人"（bot），能够在社交媒体上按规定的时间间隔发帖。你的机器人可以发出对话、故事、菜单、谎言、谜语、诗歌等文本，也可以发出图像、声音、旋律、漫画和动图等非文本信息。你开发的项目应该能够跨平台定期向订阅者发布消息，或者向真人那样和其他网络用户进行交互。机器人可以预设一个主题，扮演某个角色，传达某种情绪，甚至推动某个特定的话题。你所设计的机器人可以变成一个信息过滤器，从其他数据源获得数据，并通过聚合、重发、重新解读等方式来处理内容。利用你所选择的平台 API 开发新的交互方式。作业的关键在于，机器人必须是在线的、公开的，而且是用代码实现的。

你还需要遵守相应的社交平台规则，不能做出违法的事情，所开发的程序不能散布仇恨言论（不论是有意还是无意的），不能骚扰他人，不能威胁他人。程序必须自动遵守所有这些规则。如果你的机器人要同他人交互，那么交互的对象应该是机器人账号的关注者。如果你设计的机器人不遵守这些规则，那么你的项目不会长久：你的社交账号很快会被平台封掉。

学习目标

- 能够利用平台的 API 展开创意编程工作。
- 在社交媒体的环境中，利用计算机技术进行内容生成（或处理）。
- 通过机器人的传播向大众展示与众不同的美学特征。

引申

- **对于新手**：利用网站通知等 IFTTT（如果发生了这件事，则接着做那件事）服务，设计出较为简单的在线交互方式，降低初次编程的难度。
- 根据在线平台 API 的属性，设计出一种机器人，能够反映 API 中有趣的一面。
- 开发能够对在线数据流（如新闻）进行反馈的机器人，或者设计能够从文化资源库（如博物馆馆藏）中抓取数据的机器人。这需要你对社交媒体开放的 API 有着更深的了解。

按语

在线机器人和真人、政治组织、实时广播数据、共享艺术作品、网络文学、科学普及等事物广泛关联。Allison Parrish 设计了一个会写诗的机器人，她形容机器人是"可爱的空间探测器"。机器人将"探测器"发射到"语义空间"的未知领域，搜集并发回各类信息[1]。对于写程序的艺术家来说，社交媒体网站提供了一种机制，使得艺术家能够让自己所开发的机器人定期向订阅者发送自动生成的内容。不论发帖机器人的人类形象有多模糊，它都有拥趸和倾听者。

当计算机科学家和艺术家开始使用机器人代理之后，机器人产生的网络通信就渐渐成为互联网通信的主要流量。搜索引擎使用"爬虫"机器人来给网页做索引，"僵尸网络"则通过数字平台发动网络协同攻击、传播假消息、散布怀疑论、宣扬极端观点。"聊天机器人"能够和人类进行以假乱真的闲聊，甚至能够通过"图灵测试"。即使 2014~2018 年网络进行了"机器人大清洗"，当前的网络中还是充满了各种机器人。当时，由于社会大众发现自动化的社交媒体机器人影响了真实的选举进程，造成了政治混乱，于是要求社交网络平台封停大量机器人账户，并加强监管。

像 ELIZA 和 Alexa 这样的聊天机器人，通过与用户的交互模仿人类的沟通行为，日益以假乱真。（译者注：ELIZA 是世界上第一个聊天机器人，由系统工程师约瑟夫·魏泽堡和精神病学家肯尼斯·科尔比在 20 世纪 60 年代共同研发。Alexa 是亚马逊智能音箱中的聊天机器人。）于是也就引出了新的问题，如：人类生活的哪些领域可以使用软件完全进行自动化处理？这种自动化处理又意味着什么？带有人工智能的机器人既带来希望，又引发焦虑。人类这种矛盾又复杂的情感在《2001 太空漫游》（2001）和《她》（Her）等科幻片中表现得淋漓尽致。

The Ephemerides
Or assuredly this scenery
of the ice is as well and

strikingly beautiful. We take
the end at the rate of nipping.

The Ephemerides
This long intense darkness began
most depressing. All wind

is a conception towards
the disposition and cold.

autumnal urols
atremitus malvum

modest-wine
latisquinata adiana

gall satin
pseudascopia furella

large melonworm separated moth
craolaris oviducanobia

tabby moth
augstata auricolorella

sparkling probole
submari crypiieuca

subtropical
discus ochrosema

leafblotch shades lunar moth
adrinotaria ledara

Reverse OCR

I am a bot that grabs a random word and draws semi-random lines until the OCRad.js library recognizes it as the word.

By Darius Kazemi, creator of Alternate Universe Prompts, Museum Bot, and Scenes from The Wire.

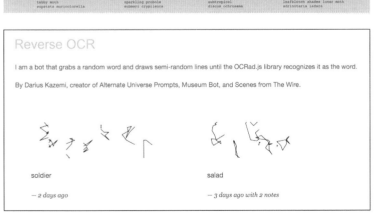

soldier

— 2 days ago

salad

— 3 days ago with 2 notes

CSPAN 5
@CSPANFive

Ummmmmmm

0:00 19 views

77	78	81
	79	
	80	82

插图说明

77. Jeff Thompson 的作品《艺术作业机器人》（Art Assignment Bot）（2013），向数千名关注者不断写出意味深长的短句。

78. 由 Allison Parrish 设计的 Twitter 发帖机器人《星历》（Ephemerides）（2015）。这个机器人随机选择 NASA（美国航空航天局）的太空照片，然后配上自动生成的诗。

79. Everest Pipkin 和 Loren Schmidt 设计的《蛾子生成器》（Moth Generator）（2015）Twitter 机器人。这个机器人把蛾子的图片组合在一起，生成现实中不存在的蛾子形象，然后再给每个蛾子按照生物类目学规则命名。有超过 11 000 人关注了这个账号，接收"鳞翅目自动机"（lepidoptera automata）的推送信息。

80. Darius Kazemi 设计的《反向 OCR》（Reverse OCR）（2014），这个 Tumblr 机器人随机选择一个单词，不断半自动地画线，直到 OCR（光学字符识别）程序把这个图像识别成选定的单词。

81. !Mediengruppe Bitnik 团队的《随机暗网购买器》（Random Darknet Shopper）（2014）是一个自动购物机器人。这个机器人每周用价值 100 美元的比特币在暗网上随机购买商品。

82. Sam Lavigne 设计的 YouTube 机器人《CSPAN 5》（2015）。这个机器人自动剪辑 C-SPAN 频道的视频，只剩下包含最常见的单词和短语的视频部分。

相关项目

Anonymous, *Congress Edits*, 2014, Twitter bot.

American Artist, *Sandy Speaks*, 2017, AI chat platform.

Ranjit Bhatnagar, *Pentametron*, 2012, Twitter bot.

Tega Brain, *Post the Met*, 2014, Craigslist bot.

James Bridle, *Dronestagram*, 2012, social media bots.

George Buckenham, *Cheap Bots, Done Quick!*, 2016, bot-making tool.

Kate Compton, *Tracery*, 2015, generative text-authoring tool.

Voldemars Dudums, *Hungry Birds*, 2011, Twitter bot.

Constant Dullaart, *attention.rip*, 2017, Instagram bot.

shawné michaelain holloway, *~ FAUNE ~* : EDIT FLESH.PNG*, 2013, Tumblr bot.

Surya Mattu, *NY Post Poetics*, 2015, Twitter bot.

Kyle McDonald, *KeyTweeter*, 2010, Twitter bot.

Ramsey Nasser, *Top Gun Bot*, 2014, Twitter bot.

Pall Thayer, *I Am Still Alive*, 2009, Twitter bot.

Thricedotted, *How 2 Sext*, 2014, Twitter bot.

Jia Zhang, *CensusAmericans*, 2015, Twitter bot.

参考文献

danah boyd, "What Is the Value of a Bot?," *Points* (blog), datasociety.net, February 25, 2016.

Michael Cook, "A Brief History of the Future of Twitter Bots," GamesbyAngelina.org, updated January 13, 2015.

Madeleine Elish, "On Paying Attention: How to Think about Bots as Social Actors," *Points* (blog), datasociety.net, February 25, 2016.

Lainna Fader, "A Brief Survey of Journalistic Twitter Bot Projects," *Points* (blog), datasociety.net, February 26, 2016.

Jad Krulwich and Robert Krulwich, "Talking to Machines," *Radiolab* (podcast), May 30, 2011.

Rhett Jones, "The 10 Best Twitter Bots That Are Also Net Art," *Animal*, January 9, 2015.

Darius Kazemi, "The Bot Scare," *Notes* (blog), tinysubversions.com, December 31, 2019.

Rachael Graham Lussos, "Twitter Bots as Digital Writing Assignments," *Kairos: A Journal of Rhetoric, Technology, and Pedagogy* 22, no. 2 (Spring 2018), n.p.

Allison Parrish, "Bots: A Definition and Some Historical Threads," *Points* (blog), datasociety.net, February 24, 2016.

James Pennebaker, "The Secret Life of Pronouns," filmed February 2013 in Austin, TX, TED video, 17:58.

Elizaveta Pritychenko, *Twitter Bot Encyclopedia* (self-pub., Post-Digital Publishing Archive, 2014).

Mark Sample, "A Protest Bot Is a Bot So Specific You Can't Mistake It for Bullshit: A Call for Bots of Conviction," Medium.com, updated May 30, 2014.

Saiph Savage, "Activist Bots: Helpful but Missing Human Love?," *Points* (blog), datasociety.net, November 29, 2015.

Jer Thorp, "Art and the API," *blprnt.blg* (blog), blrpnt.com, August 6, 2013.

Samuel Woolley et al., "How to Think about Bots," *Points* (blog), datasociety.net, February 24, 2016.

附注

1. Allison Parrish, "Exploring (Semantic) Space with (Literal) Robots" (lecture, Eyeo Festival, Minneapolis, MN, June 2015).

群体记忆
创意众包

概述

构建一个在线的开放系统，邀请大家共同参与，共同完成一个目标。你所设计的系统应该能够让参与者修改内容，让其他人看到完整的、随时间发生改变的作品。大家协作的项目会在听觉、视觉、文本上有着动态的变化，或者在同朋友、亲戚、邻居、同事、陌生人发生交互之后，项目中的物理实体会发生形态变化。仔细设计众包项目的交互方式，思考所设计的系统会如何影响参与者（也就是群体）的行为。不论设计之初对交互方式的设想如何细致、严谨，众包开始以后也会出现出人意料的结果。你能预见未知的结果并加以约束吗？

一种叫作"自助法"（bootstrapping）的现象（译者注：自助法是指利用有限样本多次重复抽样）也会出现在众包活动中。众包活动需要在没有得到公众注意的情况下，努力吸引第一波参与者，直到最终大量人员涌入。那么，你是否需要运用一些用户注册的技巧？

学习目标

- 让你的众包系统所支持的合作行为或创意活动，在美学、设计学、系统概念等方面与众不同。
- 让你所设计的人机接口既能满足实际环境的参数限制，也能促进群体间的交流合作。

- 实现一些基础的数据结构。

引申

- 想象一下你的系统如何"扩容"？如何像"病毒一样"广泛传播？
- 你的系统设计能够自动"剪枝"，即根据参与者的工作和贡献，系统会逐渐自动化地组织、修改、构建众包所产生的内容。
- 你的项目可能会引来各种类型的访问者，从而带来贪婪、偏执、造谣、肆意破坏等恶劣行为。你需要考虑如何修改众包所产生的内容（自动或人工处理皆可）。众包系统中的用户是匿名的还是实名的？

按语

不论是蜂巢还是维基百科，通过众多的独立个体，就能够创造出极其复杂的整体形态，这就是"涌现"现象。在互联网领域，将一大群人整合在一起合作称作"众包"。众包所采用的技术能够支持系统反馈、自生系统、群智等行为。像 Kevan Davis 的项目《字体：更小的画》（Typophile: The Smaller Picture）（2002），或 Reddit 网站的名胜打卡实验（2017），都借助了最简单的众包规则，唤起群体意识的幡然觉醒。微软的 Tay 是一个人工智能聊天机器人，通过和人群的交流来学习人类的说话模式。结果，Tay 学会了疯狂说脏话，这

说明众包也会触发人类内心中最幽暗的角落。群体合作的产物包罗万象。从一个极端的角度看，不论是人类随手丢掉的垃圾，最后形成了太平洋上的巨大斑块，还是人们日复一日的通勤，从而形成的最优交通路径，这些都是人类群体行为的副产品。还有，大家精心合作，依靠一些广为流传的固定格式（重复方式、韵脚、曲式结构等）进行"记忆缝补"（memory quilt），最终恢复出失传的传统民歌。还有些群体活动本身并没有什么具体执行方案，但是将大家各自的贡献积累在一起，就形成了新的东西。这样的例子包括石冢、避孕套墙、"爱心锁"桥、Yayoi Kusama 的装置艺术作品《消逝屋》（Obliteration Room），以及互联网上像 Drawball 和 SwarmSketch 之类的涂鸦墙。

互联网艺术家吸引网络人群一起建造花园、写诗、绘画、解读照片、标注视频、勘误历史文献。在众包元艺术流派中，艺术家使用一种利用浏览器进行交互的方式，规定了使用者大致的创意方向，然后将这个浏览器插件发布给大规模的、开放的、迅速增长的人群。众包元艺术的项目如果要成功，必须仔细权衡各种限制条件（比如，限制人们可以使用的"油墨"，或者不让使用者修改他人的成果），以及各种激励措施（比如，能够为自己喜爱的歌曲做点创意，或者参与某个具体的创意活动，或者参加某项社会运动）。

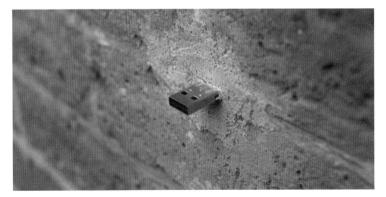

typophile: the smaller picture

The collective consciousness of Typophile is attempting to create the letter "**A**".

Should the orange pixel be ...

 or ?

There have been 12025 flips to this letter.

> Browse the history of this picture
> View it as an animation.
> Discuss the project.

ABCDEFGHIJKLMNOPQRSTUVWXYZabcdefghijklmnopqrstuvwxyz1234567890

v1.1 - Created by Kevan Davis, based on this account of a hive-mind audience.
Feedback and comments to smaller.picture@kevan.org.

◁ **ABCDEFGHIJKLMNOPQRSTUVWXYZ** ▷
⊞ Uppercase Alphabet: Snapshot updated 1/12/04 10:23PM CST.

插图说明

83. Kyle McDonald 的项目《深究人群》(Exhausting a Crowd)（2015）。艺术家在网络上放了一段 12 个小时的视频，拍摄的是某个公共场所的连续场景，然后让网络用户对这段视频进行标注。她的项目受到了实验性小说《探究巴黎某地的尝试》(An Attempt at Exhausting a Place in Paris) 的启发。这部小说是由文学家 Georges Perec 在 1974 年出版的。Kyle McDonald 为近距离观察公共场所建立了一种新的形式——利用众包众智的形式，挖掘和发现以前从未注意的新细节。

84.《石冢》(cairn) 是由许多人堆砌起来的。往往一个石冢就需要几个世纪的堆砌过程。从史前时代开始，石冢就是人类共同合作的产物，被用作地标、道路标志和纪念物。

85. Ken Goldberg 和 Joseph Santarromana 的作品《远方的花园》(Telegarden)（1995）是一个互联网交互艺术装置。装置中有一个微缩花园，还有一个机械手臂。网络用户可以用网络摄像头观察这个花园，还可以控制机械臂来给花园种植、浇水、播种。

86. Roopa Vasudevan 的作品《全美国的"荡妇"》(Sluts across America)，用户自由提交标注了地理信息的消息，然后在美国的地图上加以显示，以此来表达生育的自由。

87. Aram Bartholl 的作品《秘密情报点》(Dead Drops)（2010）。艺术家把 USB 存储设备放在城市的各个角落，构造了一个离线文件分享系统。路人经过之时，可以通过 USB 接口连接自己的电脑，从 USB 存储设备中下载其他人分享的文件，也可以把自己的文件传输到存储器中供其他人使用。

88. 莫尼克工作室 (Studio Moniker) 的作品《别摸》(Do Not Touch)（2013）是一个众筹制作的音乐视频。访问者在网上听歌，听歌的同时，网上的交互程序会引导用户做一些简单的操作，比如让用户移动鼠标（"点击那个绿色的点"）。并交互程序会记录用户的鼠标移动数据，并在歌曲回放的过程中同步呈现指针运动的画面。

89. Kevan Davis 的作品《字体：更小的画》(Typophile: The Smaller Picture)（2002）。艺术家建立了一个网站，访问者可以提交自己对字体（比如字母 A）的设计。访问者的创意活动是受到严格限制的：在一个 20×20 的方格中，访问者只能决定其中某个方格应该是黑色还是白色。刚开始的时候，每个字母方块的颜色都是随机分布的。随着访问者的逐渐增加，大家修改其中每个方块的颜色，最终就形成了群体设计的字体。

90.《地区》(Place) 是在 Reddit 网站上的众智绘画作品，作品大小为 1 000×1 000 像素（这里只选取了局部）。2017 年 4 月，注册的 Reddit 用户使用同一个 Web 程序，在持续三天的时间里，用 16 色的调色盘给每个像素上色。因为每个用户每 5 分钟只能修改一次其中某个像素的颜色，于是人们就运用各种技巧，联合起来画图、写标语、画国旗，并想办法抹掉其他人画出来的东西。

91. Salome Asega 和 Ayodamola Okunseinde 的项目《非洲的百宝箱》(Iyapo Repository)（2015）（译者注：Iyapo 是非洲常见的男孩名，有历经苦难的意思），让非洲后裔一起来共同畅想未来。参与者按照自己的文化理解，画出未来高科技产品的蓝图，并把蓝图做成实物。两位艺术家则花钱把实物买下来，变成艺术作品的一部分。

相关项目

Olivier Auber, *Poietic Generator*, 1986, contemplative social network game.

Andrew Badr, *Your World of Text*, 2009, collaborative online text space.

Douglas Davis, *The World's First Collaborative Sentence*, 1994, collaborative online text.

Peter Edmunds, *SwarmSketch*, 2005, collaborative online digital canvas.

Lee Felsenstein, Mark Szpakowski, and Efrem Lipkin, *Community Memory*, 1973, public computerized bulletin board system.

Miranda July and Harrell Fletcher, *Learning to Love You More*, 2002–2009, assignments and crowdsourced responses.

Agnieszka Kurant, *Post-Fordite 2*, 2019, fossilized enamel paint sourced from shuttered car manufacturing plants.

Yayoi Kusama, *The Obliteration Room*, 2002, interactive installation.

Mark Napier, *net.flag*, 2002, online app for flag design.

Yoko Ono, *Wish Tree*, 1996, interactive installation.

Evan Roth, *White Glove Tracking*, 2007, crowdsourced data collection.

Jirō Yoshihara, *Please Draw Freely*, 1956, paint and marker on wood, outdoor Gutai Art Exhibition, Ashiya, Japan.

参考文献

Paul Ryan Hiebert, "Crowdsourced Art: When the Masses Play Nice," *Flavorwire*, April 23, 2010.

Kevin Kelly, "Hive Mind," in *Out of Control: The New Biology of Machines, Social Systems, & the Economic World* (New York: Basic Books, 1995).

Ioana Literat, "The Work of Art in the Age of Mediated Participation: Crowdsourced Art and Collective Creativity," *International Journal of Communication* 6 (2012): 2962-2984.

Dan Lockton, Delanie Ricketts, Shruti Chowdhury, and Chang Hee Lee, "Exploring Qualitative Displays and Interfaces" (paper presented at CHI '17: CHI Conference on Human Factors in Computing Systems, Denver, CO, May 2017).

Trent Morse, "All Together Now: Artists and Crowdsourcing," *ARTnews*, September 2, 2014.

Manuela Naveau, *Crowd and Art: Kunst und Partizipation im Internet,* Image 107 (Bielefeld, Germany: Transcript Verlag, 2017).

Howard Rheingold, *Smart Mobs: The Next Social Revolution* (New York: Basic Books, 2002).

Clay Shirky, "Wikipedia – An Unplanned Miracle," *The Guardian*, January 14, 2011.

Carol Strickland, "Crowdsourcing: The Art of a Crowd," *Christian Science Monitor*, January 14, 2011.

"When Pixels Collide," sudoscript.com, 4 April 2017.

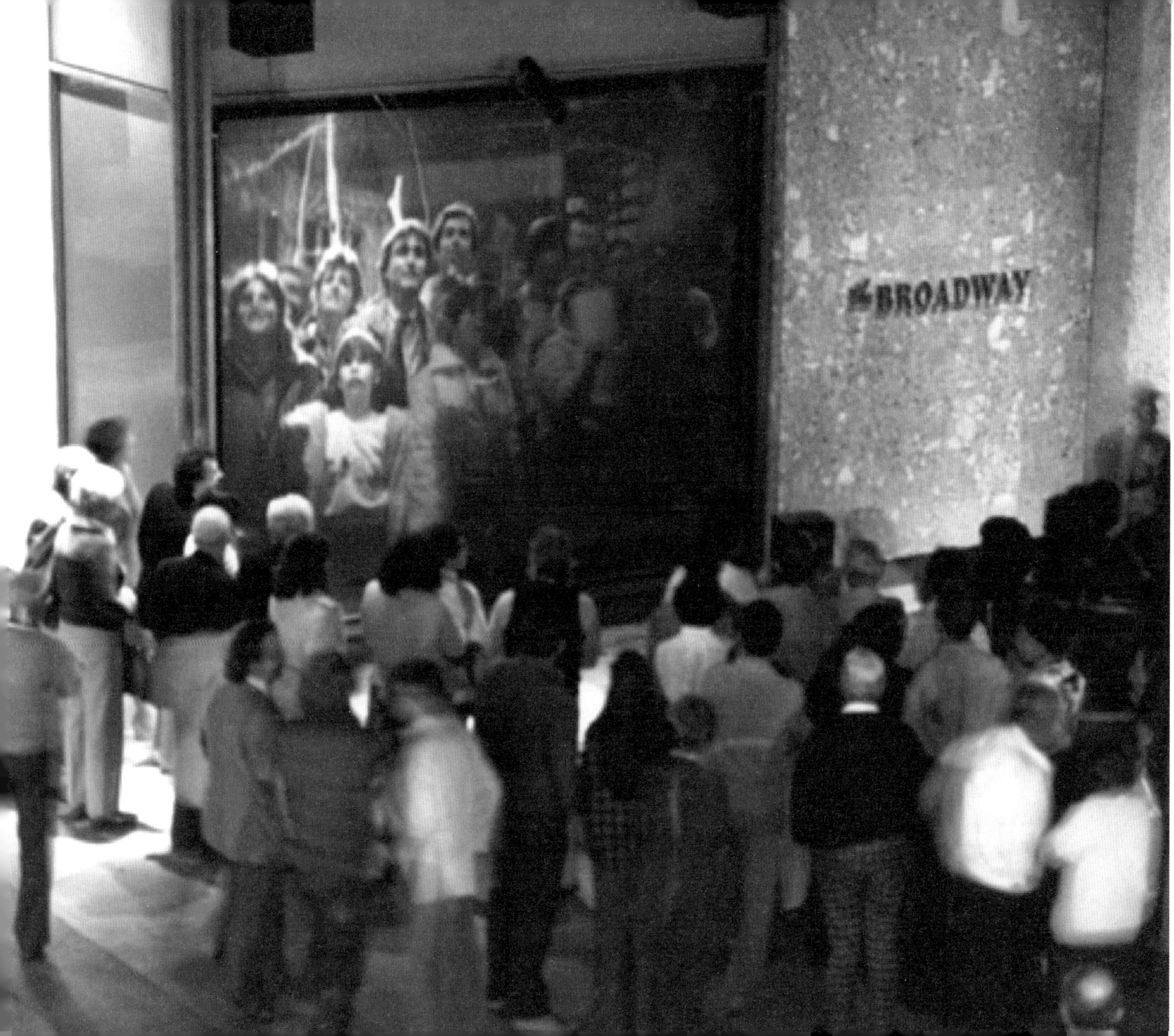
BROADWAY

实验性交谈
重新审视"在一起"

概述

    设计一个多用户参与的环境，让不同地点的人能够以一种新的方式相互交流。你所设计的系统不仅能够提供基于语言的交流方式，诸如打字、说话、阅读之类，还能够通过非语言的方式进行交流，比如通过手势、呼吸以及像 Heidegger 所说的**此在**(Dasein)(译者注：这是哲学家 Heidegger 的概念，以我浅薄的理解就是，大千世界，滚滚红尘，看山便是山，看水便是水)。深入思考参与者在系统中的主体性，以及参与者交流信息的时序性和方向性。使用者到底是被动的观察者，还是交流的参与者？这种沟通交流是双方你来我往的异步模式，还是参与者可以同时交流的同步模式？系统的交流方式是单人对单人、单人对多人、多人对单人还是多人对多人？

学习目标

- 比较、分析、凝练各种语言和非语言的沟通交流方式。
- 采用客户端 / 服务器的网络通信模式，利用网络通信的代码库编写一个用于实时联网沟通的应用程序。
- 开发、设计并实现某个社交空间的概念。

引申

- 多想想一些计算机之外的事情：你所设计的沟通系统会安装在哪里？人们会在安装地点做哪些事情？参与的人群之间又是什么样的关系？你所设计的系统是放在公共汽车站、交响乐乐池还是卧室？参与者之间的关系是完全不认识的陌生人，还是同事、情人、父母和子女？

- 设计一种新的环境，让联网的用户能够以新的方式"感受"到其他人的存在[1]。

- 丰富沟通者的感官体验。比如，如何让使用者借助色彩、振动或气味进行交流？

- 思考一下如何设计出不同的参与者在时间、强度、主体控制等方面的差异性。比如，一个使用者只允许使用一根手指进行交流，其他人则可以用整个身体进行交流。

- 构建一个多用户的沟通交流环境，其中某个"用户"其实是一群人（比如 Amazon Mechanical Turk 数据众包用户），或者是像 ELIZA 聊天机器人、自动翻译机、Siri、在线助手之类的人工智能。

- 设计一个文本版的 MUD（译者注：Multi-User Dungeon，多使用者迷宫，文字型在线社交游戏）。为这个 MUD 系统设计固定的沟通词汇和命令语法，使用者需要使用有限的沟通命令完成游戏中的任务，解决游戏中的问题。

- 把你所设计的聊天系统推广到公共场所中（线下或网络中），让参与者能够实时或非实时地参与系统的升级和完善。

按语

    信息网络为物理上隔绝的人提供了强大的沟通交流手段。1961 年出现了 CTSS（兼容分时系统）即时消息，1962 年出现了 AUTODIN 电子邮件业务，1968 年 Douglas Engelbart 发明了实时文本编辑器，1973 年出现了 Talkomatic 会议系统（译者注：最早的网络聊天室），1975 年出现了《巨洞冒险》(Colossal Cave Adventure) 这款多人在线游戏。这些不断出现的通信工具和虚拟聊天室，塑造了通信网络的样子。

    计算艺术家和设计师希望远程沟通不仅仅用来传递字母和符号，而是要传递人类具备的各种感觉和表达方式。Myron Krueger 的作品《视觉之地》(Videoplace)（1974~1990），以及 Kit Galloway 和 Sherrie Rabinowitz 的作品《空间的洞》(Hole in Space)（1980），这些早期的作品都尝试实现人类身体的远程存在（telepresence）。现在出现了 VR 产品和遥控玩具，很明显已经拓展了当年的思想（并正在不断商业化）。

    但是和直觉相反的是，目前最流行的沟通系统依然是纯符号系统，或者是通信带宽极端受限的系统，如电话、Twitter 之类的短消息。在这些信息未及、感官未到的沟通领域，人类用联想补足了缺失的部分。

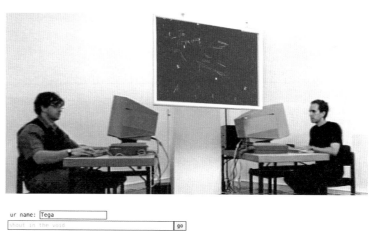

ur name: `Tega`

`shout in the void` `go`

7826 miles

Golan (you)

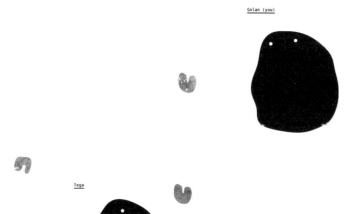

Tega

POOPCHAT PRO

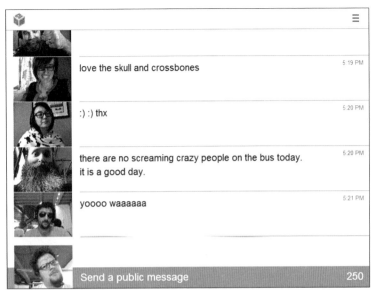

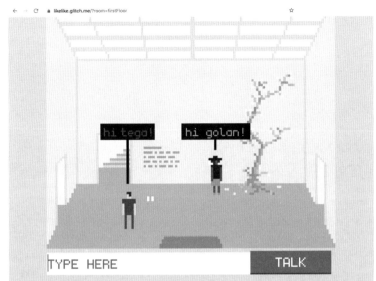

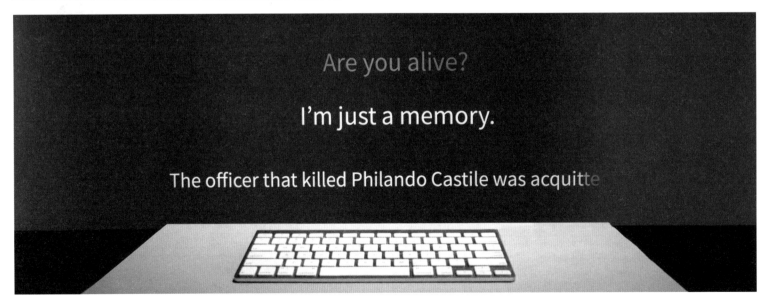

参考文献

Roy Ascott, *Telematic Embrace: Visionary Theories of Art, Technology, and Consciousness*, ed. Edward A. Shanken (Berkeley: University of California Press, 2007).

Lauren McCarthy, syllabus for Conversation and Computation (NYU, Spring 2015).

Joanne McNeil, "Anonymity," in *Lurking: How a Person Became a User* (New York: Macmillan, 2020).

Joana Moll and Andrea Noni, *Critical Interfaces Toolbox* (2016), crit.hangar.org, accessed July 20, 2020.

Kris Paulsen, *Here/There: Telepresence, Touch, and Art at the Interface.* (Cambridge, MA: MIT Press, 2017).

Casey Reas, "Exercises," syllabus for Interactive Environments (UCLA D|MA, Winter 2004).

附注

1. 这一引申部分来自 Paolo Pedercini 于 2020 年秋季在卡内基·梅隆大学艺术学院开设的课程项目"远程游戏 / 远程工作"。

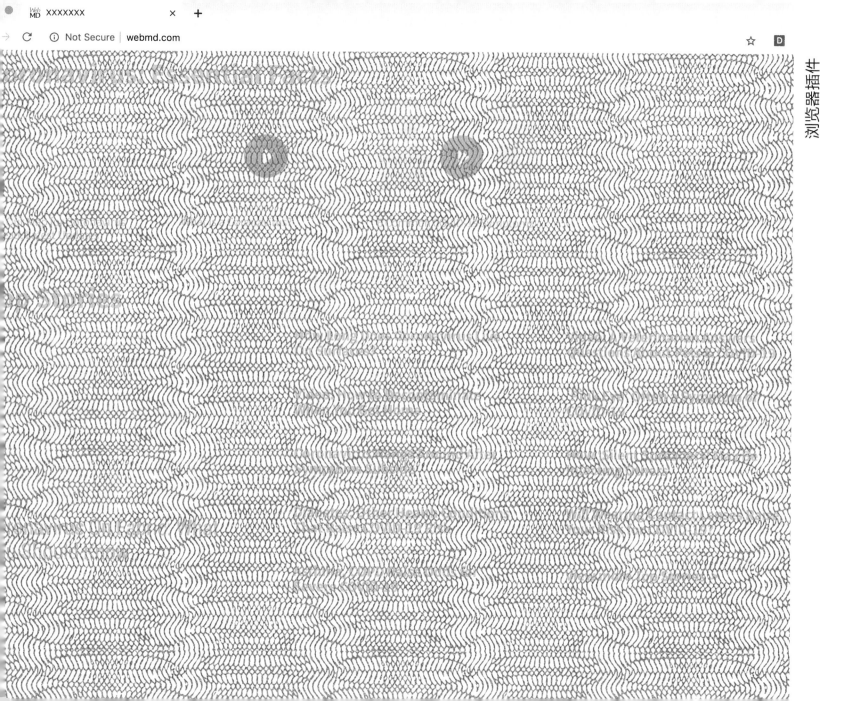

浏览器插件
观察互联网的镜头

概述

　　浏览器插件是一种附加在网络浏览器上的软件，能改变浏览器的行为特征。它可以成为人们进入网络世界并发挥创意的起跳点。浏览器插件可以用来给特定网络内容增加新的外观或新的信息，将浏览者引导到新的网址，或者为浏览器添加新的功能。目前常用的插件多用于屏蔽广告、保护用户身份、绕开网络审查、检测政治言论真实性和查询单词等。

　　在本次作业中，你需要设计一款浏览器插件，在一定程度上改变现有的互联网内容呈现方式，或者对浏览者的网络体验进行增强、异化、疏离。在 Chrome 应用商店或 Firefox 插件商店等公共平台发布所设计的插件。

学习目标

- 复习用于搭建网站结构和显示内容的相关协议。
- 理解并尝试使用浏览器的各项功能和 API 接口。
- 设计并开发一种浏览器的创新呈现方式。

引申

- **对于新手**：首先在浏览器的控制台中尝试修改网站的代码。只要修改网页的 CSS、HTML、JavaScript 代码，就能直接或间接地改变网页呈现内容的结果。这次作业要求学生学会使用浏览器的控制台，并能够分析网站的结构。这些工作都是开发插件的基础。
- 将精力聚焦在某个特定的浏览器功能上。比如，修改文本、查找单词或图片、修改 CSS 布局或者在网页上添加新的显示层，以显示更多的信息。
- 引入正则表达式。
- 使用外部 API 或数据库中的数据，丰富网页中所能呈现的信息。
- 设计一款多用户协作的插件，让其中的使用者能够觉察到其他人也在用这个插件，并能通过这个插件与其他人交互。开发过程可能需要用到 WebSockets 协议。

按语

　　正如窗户是观察物理世界的媒介，浏览器则是观察网络世界的媒介。用自己设计的插件来修改常见的上网工具，从系统层面和内容层面提供了崭新的创意机会，颠覆了传统认知。要开发浏览器插件，需要直接面对浏览器的底层架构和协议。学生可以向软件领域的专家学习相关知识。这些专家包括 Alexander Galloway、Matthew Fuller、Wendy Hui Kyong Chun。他们清楚地解释了网络是如何创建的，又是如何改变了我们对世界的认知。

　　有一些实验性质的插件使用了观念艺术的理念，并应用于网络内容的显示，从而得到一种疏离、陌生的体验。比如，détournement 这个插件就让日常变得陌生，让普通变得特殊。浏览器插件可以揭露、混淆、强调网络人际关系，吸引使用者去关注特定的政治言论、新闻、事件，因此也成为文化冲突、批判性设计、模仿抄袭的载体。

　　发布软件工具可能是创意实践中最严谨、最容易受环境影响的行为。如果能在 Chrome 应用商店或者 Firefox 插件商店发布插件，那么设计师就能够借助大众的参与放大自己的设计能力，实现更大的成就。与此同时，由于插件被放置于受控的沙盒空间，必须遵守浏览器的商业使用条款。如果你所设计的插件试图挑战浏览器的规则，比如 AdNauseam（用来制造虚假信息，避免广告对用户的跟踪），就会被应用商店和浏览器删除或禁用。

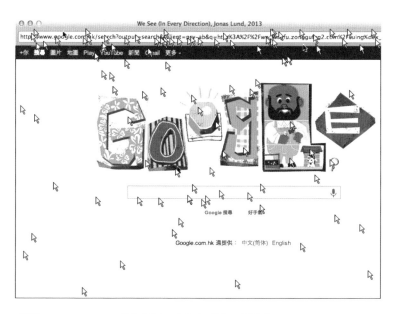

We See (In Every Direction), Jonas Lund, 2013

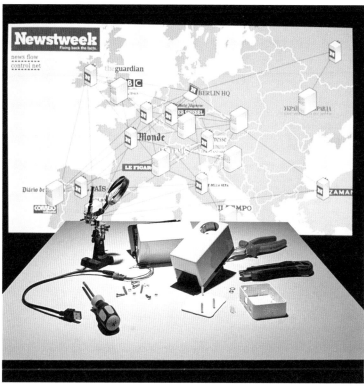

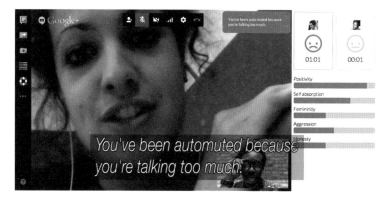

You've been automuted because you're talking too much.

插图说明

100. Melanie Hoff 的作品《解密百科》(Decodelia)（2016）。这个作品使用了色彩原理，将浏览器显示的网页内容加以渲染。人们只有带上红色眼镜，才能看到网页上显示的内容。

101. Jonas Lund 的作品《全面观察》(We See in Every Direction)（2013）。这个插件会将同时浏览的用户行为都显示出来，从而让浏览者得到一种群体体验。

102. Steve Lambert 设计的插件《添加艺术》(Add Art)（2008）。这是一个 Firefox 插件，它会自动把网页中的广告变成含有"ART"的图标。

103. Julian Oliver 和 Danja Vasiliev 开发的项目《新闻周刊》(Newsweek)（2011）。这个项目是一个定制的互联网路由器，当使用者通过 WiFi 网络访问新闻网站时，艺术家能够改变网站的呈现方式。

104. Lauren McCarthy 和 Kyle Mcdonald 的反乌托邦作品《Us+》（2013）。这个作品是 Google 视频聊天的插件，其中用到了脸部识别、语音转文本、自然语言处理等技术，通过分析用户之间的对话尝试提供谈话建议，以增进通信双方的沟通。

相关项目

Todd Anderson, *Hitchhiker*, 2020, browser extension for live performance.

American Artist, *Looted,* 2020, website intervention.

BookIndy, *BookIndy: Browse Amazon, Buy Local*, 2015, browser extension.

Allison Burtch, *Internet Illuminator*, 2014, browser extension.

Brian House, *Tanglr*, 2013, browser extension.

Daniel C. Howe, Helen Nissenbaum, and Vincent Toubiana, *TrackMeNot*, 2006, browser extension.

Daniel C. Howe, Helen Nissenbaum, and Mushon Zer-Aviv, *AdNauseam*, 2014, browser extension.

Darius Kazemi, *Ethical Ad Blocker*, 2015, browser extension.

Surya Mattu and Kashmir Hill, *People You May Know Inspector*, 2018, app.

Joanne McNeil, *Emotional Labor*, 2015, browser extension.

Dan Phiffer and Mushon Zer-Aviv, *ShiftSpace*, 2007, browser extension.

Radical Software Group, *Carnivore*, 2001, Processing library.

Sara Rothberg, *Scroll-o-meter*, 2015, browser extension.

Rafaël Rozendaal, *Abstract Browsing*, 2014, browser extension.

Joel Simon, *FB Graffiti*, 2014, browser extension.

Sunlight Foundation, *Influence Explorer*, 2013, browser extension.

The Yes Men et al., *The New York Times Special Edition*, November 2008, website.

参考文献

Guy Debord and Gil J. Wolman, "A User's Guide to Détournement," trans. Ken Knabb, *Les Lèvres Nues* no. 8 (May 1956).

Alexander Galloway, "Protocol: How Control Exists after Decentralization," *Rethinking Marxism* 13, nos. 3–4 (Fall–Winter 2001): 81–88.

Joana Moll and Andrea Noni, *Critical Interfaces Toolbox* (2016), crit.hangar.org, accessed July 20, 2020.

Rhizome.org, "Net Art Anthology," accessed April 11, 2019.

Aja Romano, "How Your Web Browser Affects Your Online Reality, Explained in One Image," *Vox*, May 3, 2018.

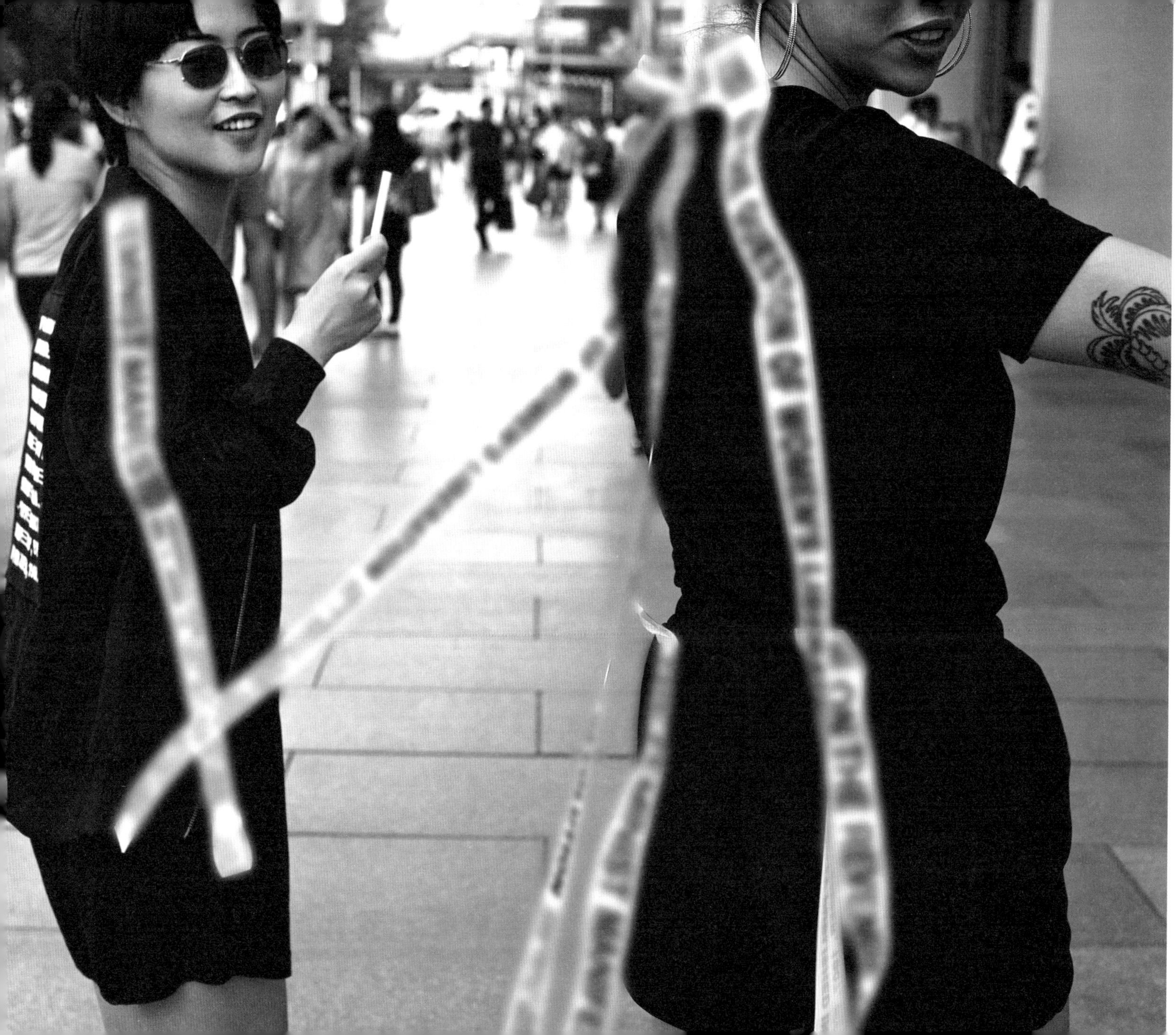

创意密码学
诗化的编码

概述

设计一种数字系统，将消息以某种媒介形式编码，并能够再解码成原来的消息。你所设计的系统需要借助图像、文本、视频、音频或物理结构，隐藏需要表达的信息。仔细想象一下你所设计的系统能够编码哪些特定的消息，你需要把设计焦点放在如何运用媒介传递信息上。你可以选择使用文本、数据、代码、图像、音乐或其他媒介来编码消息，然后用你的编码系统做出几个示例。本次作业可以分解为**隐写术**（把消息隐藏在其他媒介中）和**密码术**（把消息编码）两个部分。

学习目标

- 复习常见的隐写术和密码术。
- 应用各种数据加工技术，如压缩、编码和解码。
- 在数据编码和解码的过程中，加入新的概念和创意。

引申

- 在系统中添加加密层，提升系统的安全性或艺术性。
- 开发编码系统时，你可能会遇到各种条件限制。因此，你需要仔细斟酌。比如，传输环境的带宽极度受限（这就是摩斯码应用的环境），那么你的系统就必须满足这个条件。编码系统还可能像盲文或手语那样，只能使用一种感觉（如听觉、视觉、触觉）来传递消息。

按语

有了文字以后，当权者和反抗者就都有了安全通信的需求。有了安全通信的需求，就有了密码学多年来的技术发展。有些历史上用过的密码系统，如波利比乌斯方阵密码或英格玛机，都不需要计算机等设备，只需要使用轮子就能实现加解密。而像猪圈密码、摩斯码、盲文或 ROT13 密码，则用到了非常简单的算法。小朋友们也能够设计出简单的算法，和同伴传递秘密消息，在加密和解密过程中得到快乐。

隐写术则是另一种特殊的加解密方式，它把消息隐藏在其他的媒介中。像 Francis Bacon 和 William Friedman 这样的早期密码学者，就非常热衷于隐写术。他们把消息隐藏在音乐中、图画里，甚至隐藏在花瓣的组合排列里。在数字技术出现之后，隐写术得到了更大的发展。隐写术能够使用数字文件中没用到的像素或字节，存储需要隐藏的消息，将秘密数据通过公开的媒介传递出去，并通过互联网的海量通信分发到全球各地。

在 2013 年，斯诺登向公众揭露，美国政府过去一直在监听美国人的公共通信。这向大家证实了，没有加密的互联网通信绝对是不安全的。在互联网中，不可能保证通信不被窃听。因此，设计开发实用且可靠的加密技术，依然是当前迫切的挑战。

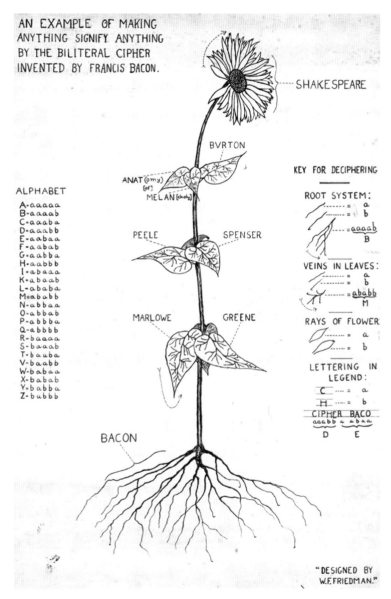

AN EXAMPLE OF MAKING
ANYTHING SIGNIFY ANYTHING
BY THE BILITERAL CIPHER
INVENTED BY FRANCIS BACON.

SHAKESPEARE

BVRTON

ANAT(omy)
[of]
MELAN[choly]

PEELE   SPENSER

MARLOWE   GREENE

BACON

ALPHABET

A-aaaaa
B-aaaab
C-aaaba
D-aaabb
E-aabaa
F-aabab
G-aabba
H-aabbb
I-abaaa
K-abaab
L-ababa
M-ababb
N-abbaa
O-abbab
P-abbba
Q-abbbb
R-baaaa
S-baaab
T-baaba
V-baabb
W-babaa
X-babab
Y-babba
Z-babbb

KEY FOR DECIPHERING

ROOT SYSTEM:
⌐⌐⌐⌐⌐ = a
⌐⌐⌐⌐⌐ = b
⌐⌐⌐⌐⌐ = $\frac{aaaab}{B}$

VEINS IN LEAVES:
= a
= b
= $\frac{ababb}{M}$

RAYS OF FLOWER:
= a
= b

LETTERING IN LEGEND:
C ---- = a
H ---- = b
CIPHER BACO
$\frac{aaabb}{D}$ $\frac{abaa}{E}$

"DESIGNED BY
W.F. FRIEDMAN."

1. TYPE MESSAGE

password (optional): [   ]

there are free bagels in the kitchen

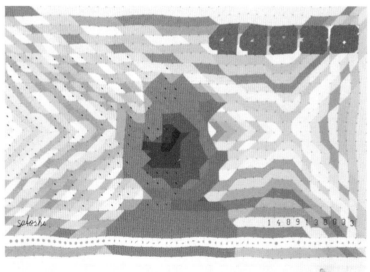

satoshi   1 4 8 9 1 3 8 0 3 3

插图说明

105. 隐写术使用"山寨"的设计概念（以无意义英语为特色）（译者注：如 adisda），并加入二维码作为隐秘传递消息的手段。

106. William 和 Elizebeth Friedman 运用了 Francis Bacon 的"双向密码"算法，画出了一幅花的示意图（1916）。花的根部隐藏了信息"BACON"，花的叶子则隐藏了创作者的名字和写过的书名。

107. Maddy Varner 开发的隐写术项目（2014）。这个项目是一个 Chrome 插件，用来把消息加密嵌入图片（同时也能解密）。例如，图片像素的低阶比特可包含小说家 Virginia Woolf 的作品《一间只属于自己的房间》（A Room of One's Own）中的文本。

108. Matthias Dörfelt（Moka）的作品《区块钱》（Block Bills）（2017）。艺术家用 64 种区块链比特币的图形组合成新的钞票。

109. Matthew Plummer-Fernández 的作品《禁武污染机》（Disarming Corruptor）。这个作品是一个程序，能够将 3D CAD 的打印文件污染，也能把污染的文件还原。艺术家会使正常的 3D 网格图变形，变成不能识别的新形状。这样使用者就能够绕开网络的数据监管和数据分享限制。

110. Shiho Fukuhara 和 Georg Tremmel 的作品《生物存在》（Biopresence）（2005）。他们和科学家 Joe Davis 合作，运用 Davis 的 DNA 流形算法将人类的 DNA 嵌入树的 DNA 里面。

111. Nina Katchadourian 的艺术装置《会说话的爆米花机》（Talking Popcorn）（2001）。这个装置使用摩斯码来解读爆米花机发出的声音，这样机器就会"说话"了。

112. Matt Kenyon 和 Douglas Easterly 的作品《记事本》（Notepad）（2007）。这个记事本是由许多标准的黄色记事本纸张装订起来的，每页纸张都有规范的条纹线，但是条纹线实际上是由微缩文字组成的。微缩文字上写着伊拉克战争前三年死亡的平民，包括他们的姓名、死亡日期和死亡地点。这个记事本做了 100 本，然后偷偷寄给了美国的参议员和众议员，由这些人进行推动，将伊拉克平民遇难者记录到美国政府的官方文件中。

相关项目

Anonymous, *Genecoin*, 2014, system for encoding human DNA in Bitcoin.

Aram Bartholl, *Keepalive*, 2015, fire-powered network.

Liat Berdugo, Sam Kronick, Ben Lotan, and Tara Shi, *Encoded Forest*, 2016, passwords stored in tree-planting patterns.

Ingrid Burrington, *Secret Device for Remote Locations,* 2011, solar-powered Morse code message.

"Ciphers, Codes, & Steganography," 2014, Folger Shakespeare Library exhibition.

Cryptoart Publishers, *Cryptoart*, 2020, system for storing Bitcoin in physical art.

Heather Dewey-Hagborg, *How Do You See Me?*, 2019, self-portraits generated via adversarial processes.

Henry Fountain, "Hiding Secret Messages Within Human Code," *The New York Times*, June 22, 1999.

Eduardo Kac, *Genesis*, 1999, biblical passage encoded in DNA.

Sam Lavigne, Aaron Cantu, and Brian Clifton, *You Can Encrypt Your Face,* 2017, face masks.

Lindsay Maizland, "Britney Spears's Instagram Is Secretly Being Used by Russian Hackers," *Vox*, June 8, 2017.

Julian Oliver, *The Orchid Project*, 2015, photographs with encoded firmware.

Everest Pipkin, *Ladder*, 2019, encoded poem.

参考文献

Florian Cramer, *Hiding in Plain Sight: Amy Suo Wu's* The Kandinsky Collective (Ljubljana, Slovenia: Aksioma Institute for Contemporary Art, 2017), e-brochure.

Manmohan Kaur, "Cryptography as a Pedagogical Tool," *Primus* 18, no. 2 (2008): 198–206.

Neal Koblitz, "Cryptography as a Teaching Tool," *Cryptologia* 21, no. 4 (1997): 317–326.

Susan Kuchera, "The Weavers and Their Information Webs: Steganography in the Textile Arts," *Ada: A Journal of Gender, New Media, and Technology* 13 (May 2018).

Shannon Mattern, "Encrypted Repositories: Techniques of Secret Storage, From Desks to Databases," *Amodern* 9 (April 2020).

Jussi Parikka, "Hidden in Plain Sight: The Steganographic Image," unthinking. photography, February 2017.

Charles Petzold, *Code: The Hidden Language of Computer Hardware and Software* (Hoboken, NJ: Microsoft Press, 2000).

Phillip Rogaway, "The Moral Character of Cryptographic Work" (paper presented at Asiacrypt 2015, Auckland, NZ, December 2015).

Simon Singh, "Chamber Guide," The Black Chamber (website), accessed April 12, 2020.

Hito Steyerl, "A Sea of Data: Apophenia and Pattern (Mis-) Recognition," *e-flux Journal* 72 (2016).

This is an interactive work; to communicate with *DiNA*,
please speak into the microphone.

语音机
说出语言的游戏

概述

以语音输入/输出交互为核心，设计一个交互式聊天机器人、会说话的虚拟人物形象或者语音游戏。比如，你可以设计对诗游戏、头脑记忆力挑战游戏、音控书、音控画笔、语音故事书、看门人（想象一下生死之桥上的巨蟒守卫）（译者注：这是电影《巨蟒与圣杯》中的重要桥段）。为了保证语音创意可实现，你需要限制词汇量，通过韵律、语调和音量来创造变化。要注意语音识别很容易出错，所以你所设计的项目需要考虑处理延迟和失误所造成的影响——至少在最近几年还是这样。在本次作业中图像不是必需的。

学习目标

- 研讨和探索利用语音和语言作为创新媒介的艺术表达方式。
- 学会使用语音识别/语音合成的开发工具包。
- 利用声音来进行交互，设计一个新的创意作品。

引申

- 把语音功能添加到家用电器或日常物品上。比如，如果你的烤面包机会说话，那会怎么样？
- 想想你曾在旅途中玩过的文字游戏。设计一个多人参与的语音游戏，让计算机作为游戏裁判。
- 针对常用的各种语音助手，修饰或修改它的声音，

从而实现新的效果。

- 用你的创造力让宠物或婴儿能够说话——通常是你先说一段话，然后再转译成宠物或婴儿发出的声音，而不是真的让它/他/她说话。这样，你可以设计出一个交互式的聊天机器人或虚拟宠物，用你的语气来说话。

按语

语言往往被认为是智能形成的标志。因此，如果机器能说话，那么就打破了认知中语言与生物和智能之间的固有联系，变成神秘而超自然的东西。在交互式设计领域，一般认为语音交互和视觉交互、符号交互相比更加自然，更符合人类本性。但是语音交互机器往往达不到我们所要求的"理解"程度。

在真实对话中，信息会通过多种手段加以传递，不仅包括说话的内容，还包括说话的方式以及说话人的身份。人类拥有敏锐的能力，可以从说话的声音中推断情感、性别、年龄、健康和社会经济地位等细节信息。同时，人们还可以通过语言中的语调、韵律、节拍、节奏来理解戏剧内容，表达怀疑、恐惧和幽默等情感。设计新的语音体验方式时，要把握一个原则——变化越简单，效果越明显。比如，我们只需要更改一句话中词语的重音，就能完全改变句子的含义。

语言具备强烈的社会属性。我们通过闲聊和插科打诨，在彼此间建立起信任和亲密关系。人们用双关语、生造词等文字游戏，创造出语言的模糊地带，也为自己营造出社交的保护地带。文化就是在敲门笑话（译者注：一种英语国家的语言游戏，以对话形式展开，以敲门动作开始，双方一问一答两次，形成一个笑话）、对歌、"从前有个××"的故事中得以传承的。这些语音上的约定俗成，也适合用代码加以实现。能够应用于语音创意设计的算法工具包括：上下文无关文法、马尔可夫链、循环神经网络、长短期记忆网络。

注意： 有些商用的语音分析工具需要把用户的语音数据上传到云端进行处理，存在数据所有权和隐私的相关问题。

☎ TELEPHONEGRAM *"The Game of Phones"*

TELEPHONEGRAM is a service that sends your voice messages by passing them through a round of the classic children's game of telephone.

Read about the latest updates *on the blog*.

▶ ### Game #439: **Old Acquaintances Edition**   < ? >
47 participants played from December 31 2014 11:45 AM to March 6 2020 6:27 PM

The Operator → Emelie Hegarty → Kate Sweater → Blair Neal →
Fernando The Cat → JM Imbrescia → Dan Winckler → Dennis Collective →
Mike Bullock → Jedahan → Elizabeth Press → Josh Goldberg → Lisa Rogers →
Mike Bullock → Cash 4 Gold → Caitlin Foley → Ngoc Cong → Lisa Rogers →
Tamer → Owen Bush → Jesse Stiles → Cash 4 Gold → Mark Graveline →
Dan Winckler → Chucks Larms → Elizabeth Press → Blair Neal → Guy Schaffer →
MOUNTAIN OF WAFFLES! → Nick Teeple → Imanol Gomez → Danielle Furfaro →
Lisa Rogers → Andrew Lynn → Josh Goldberg → Aaron → Thom Stylinski →
Kevin Luddy → Cash 4 Gold → Jesse Stiles → Emelie Hegarty →
A damn Gross man → Misha Rabinovich → Imanol Gomez → Nick Teeple →
Tamer → il young son

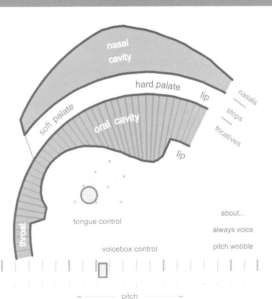

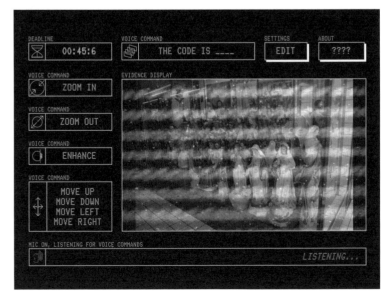

| 113 | | 114 | 116 | | 118 | 120 |
| | | 115 | 117 | | 119 | 121 |

插图说明

113. Lynn Hershman Leeson 的作品《蒂娜——人工智能仿真人装置》(DiNA, Artificial Intelligent Agent Installation)（2002~2004）。这个作品是一个人工智能驱动的女性动画人形象，可以识别语音，并且有各种面部表情。蒂娜会和画廊展厅中的游客交谈，回答各种问题，而且"在问答过程中变得越来越聪明"。

114. Stephanie Dinkins 的作品《与 Bina48 的谈话》(Conversations with Bina48)（2014）。Bina48 是企业家 Martine Rothblatt 的。这个企业家请机器人制造家 David Hanson 仿造他的妻子 Bina，设计并开发了带有人脸的聊天机器人 Bina48。艺术家本人和 Bina48 机器人进行了谈话，谈话的主题是"算法偏见"。

115. Everybody House Games 公司开发的游戏《你好，机器人》(Hey Robot)（2019）。游戏玩家组成团队，一起实现一个家庭智能助手（就像亚马逊的 Alexa 或谷歌的 Home），能够说出一些固定的单词。

116. David Rokeby 的项目《起名人》(The Giver of Names)（1991~1997）。观众把物品放在基座上，用摄像头检测物品的类型，然后这个装置会用计算机风格的语音来描述这个物品，从而给观众带来一种陌生、新奇又带有诗意的体验。

117. Roi Lev 和 Anastasis Germanidis 的作品《当物品开始对话》(When Things Talk Back)（2018）。这是一个增强现实 app，让日常物品能够发出声音。这个 app 能够通过手机摄像头识别物品，然后用增强现实技术给物品加上一个卡通头像。接着利用 ConceptNet（一个免费的语义识别网络）来获取物品的信息和物品间的关系。这个 app 还能通过所获得的各种信息，即时生成物品间幽默或凄美的对话。

118. David Lublin 的作品《电话游戏》(Game of Phones)（2012）。这是一个"儿时用电话玩过的"游戏。游戏玩家拿起电话，会听见上一个玩家留下的消息，而他自己则需要为下一位玩家也留下一段语音消息。游戏持续一星期之后，所有串在一起的语音消息就发布到网上了。

119. Neil Thapen 的项目《粉色长号》(Pink Trombone)（2017）。这是一个交互式语音合成软件，用来"从头开始做语音合成"。这个软件有多个参数来仿真人体的声道，能够在浏览器上听到各种仿真的人声。

120. Kelly Dobson 的作品《粉碎机》(Blendie)（2003~2004）。这个作品用到了一款 20 世纪 50 年代 Osterizer 牌的粉碎机。粉碎机接受人声的控制，使用者可以用声音让粉碎机刀片开始旋转。然后粉碎机会模仿使用者的声音和声强，发出从低沉咆哮到高声尖叫的声音。

121. Nicole 设计的语音探秘游戏《增强电脑》(ENHANCE.COMPUTER)（2018）。游戏玩家喊出"Enhance!"（增强），屏幕上就会出现可以无限放大或缩小的图像，展示出科幻般的场景。

相关项目

Tim Anderson, Marc Blank, Bruce Daniels, and Dave Lebling, *Zork*, 1977–1979, interactive text-based computer game.

Isaac Blankensmith with Smooth Technology, *Paper Signals*, 2017, system for making voice-controlled paper objects.

Mike Bodge, *Meme Buddy*, 2017, voice-driven app for generating memes.

Stephanie Dinkins, *Not The Only One*, 2017–2019, voice-driven sculpture trained on oral histories.

Homer Dudley, *The Voder*, 1939, device to electronically synthesize human speech.

Ken Feingold, *If/Then*, 2001, sculptural installation with generated dialogue.

Sidney Fels and Geoff Hinton, *Glove Talk II*, 1998, neural network-driven interface translating gesture to speech.

Wesley Goatly, *Chthonic Rites*, 2020, narrative installation with Alexa and Siri.

Suzanne Kite, *Íŋyaŋ Iyé (Telling Rock)*, 2019, voice-activated installation.

Jürg Lehni, *Apple Talk*, 2002–2007, computer interaction via text to speech and voice recognition software.

Golan Levin and Zach Lieberman, *Hidden Worlds of Noise and Voice*, 2002, sound-activated augmented reality installation, Ars Electronica Futurelab, Linz.

Golan Levin and Zach Lieberman with Jaap Blonk and Joan La Barbara, *Messa di Voce*, 2003, voice-driven performance with projection.

Rafael Lozano-Hemmer, *Voice Tunnel*, 2013, large-scale interactive installation in the Park Avenue Tunnel, New York City.

Lauren McCarthy, *Conversacube*, 2010, interactive conversation-steering devices.

Lauren McCarthy, *LAUREN*, 2017, smart home performance.

Ben Rubin and Mark Hansen, *Listening Post*, 2002, installation displaying and voicing real-time chatroom utterances.

Harpreet Sareen, *Project Oasis*, 2018, interactive weather visualization and self-sustaining plant ecosystem.

Superflux, *Our Friends Electric*, 2017, film.

Joseph Weizenbaum, *ELIZA*, 1964, natural language processing program.

参考文献

Zed Adams and Shannon Mattern, "April 2: Contemporary Vocal Interfaces," readings from Thinking through Interfaces (The New School, Spring 2019).

Takayuki Arai et al., "Hands-On Speech Science Exhibition for Children at a Science Museum" (paper presented at WOCCI 2012, Portland, OR, September 2012).

Melissa Brinks, "The Weird and Wonderful World of Nicole He's Technological Art," *Forbes*, October 29, 2018.

Geoff Cox and Christopher Alex McLean, "Vocable Code," in *Speaking Code: Coding as Aesthetic and Political Expression* (Cambridge, MA: MIT Press, 2013), 18–38.

Stephanie Dinkins, "Five Artificial Intelligence Insiders in Their Own Words," *New York Times*, October 19, 2018.

Andrea L. Guzman, "Voices in and of the Machine: Source Orientation toward Mobile Virtual Assistants," *Computers in Human Behavior* 90 (2019): 343–350.

Nicole He, "Fifteen Unconventional Uses of Voice Technology," Medium.com, November 26, 2018.

Nicole He, "Talking to Computers" (lecture, awwwards conference, New York, NY, November 28, 2018).

Halcyon M. Lawrence, "Inauthentically Speaking: Speech Technology, Accent Bias and Digital Imperialism" (lecture, SIGCIS Command Lines: Software, Power & Performance, Mountain View, CA, March 2017), video, 1:26–17:16.

Halcyon M. Lawrence and Lauren Neefe, "When I Talk to Siri," *TechStyle: Flash Readings* 4 (podcast), September 6, 2017, 10:14.

Shannon Mattern, "Urban Auscultation; or, Perceiving the Action of the Heart," *Places Journal*, April 2020.

Mara Mills, "Media and Prosthesis: The Vocoder, the Artificial Larynx, and the History of Signal Processing," *Qui Parle: Critical Humanities and Social Sciences* 21, no. 1 (2012): 107–149.

Danielle Van Jaarsveld and Winifred Poster, "Call Centers: Emotional Labor over the Phone," in *Emotional Labor in the 21st Century: Diverse Perspectives on Emotion Regulation at Work*, ed. Alicia A. Grandey, James M. Diefendorff, and Deborah E. Rupp (New York: Routledge, 2012): 153–73.

"Vocal Vowels," Exploratorium Online Exhibits, accessed April 14, 2020.

Adelheid Voshkul, "Humans, Machines, and Conversations: An Ethnographic Study of the Making of Automatic Speech Recognition Technologies," *Social Studies of Science* 34, no. 3 (2004).

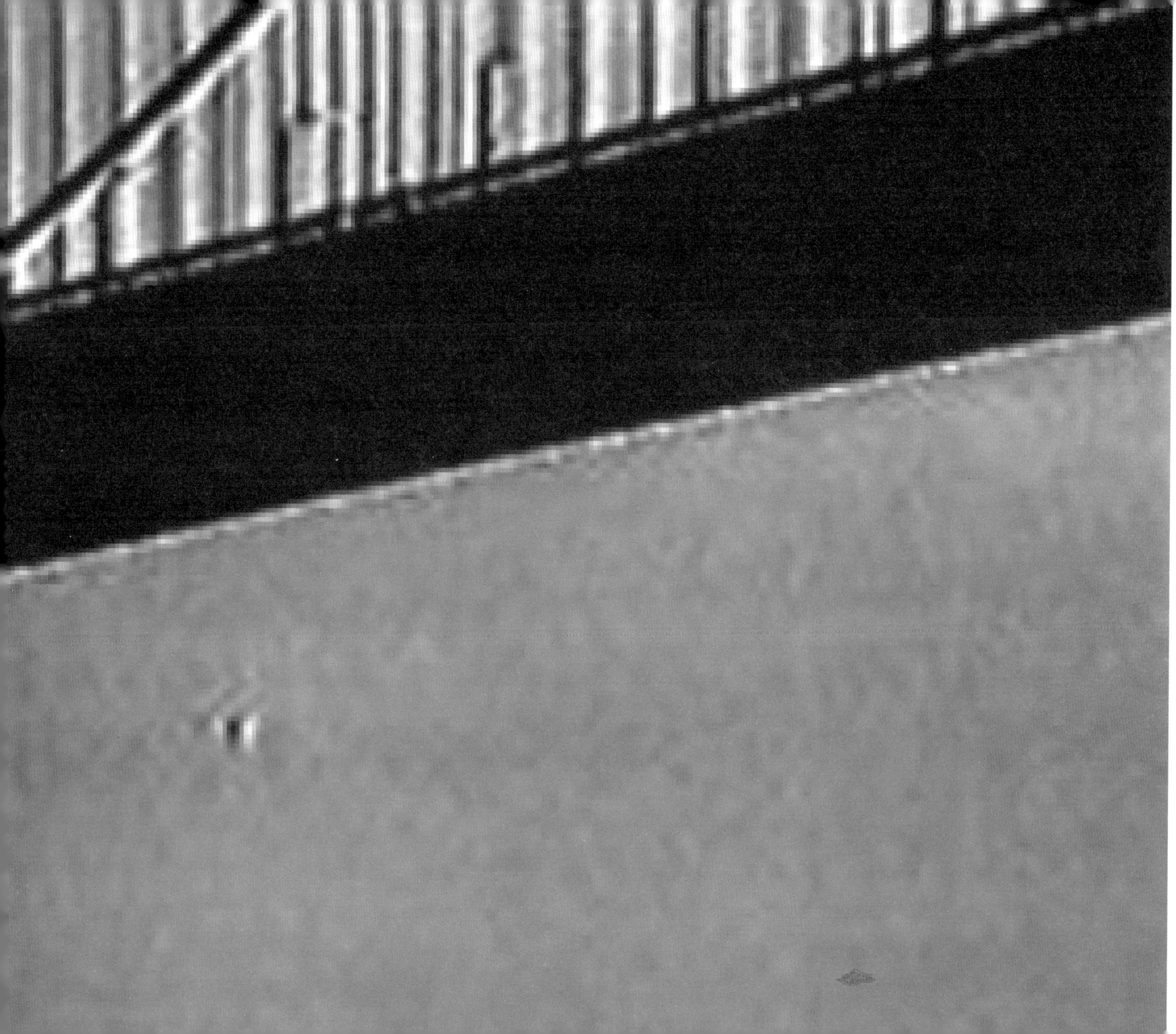

测量仪
利用传感数据创作严肃艺术

概述

设计一种仪器，对世界进行理性批判。你所设计的仪器，要么测量的事物很新颖，要么做测量的方式很新颖，要么能够让人去关注日常所忽略的东西。设计的重点在于如何选择和搜集那些有意思的数据（使用微控制器或传感器来采集数据），而不是把重点放在如何解读数据或表现数据上。你到底能发现哪些常人看不到的变化或韵律？

你的装置放在什么位置极其重要——放在哪里决定了它将面对什么环境、感知什么数据、唤起何种意义。你需要确定测量仪器是搜集人类活动，还是环境活动（如汽车、动物、灯光、大门等）。你还需要思考仪器所测量的活动是持续的、偶然的还是故意的，以及数据搜集是主动的还是被动的。你需要记录测量设备采集数据的过程，并把这一过程拍成视频。虽然你在设计时能用到各种类型的传感器，但是别忘了，即使是最简单的开关，比如旋钮开关，也能测量现实中缓慢的变化。同样，比如要测量靠近传感器的数据，不见得要测量接近的距离（厘米），还可以记录物体接近传感器的时间（秒），甚至可以记录接近传感器的次数。有的时候，你所设计的电子设备会让人产生疑虑。所以，当你把设备装在公共场合时，首先要确保得到许可（如果是在校园，就必须得到学校保卫部的同意），然后把许可标志贴在设备的显眼处。

学习目标

- 学习采集数据的各种技术。
- 尝试各类社交性、表现性、造型性的数据可视化方法。
- 学会组装传感器硬件。

引申

- 将数据搜集的行为限定在有限区域内，比如教室或周边的公园。
- 将测量仪与显示器或其他显示设备相连接，比如连上一个带有 7 位数字显示的 LED 屏幕，这样就能看到数据采集点的传感器实时采集的读数，从而能够制造更多的公众关注和情感共鸣。

按语

人口统计历史学家 James C. Scott 指出，测量本身就是政治性行为。像 Natalie Jeremijenko 这样的艺术家，通过多种测量数据得到了各种证据，推动了社会的讨论。而 Mimi Onuoha 指出，某种文化不去测量什么，忽视什么，揭示了这种文化在这方面的世俗偏见和淡漠（这类研究叫作**比较无知学**）（译者注：比较无知学是一个新兴学科，主要研究漠视背后的成因）。在量子物理学领域，术语"观察者效应"指的就是观测的行为会改变被观测对象的状态。测量行为或数据搜集行为本身，也会改变我们所看到的世界和我们看待世界的方式。

在很多应用领域，数据采集都是最为关键的实践行为。"公众科学"是一种具备教育和政治意义的社会运动。公众科学推动普罗大众参与到科学活动中，让普通人使用组织者所发的自制传感器，对日常生活环境进行监测。比如，在福岛核泄漏之后，组织者向大众分发了辐射传感器，大众则将采集到的辐射数据回传给中心服务器。

Catherine D'Ignazio 和 Lauren Klein 这两位学者从女性思维的视角出发，提出了一些数据采集方法并将这些方法用于数据采集的实践过程，最终将采集到的数据进行可视化。这些关于数据可视化的女性观点包括：数据只能呈现世界的一部分，需要重点思考数据采集的环境和地点，必须有能够激发公众反馈的数据呈现方式。

有时候，要通过有限的测量数据反映无限变化的世界，这种行为显得古怪、偏激、异想天开。但是在艺术领域，测量行为会提醒人类，我们对于真实世界的认识仅仅只是一种估计。

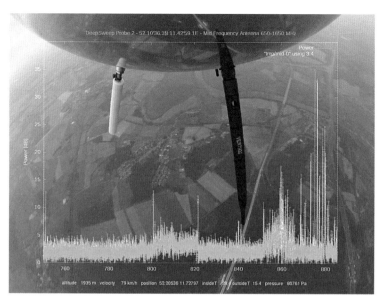

122	123	125	128
		126	
	124	127	

插图说明

122. Natalie Jeremijenko 和 Kate Rich 的作品《自杀盒子》（Suicide Box）（1996）。这个装置不断记录着从金门大桥跳桥自杀的人数数据，成为衡量这个地点"失望指数"的测量仪器。

123. 由 Critical Engineering Working Group（关键工程工作组）团队创作的《深度扫掠》（The Deep Sweep）（2015）。这个项目使用深空探测器记录了地面和平流层之间的未知信号。

124. Maddy Varner 的作品《选边站》（This or That）（2013）。这个项目是学生由自动卷纸机改装的"自制投票机"。任何人都可以提出两个选项（比如，"猫"和"狗"），然后路过这个项目的行人做出抉择，将选择结果写在即时贴上进行投票。

125. Michelle Ma 的项目《旋转游戏》（Revolving Games）（2013）。这也是个学生课程项目，使用加速计测量旋转门的旋转速度，然后将最高分值显示在 LED 屏上。这个游戏会让人们突破常规，干一些疯狂的事情。

126. Catherine D'Ignazio 的作品《唠叨的小溪》（Babbling Brook）（2014）。艺术家用到了一个花的雕塑，雕塑里面放着联网的水质传感器。艺术家把花放到小溪里，花会根据检测到的水质数据向路过的人讲不同的冷笑话。

127. Karolina Sobecka 和 Christopher Baker 的作品《照片天空》（Picture Sky）（2015）。艺术家组织了一堆人，当卫星刚好在人群上空拍照时，让所有人一起朝天上拍摄照片，从而形成最终的作品。

128. Mimi Onuoha 的作品《丢失数据图书馆》（Library of Missing Datasets）（2016）。艺术家设计了一个假想数据的归档存储系统，这些空的数据提醒观众去联想，我们的社会在选择性遗忘或忽视哪些东西。

相关项目

Timo Arnall, *Immaterials: Ghost in the Field*, 2009, RFID probe, long-exposure photography, and animation.

Timo Arnall, Jørn Knutsen, and Einar Sneve Martinussen, *Immaterials: Light Painting WiFi*, 2011, WiFi network sensor, LED lights, and long-exposure photography.

Tega Brain, *What the Frog's Nose Tells the Frog's Brain*, 2012, custom fragrance, electronics, and home energy monitor.

Centre for Genomic Gastronomy, *Smog Tasting*, 2015, air samples, experimental food cart, and smog recipe.

Hans Haacke, *Condensation Cube*, 1963–1965, kinetic sculpture.

Terike Hapooje, *Dialogue*, 2008, real-time video of thermal camera imagery.

Usman Haque, *Natural Fuse*, 2009, network of electronically assisted plants.

Joyce Hinterding, *Simple Forces*, 2012, conductive graphite drawing and analog electronics.

Osman Khan, *Net Worth*, 2006, magnetic card reader, custom software, and interactive installation.

Stacey Kuznetsov, Jian Cheung, George Davis, and Eric Paulos, *Air Quality Balloons*, 2011, air quality sensors, microelectronics, and weather balloons.

Rafael Lozano-Hemmer, *Pulse Room*, 2006, interactive installation with heart-rate sensors activating an array of incandescent light bulbs.

Rafael Lozano-Hemmer, *Tape Recorders*, 2011, interactive installation with sensors and robotically activated measuring tapes.

Agnes Meyer-Brandis, *Teacup Tools*, 2014, tea cups and atmospheric sensors.

Joana Moll, *CO2GLE*, 2015, online carbon calculator.

Joana Moll, *DEFOOOOOOOOOOOOOOOOO-OOOOOOREST*, 2016, online visualization.

Moon Ribas, *Seismic Sensor*, 2007–2019, seismic-sensing body implants.

Anri Sala, *Why the Lion Roars*, 2020, temperature-based editor of feature films.

Julijonas Urbonas, *Counting Door*, 2009, modified video camera and door that tracks its visitor count.

参考文献

Benjamin H. Bratton and Natalie Jeremijenko, *Suspicious Images, Latent Interfaces* (New York: Architectural League of New York, 2008).

Catherine D'Ignazio and Lauren F. Klein, "On Rational, Scientific, Objective Viewpoints from Mythical, Imaginary, Impossible Standpoints," in *Data Feminism* (Cambridge, MA: MIT Press, 2020).

Jennifer Gabrys, "How to Connect Sensors" and "How to Devise Instruments," in *How to Do Things with Sensors* (Minneapolis: University of Minnesota Press, 2019), 29–71.

Natalie Jeremijenko, "A Futureproofed Power Meter," *Whole Earth*, Summer 2001.

Mimi Onuoha, "When Proof Is Not Enough," *FiveThirtyEight* (blog), ABC News Internet Ventures, July 1, 2020.

James C. Scott, *Seeing like a State: How Certain Schemes to Improve the Human Condition Have Failed* (New Haven: Yale University Press, 1998).

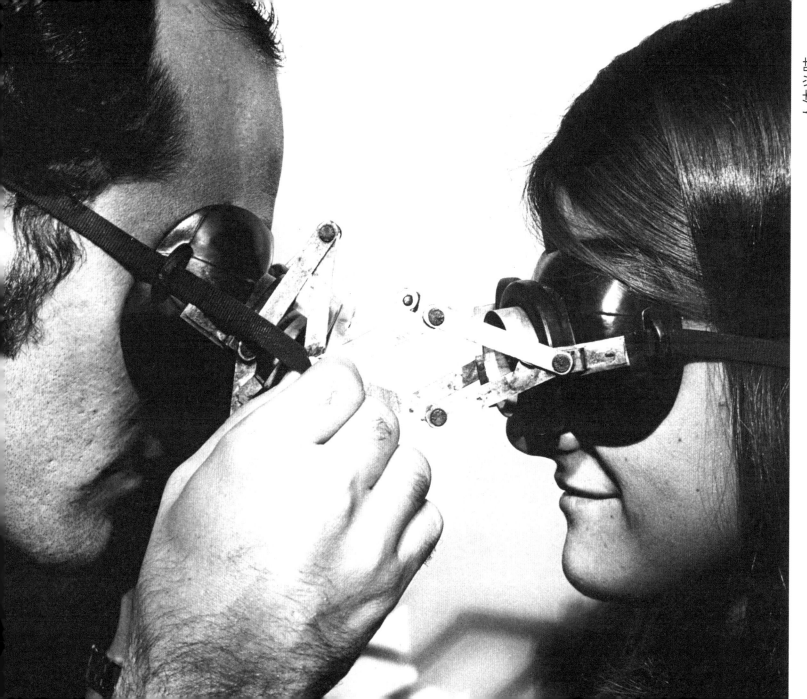

人体义肢
新的身体语言

概述

　　设计一款人体义肢，能够响应佩戴者的行为或使用环境，形成"一种新的身体语言"。你所设计的设备应该能够借助机器学习感知某些状态（动作、声音、温度、在线数据），形成响应环境的机电动作。做一小段人体义肢的使用视频。视频应该真实记录义肢在公共场所的使用情况，或者详细描述义肢的制作过程。

　　Marshall McLuhan 认为，所有的科技都可以外化为人类身体的延展，以某种方式放大人类的某种物理能力，或是提升人类的感知能力。按照 McLuhan 的观点，你所设计的义肢是对人体的物理、知觉还是沟通能力进行了提升或拓展？你所设计的义肢是对人体的增强、替换、限制、协助，还是方便沟通、强化特点、放大优点、隐藏缺陷？

学习目标

- 学习可穿戴技术的相关知识。
- 形成交互设计、表演艺术、时尚设计、人体生物学相融合的跨学科概念。
- 设计制造一个真实的计算系统，系统中有传感器、激励器、微控制器（如 Arduino），实现交互式机电控制。

引申

- 设备只响应一种人体动作，比如人体手势。
- 借鉴动物形态设计仿生义肢。想象一下，使用者戴上这种义肢之后，会获得哪些新能力？
- 心存善念，普惠众生。选择特定的人群，调查他们的行为习惯，观察他们的日常活动，然后设计能够帮助他们的义肢。
- 颠覆个人主义。设计需要两个或两个以上的人一起穿戴的义肢。
- 假设你通过可穿戴设备连接了互联网。那么你的身体使用什么信号进行交流？和谁交流？
- 去掉传感器。用义肢去体验、去演绎已经存在的数据。
- **教学指导：** 鼓励你的学生将所设计的义肢拿到时尚圈展览。

按语

　　义肢是附着在身体上的人造物。义肢有很多用途，可用于医疗、军事、健身、表演、时尚设计。许多人的日常穿着中就使用了各种义肢来增强身体功能，如增强感知（如眼镜或助听器）、提高运动能力（如拐杖或滑轮鞋）、保护身体免受伤害（如鞋子、头盔、防毒面具、护膝板）。珠宝则可以被看成"社交义肢"，用来彰显佩戴者的身份、性别、社群、美貌、个人价值观，或者用于辟邪（通常是项圈或护身符）。

　　现在义肢日益成为采集数据的工具。人们成天都携带着手机之类的便携计算设备，这些设备能够跨越地理限制传递数据。还有像健身跟踪器、个人位置信标、电子脚铐等专业记录工具，随时随地都在搜集和传播佩戴者的位置、活动和生理数据——有时候会把这些数据传输给不相关的人。随着蓝牙技术的发展，"贴身硬件"逐渐流行，数据逐渐渗透到人的肉体中。在"新人类"的理念下，超人类的拥趸者走得更远。他们开始了"人体黑客"运动，将 RFID 芯片和电路植入皮肤。这些植入的设备给人类社会带来了新的隐私和安全问题。

　　义肢带来了关于正常人体、超常人体、人类能力、人类身份的诸多话题。现有的义肢技术手段不仅可用来恢复人体，让人体回归常态，也引发了对于失能定义的再思考——正如学者 Sara Hendren 所强调的，"需要重新思考一下，什么是正常的人体体验"。

　　如果一个人有能够打卷的尾巴，或者感知化学品的触角，这究竟意味着什么？如果一个人的长相能让现有的摄像监控系统无法识别，那又意味着什么？设计新的义肢，打开想象的大门，就能突破现有人类身份和能力的局限。将义肢用于表演和道具，利用各种奇思异想和生物仿生学知识，则会突破现有人体的生物学形态，重塑社交仪式。新的义肢可做成解剖体、活动的附肢、新的器官，从而实现现有人类超自然的感知能力。人们可以用这种义肢形成新的社会身份、组成新的社会结构、塑造新的人际关系，从而建立起我们以往从不曾关注的新视角，来观察这个技术－文化的系统。

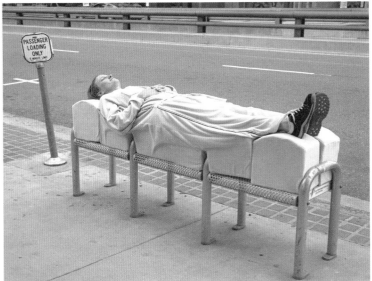

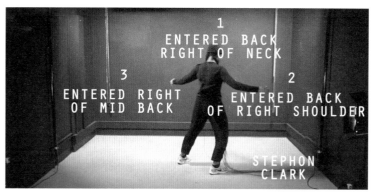

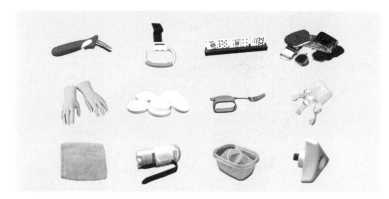

插图说明

129. 巴西艺术家 Lygia Clark 的作品《对话眼镜》（Dialogue Goggles）（1964）。这个作品是人体义肢的概念性先锋作品。该装置需要两个参与者同时使用，让两人的目光只能看着对方，进行直接的目光交流。

130. Sputniko！的作品《月经机器》（Menstruation Machine）（2010）。这个机器带有喷血的机制，并有电极刺激人的肚子。这个机器用于模仿女性在 5 天的月经周期中所体验到的流血和疼痛。

131. Kelly Dobson 的作品《尖叫的人体》（ScreamBody）（1997~1998）。这是一个"可穿戴的人体器官"，让人们有了随时随地大喊大叫的空间。设备会记录人们喊叫的声音，然后携带者可以选择在何时何地、以何种方式把叫喊放出来。

132. Sarah Ross 的作品《躺平服》（Archisuits）（2005~2006）。艺术家通过服装和表演在城市间游走。她设计了一套居家服，穿戴者能够利用各种公共场所的器械躺平睡觉。这件衣服上有大块大块的海绵，能够和洛杉矶的各种公共设施相贴合。

133. Chris Woebken 和 Kenichi Okada 的作品《动物的超能力》（Animal Supernowers）（2008~2015）。艺术家受到动物感知器官的启发，创作了一系列装置，用来提升穿戴者的感知能力。比如，这个系列中有个"蚂蚁器官"，借助使用者手掌上的显微镜，能看见"手"接触位置的画面。又比如"蝙蝠视觉眼镜"，能让人听见超声波。

134. Caitrin Lynch 和 Sara Hendren 的作品《家庭工程》（Engineering at Home）（2016）。Cindy 是一位四肢截肢者，她自己设计了各种义肢和家庭使用的工具，用于日常的各种活动。艺术家将她的设计成果放到了网上加以记录和保存。

135. Steven Montinar 的作品《入口之洞与出口之伤》（Entry Holes and Exit Wounds）（2019）。创作者是卡内基·梅隆大学的大二学生，他设计了一种服装，能将运动数据转化成人体可感知的信息。在这个项目中，他把手机振动器安装在衣服里面，由 Arduino 进行数据传输控制。穿着者会连续觉

察到 12 次枪击，以此代表警察暴力执法导致 12 名黑人受伤害的事件。

136. Kathleen McDermott 创作了《都市铠甲》（Urban Armor）系列，《逃离社交装》（The Social Escape Dress）（2016）是该系列中的一个作品。这一系列作品使用了许多可穿戴的电子设备，用来质询个人和公共的空间。

137. Ayodamola Okunseinde 的作品《大割裂：非裔宇航员之路》（The Rift: An Afronaut's Journey）（2015）。这个作品旨在向时间旅行的穿越者展示非洲未来派设计的可穿戴装备。设计师 Tanimowo 博士希望通过这种方式让大家明白，为什么黑人的文化会消失。这套"非裔宇航员"装备包含通信设备、进食系统和呼吸装置。

相关项目

Lea Albaugh, *Clothing for Moderns*, 2014, electromechanical garments, Carnegie Mellon University, Pittsburgh.

Siew Ming Cheng, *Spike Away – How to Protect Your Personal Space on the Subway*, 2013, plastic vest with spikes, Singapore.

Jennifer Crupi, *Unguarded Gestures 1–3*, 2019, aluminum and silver implements.

Amisha Gadani, *Animal Inspired Defensive Dresses*, 2008–2011, interactive garments.

Mattias Gommel, *Delayed*, 2003, interactive sound installation, «Son Image», Laboratorio Arte Alameda, Mexico City.

Neil Harbisson and Moon Ribas, *Cyborg Arts*, 2010–2020, cyborg art organization.

Kate Hartman, *Porcupine Experiments*, 2016, lasercut cardboard with straps and fittings.

Rebecca Horn, *Finger Gloves*, 1972, finger extension sculptures.

Di Mainstone et al., *Human Harp*, 2012–2015, suspension bridge interactive sound art.

Daito Manabe, *electric stimulus to face – test*, 2009, bio-responsive wearable device.

Lauren McCarthy, *Tools for Improving Social Interactivity*, 2010, bio-responsive garments.

MIT AgeLab, *AGNES (Age Gain Now Empathy System)*, 2005, age-simulating garments and prostheses, MIT, Cambridge.

Alexander Müller, Jochen Fuchs, and Konrad Röpke, *Skintimacy*, 2011, haptic device and sound-processing software.

Sascha Nordmeyer, *Communication Prosthesis (HyperLip)*, 2009, facial prosthesis.

Stelarc, *Third Hand*, 1980, robotic prosthetic arm, Yokohama.

Jesse Wolpert, *True Emotion Indicator*, 2014, electronic headware.

参考文献

Philip A. E. Brey, "Theories of Technology as Extension of Human Faculties," *Metaphysics, Epistemology, and Technology*, Research in Philosophy and Technology 19, ed. C. Mitcham (London: Elsevier/JAI Press, 2000), 59–78.

Erving Goffman, *The Presentation of Self in Everyday Life* (Garden City, NY: Doubleday, 1959).

Donna J. Haraway, "A Cyborg Manifesto: Science, Technology, and Socialist-Feminism in the Late Twentieth Century," in *Simians, Cyborgs, and Women: The Reinvention of Nature* (New York: Routledge, 1991), 149–181.

N. Katherine Hayles, *How We Became Posthuman: Virtual Bodies in Cybernetics, Literature, and Informatics* (Chicago: University of Chicago Press, 1999).

Sara Hendren, *What Can a Body Do?* (New York: Riverhead Books, 2020).

Madeline Schwartzman, *See Yourself Sensing: Redefining Human Perception* (London: Black Dog Press, 2011).

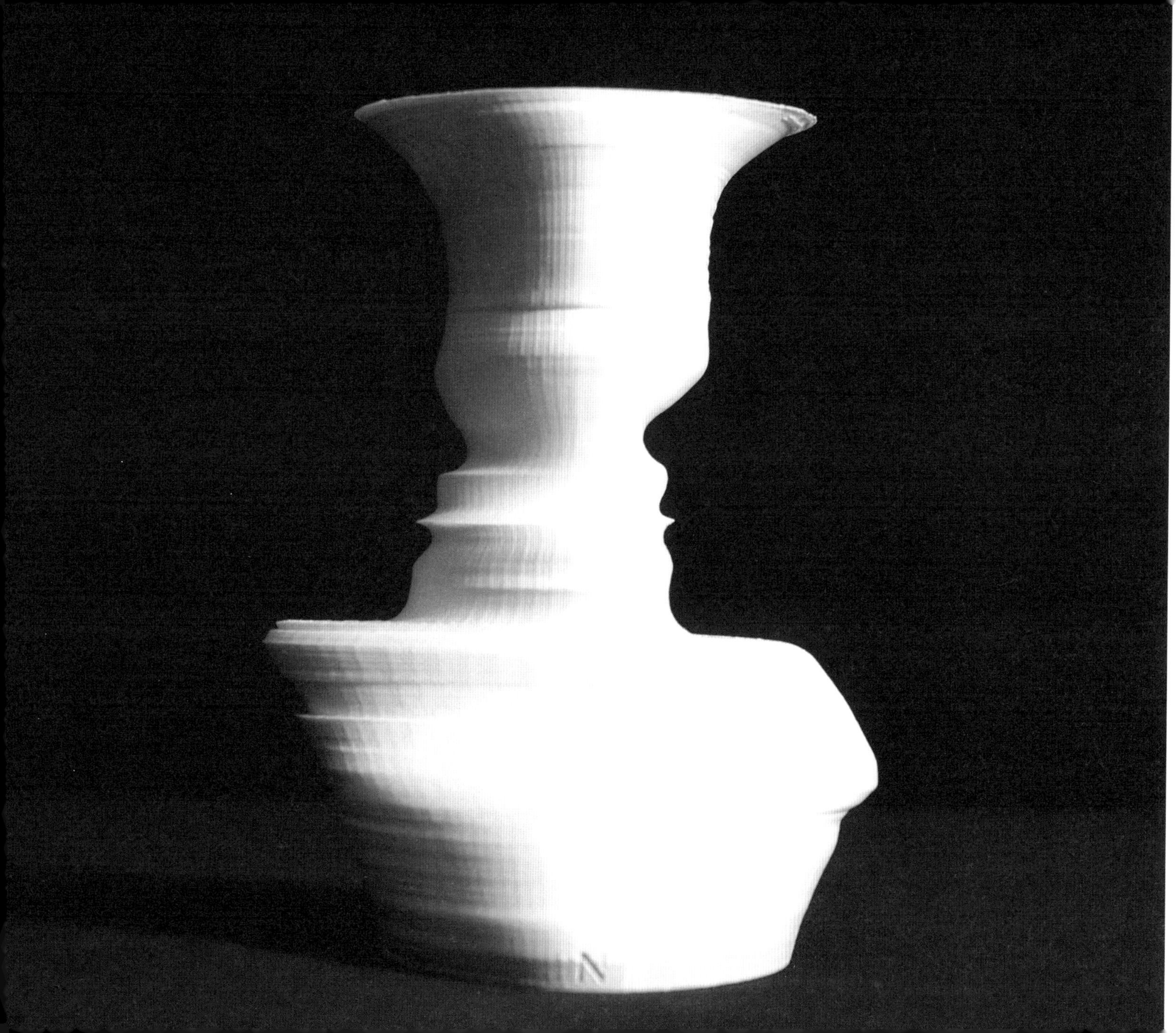

参数化物体
后工业时代的设计

概述

开发一个程序，能够制作 3D 物体。更为确切地说，你所设计的 3D 物体制作程序需要包含各种参数，能够通过调整物体参数从而改变物体的形态。程序最终输出的真实物体，应该至少在概念上反映真实世界。

想一想，通过何种方式能够让你的参数化物体反映一些文化现象？你所设计的软件需要有哪些特性才能反映人类真实的需求，体现人类真实的兴趣？最后制作的 3D 物体能做成物理实体吗？能够穿在人身上吗？制作出来的东西表达的是严肃还是戏谑？它会是某种工具吗？还是首饰？它究竟是有趣、惊奇还是异想天开？如果你希望传达某种概念，最好先看看我们周边世界中大量已存在的物件，看看这些物件能不能做得更为个性化。把你的制作过程记录下来，以便未来分享给感兴趣的人。

学习目标

- 利用自生成设计的原则生成 3D 物体模型。
- 利用计算机算法进行物体的几何控制。
- 研究人体、社会和环境间的物理形态联系。

引申

- **对于新手**：可以让他们设计一个旋转曲面，从而可以制作出花瓶、杯子、蜡烛台、陀螺等物体。
- 设定一系列制作规则，利用日常材料，"不插电"（不使用计算机）地制作出 3D 物体。你所设计的规则可以是概率（比如抛硬币），也可以是真实世界的数据（通过测量得到的数据）。利用你所设定的规则完成至少两件物品。
- 开发一个软件，能够读入工程制图的数据，生成可以 3D 打印的模型。

按语

自生成设计就是给系统设定一系列规则，然后由系统自动生成设计的结果。所谓的参数化物体，是指物体的形态是由一系列属性值变量所控制、所调整后得到的。当这些参数值存在偶然性和随机性时，就会让每次生成的物体形态独一无二。参数化物体还有一种模式，就是物体是由不同的模块组合在一起形成的，比如由各种数学曲线或曲面组合而成，抑或由各种仿真的物理行为所生成。

3D 的参数化物体可以通过多种制造技术、利用多种物理材质做成实体。这些制造技术包括：增材制造技术，也就是通过堆叠或累加材料来进行制造的技术，包括 3D 打印技术；减材制造技术，也

就是从物料毛坯上去除材料的技术，包括机床加工技术。这些制造技术的起源是数控机床。在 20 世纪 50 年代冷战刚开始的时候，美国军方资助开发了数控机床技术，用来为飞机制造精密的推进器。到了 20 世纪 60 年代早期，为了配合数控机床技术的应用，又并行开发了计算机辅助设计工具，用来简化数控机床所需要的几何结构设计工作。没过多久，艺术家就用这些工具开始了艺术创作。在 1965 年，也就是计算机自生成艺术刚刚诞生的那一年，Charles "Chuck" Csuri 第一次使用数控机床设计工具，创作了抽象雕塑作品《数控机床》（Numeric Milling）。

自生成式的物体创作并不一定需要计算机编程。传统的过程艺术、开放结局艺术、规则艺术等概念性艺术，凸显了算法逻辑和真实世界的材料、社会关系之间的紧张关系，并给这种紧张关系赋予了新的意义。比如，Roxy Paine 的作品《SCUMAK》就是一个雕塑机器原型，能够随机挤压出不同形状的塑料斑块；Nathalie Miebach 的手工雕塑可按照天气情况来进行构造；Laura Devendorf 的项目《成为机器》（Being the Machine），把原本应交给 3D 打印机的机器指令转交真人来处理，从而得到一种"不一样的 3D 打印机"。所有这些作品都蕴含了高度系统化的思想。

工业制造的物体在我们的生活中往往体现为器物，如家具、五金件、工具、玩具和装饰品。但是，工业化生产代表着"一物应万事"，反过来就是"万事无一物相适"。参数化物体设计的本质，就是要提供"大规模的定制化"——为手工制造和家庭制造提供个性化方案，也就是工业化无法大规模生产的方案。像眼镜、假肢和其他可穿戴设备，都可以先扫描和测量使用者的身体，得到相关的数据，然后再制作并获得相应的物体。这种"物理可视化"的方法，能够更为有效地利用个人数据帮助盲人，或者用高度个人化的体验数据做出专属的纪念物。独特性在当下最受推崇，而算法设计能够确保每件物品独一无二。参数化设计还有一个优点，就是能够在特定的环境中创造出"最优"的形态（比如，保证材料的最大强度）。但是我们必须认识到，虽然可以不考虑实际材料的性能，但由于设计的物体过于专业化，因此有可能会制作出在这个快速变化的世界中毫无用处的东西。

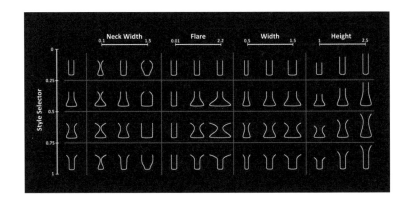

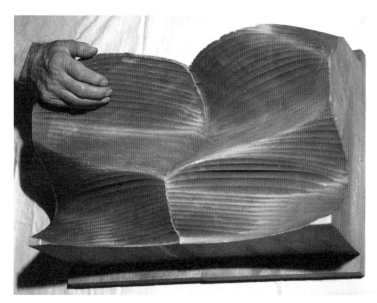

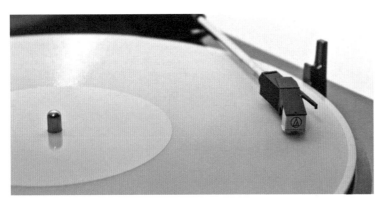

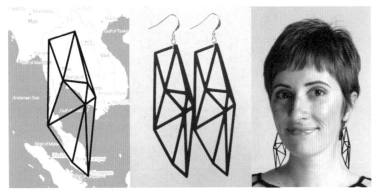

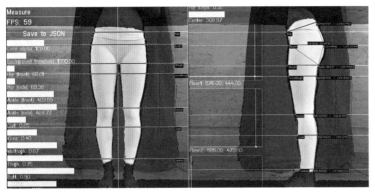

138		139	140	143	145	146	149
			141	144		147	
			142			148	

插图说明

138. 布鲁克林设计工作室 Des Des Res 的作品《烟尘》（Fahz）（2015）。这件作品是一个定制的 3D 打印花瓶，花瓶周边的负空间显示出了订购者的侧面剪影。

139. 艺术家 Jessica Rosenkrantz 和 Jesse Louis-Rosenberg 成立了设计工作室"神经系统"（Nervous System），他们是借鉴自然现象来设计 3D 形状的先驱。这是她们的作品《动感服装》（Kinematic Dress）（2014）。这件衣服由 2 000 多个不同形状、相互交织折叠的三角片面构成，因此能够和人体曲线相贴合。整件服装均使用 3D 打印，一次制作成型。

140. Jonathan Eisenman 的作品《花瓶的参数化模型》（Vase Parametric Model）（2014）。他的作品通过图形向观众展示了如何利用参数来描绘形状简单的花瓶。

141. Matthew Epler 的作品《共和党》（Grand Old Party）（2013）。这件作品是由计算机生成的一组肛塞，每个肛塞不断变化的直径都代表不同的共和党总统候选人随时间变化的竞选支持率，是对竞选数据的"物理可视化"。

142. 这是奥地利艺术家 Lia 的作品《花丝雕塑》（Filament Sculptures）（2014）。这个作品是让 3D 打印机的热熔丝以随机的方式往下滴落，从而让人们看到日常看不到的东西。每件雕塑作品都是 CAD 建模、3D 打印参数设置、物理定律相互作用的结果。

143. Charles Csuri 的作品《数控机床》（Numeric Milling）（1968）。这个雕塑是用计算机控制的机床制作出来的，也是最早的几件数控机床雕塑之一。Csuri 认为，虽然数控机床能够制作出平滑的曲面，但还是要让机器在雕塑表面留下操作的痕迹。

144. Ekene Ijeoma 的交互式艺术装置《工资岛》（Wage Islands）（2015）。艺术家按照纽约的工资分布情况做出了一幅新的地形图，每处地形的海拔高度代表当地工资收入中位数的倒数。艺术家把由激光切割的雕塑浸入墨汁染色的水中，随着水平面的逐渐升高，"工资岛"就出现了，也就反映出低工资人群能承担得起房租的区域。

145. Adrien Segal 的作品《雪松火灾进展》（Cedar Fire Progression）（2017）。这是一个数据驱动的雕塑作品，其从底部到顶部的形态变化反映的是随时间变化的着火面积。（译者注：野火是美国常见的自然灾害，雪松火灾是该国历史上第三大火灾。）

146. Amanda Ghassaei 的作品《3D 打印唱片》（3D Printed Record）（2012）。这张 12 英寸（30 厘米）的留声机唱片是由 3D 打印机打出来的，唱片上的凹槽形状则是由录制的音频数据驱动的，因此这张唱片也能播放。但是打印后播放的声音出现了失真，艺术家想反映数字制造存在的局限。

147. Rachel Binx 和 Sha Huang 的作品《魔术》（Meshu）（2012）。她们建立起 3D 打印的技术流程，根据用户的地理时空信息设计图案，定制个性化首饰。

148. Lisa Kori Chung 和 Kyle McDonald 的作品《开放式穿搭实验室》（Open Fit Lab）（2013）。这是一件行为艺术作品，艺术家先扫描体验者的身体，然后按照体验者的身材立即制作出能修饰身材的裤子。

149. Morehshin Allahyari 的作品《材料沉思录：ISIS 系列》（Material Speculation: ISIS series）（2015~2016）。ISIS（伊斯兰国）武装人员破坏了大量古代文物，艺术家搜集大量公共照片，对这些文物进行了复原重建。画面中的重建雕塑为罗马时代的《哈特拉的乌塔尔王》（King Uthal of Hatra）。真品原藏于摩苏尔博物馆，在 2015 年被损毁。

相关项目

Alisa Andrasek et al., *Li-Quid*, 2016, generated chair design.

Ingrid Burrington, *Alchemy Studies*, 2018, iPhone 5 cast in resin sphere.

Mat Collishaw, *The Centrifugal Soul*, 2017, mixed media three-dimensional zoetrope.

David Dameron, in Paul Freiberger, "Sculptor Waxes Creative with Computer," *InfoWorld*, July 6, 1981.

Laura Devendorf, *Being the Machine*, 2014–2017, videos, instructable, and app for generating human-executable g-code fabrication instructions.

Erwin Driessens & Maria Verstappen, *Tuboid*, 2000, computationally generated wooden sculptures and virtual environments.

John Edmark, *Blooms*, 2015, 3D-printed stroboscopic sculptures.

Madeline Gannon, *Reverberating across the Divide*, 2014, context-aware modeling tool.

Gelitin, *Tantamounter 24/7*, 2005, copy machine performance.

Nadeem Haidary, *In-Formed*, 2009, fork as data visualization.

Mike Kneupfel, *Keyboard Frequency Sculpture*, 2011, 3D-printed information visualization.

Golan Levin and Shawn Sims, *Free Universal Construction Kit*, 2012, software and SLS nylon 3D prints.

Nathalie Miebach, *To Hear an Ocean in a Whisper*, 2013, data sculpture.

Neri Oxman et al., *Silk Pavilion*, 2013, structure made by silkworms.

Roxy Paine, *SCUMAK (Auto Sculpture Maker)*, 1998–2001, sculpture-making machine.

Matthew Plummer-Fernández and Julien Deswaef, *Shiv Integer*, 2016, Thingiverse mashup bot and SLS nylon 3D prints.

Stephanie Rothenberg, *Reversal of Fortune: The Garden of Virtual Kinship*, 2013, telematic garden visualizing philanthropic data.

Jenny Sabin, *PolyMorph*, 2014, modular ceramic sculpture.

Jason Salavon, *Form Study #1*, 2004, video of generated objects.

Keith Tyson, *Geno Pheno Sculpture "Fractal Dice No. 1"*, 2005, algorithmically generated sculpture.

Wen Wang and Lining Yao et al., *Transformative Appetite*, 2017, computationally shaped pasta.

Mitchell Whitelaw, *Measuring Cup*, 2010, generated cup visualizing 150 years of Sydney temperature data.

Maria Yablonina, *Mobile Robotic Fabrication System for Filament Structures*, 2015, fabrication system.

参考文献

Christopher Alexander, "Introduction" and "Goodness of Fit," *Notes on the Synthesis of Form* (Cambridge, MA: Harvard University Press, 1964), 1–27.

Morehshin Allahyari and Daniel Rourke, *The 3D Additivist Cookbook* (Amsterdam: The Institute of Network Cultures, 2017).

Nathalie Bredella and Carolin Höfler, eds., "Computational Tools in Architecture, Cybernetic Theory, Rationalization, and Objectivity," special issue, *arq: Architectural Research Quarterly* 21, no. 1 (March 2017).

Joseph Choma, *Morphing: A Guide to Mathematical Transformations for Architects and Designers* (London: Laurence King Publishing, 2013).

Pierre Dragicevic and Yvonne Jansen, *List of Physical Visualizations and Related Artifacts*, dataphys.org, accessed April 13, 2020.

Marc Fornes, *Scripted by Purpose: Explicit and Encoded Processes within Design*, 2007, exhibition.

Wassim Jabi, *Parametric Design for Architecture* (London: Laurence King Publishing, 2013).

Vassilis Kourkoutas, *Parametric Form Finding in Contemporary Architecture: The Simplicity within the Complexity of Modern Architectural Form* (Riga, Latvia: Lambert Academic Publishing, 2012).

Golan Levin, "Parametric 3D Form" (lecture, Interactive Art & Computational Design, Carnegie Mellon University, Pittsburgh, Spring 2015).

D'Arcy Wentworth Thompson, *On Growth and Form*, 2nd ed. (Cambridge, UK: Cambridge University Press, 1942).

Claire Warnier et al., eds., *Printing Things: Visions and Essentials for 3D Printing* (New York: Gestalten, 2014).

Liss Werner, ed., *(En)Coding Architecture: The Book* (Pittsburgh: Carnegie Mellon University School of Architecture, 2013).

out or eat in! So tasty!
ARGOS
EXITO
POINTS
美好每
Yeastrol
Got Yeast?
FACTORY CLOSEOUT
DHL
BETTER BOD
BETTER LIF
Banc

虚拟公共雕塑
对场景的增强

概述

Robert Smithson 强调，"场景就是应该有某些东西，但是又缺少了某些东西的地方"。在本次作业中，你需要把场景中缺少的那部分东西用增强现实补足。更明确地说，按你自己的意愿选择一个物理场地，然后天马行空地使用编程技术，最终展现你心中的虚拟世界。

在选择场景时，你需要深入研究实地的历史，以及这个场景的美学特色，构思虚拟物体的呈现方式。观察谁在使用这个场景，怎么使用这个场景，然后把观察结果记录下来。你所选择的场景可以是公共场所、大众场所，也可以是私人场所。比如，你所选择的场景可以是众人皆知的地标性建筑，也可以是常见的超市过道，还可以是你的卧室，甚至是你的手掌。

你所设计的虚拟物体可能需要有移动、下载、回收、建模或扫描的能力。你所设计的虚拟物体可以是"雕塑""纪念碑""装置"或者"装饰"，也可以是完全不同的某种东西（"古灵精怪""天然赋形"）。写出程序代码，让虚拟物体能够按照指定的方式呈现。比如，你所设计的虚拟物体会在空间中缓慢旋转，喷射出大量粒子，或者当观众走进物体时，物体的大小会发生变化。

假设你所设计的虚拟世界能够在手机或平板电脑上显示。那么以"过肩视角"和"设备视角"两种视角，拍摄视频记录项目呈现的效果。你需要让观众明白你的项目会带来什么样的体验，以及你的项目在真实和虚拟、公共和隐私、屏幕和实景之间会建立起怎样的联系。发布你的设计方案，以及记录设计效果的影像，和其他人共同分享。

学习目标

- 在特定场景开发、设计、运行带有创意的视觉插入效果。
- 学习增强现实的相关技术和工作流程。
- 用影像方式规划并记录项目的实施过程。

引申

- 设计出某种能够用到虚拟物体的行为。
- 将真实场景中的某种物体去掉（减少景观特征），而不是增加虚拟物体。
- 设计一种将虚拟物体和物理实体（比如，柱子）相结合的新型体验方式。
- 利用所开发的增强现实物体，在物理实地构建"游戏化"的场景。比如，设计成宝藏探秘、密室逃脱、游乐园、游戏棋盘。
- 调研实地的历史用途和当下用途，然后利用这个场景的历史数据构建增强现实的场景。这些数据

包括：场地的电力消耗或污染数据、建筑特征或地形地貌、历史图片、访谈音频资料、实时天气信息等。

按语

增强现实在真实世界上增加了一层虚拟信息。诸如 3D 动画、文本和图片等多媒体信息都可以加载到真实环境中的某个位置，还能给现实地形描边，或让现实世界发生变化。公共艺术装置往往缺乏对当地社区的关注，因此颇受批评，被戏称为"扑通艺术"（plop art）。（译者注：扑通艺术是艺术界的一个俚语，通常指放置在公共场合的雕塑或艺术装置与周围环境格格不入，其影响就好像石头扔进水里冒了个泡，发出扑通一声。）但是使用增强现实技术的公共艺术作品，能够有效地和观众进行动态、平等的交互，从而弥补这个缺陷。把增强现实的艺术作品放置在公共空间，可为公共艺术、街头行为艺术、涂鸦艺术和视频游戏艺术等艺术形式提供新的艺术表达语言。

广告、标志等插入式媒体，已经成为目前增强现实中令人生厌的视觉垃圾。正如 Banksy 所强调的，"所有放在公共空间的广告，都让你没有选择。你没有支配权，就不得不看。要获得不看广告的许可，就好比叫其他人拿石头砸你的脑袋一样愚蠢"[1]。

公共空间的增强现实技术，有可能打破传统学院精英和大众传媒控制的渠道，创造新的公共关系和叙事方式。正如 Mark Skwarek 和 Joseph Hocking 在阐述作品《家乡的石油泄漏》（The Leak in Your Hometown）（2010）时所说的，最好是用众人熟知的标志或符号来作为视觉上的"锚点"，然后再插入虚拟物体，这样才能得到"场景特定"的增强现实效果，让实地与虚拟符号相适配。巧妙地选择增强现实的锚点进行设计，然后将增强现实做成在互联网上发布的应用，就能更为有效地彰显文化冲突和设计理念，达到重塑话题和传达概念的效果。

本次作业和增强投影有点类似，都需要艺术家为某个特定的物理场景加入动态的虚拟物体。两次作业的难点都在于要将虚拟物体同现实环境相融合。然而，增强投影有点像画画，需要满足画面表达、抽象、变形的基本规律。增强现实则更像雕塑，这不是一种视觉上的**表现**，而是一种空间上的**存在**。更正式地说，增强现实不再需要某个投影面，它能够让虚拟物体悬浮在空中，或是让物体环绕观众。除此以外，增强现实中的 3D 物体可大可小，既可存在于手掌的方寸之间，也可铺满整个天空。并且，增强现实还能做出真实世界背后或真实世界内部的效果（如利用 X 光）。综上可以发现，增强现实具备诸多优点，能够为体验者带来新的动作编排方式。

由于增强现实的程序应用可以发布，那么也就意味着，不同的人来到相同的地方，也能看到不同的东西；或者说，不同的人在不同的地方，也能看到相同的东西（如 Skwarek 和 Hocking 的作品）。

不论是好是坏，我们现在通过手机、平板电脑和智能眼镜所看到的增强现实效果，应用场景还有些受限。未来则需要让体验者得到更为主观的体验——在公共空间得到完全不同的体验。增强现实具备高度个人化的优势，最终会产生不可估量的社会影响。比如，出现数字隔离、过滤气泡、放大种族言论等行为。

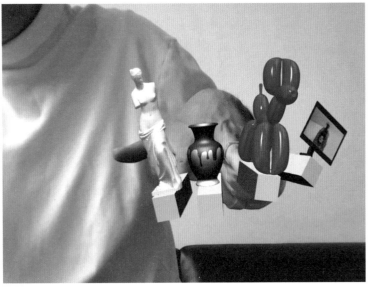

#TheWholeStory

Edith Wharton

1862 - 1937

A Pulitzer Prize-winning American novelist, short story writer, and designer. She was thrice nominated for the Nobel Prize in Literature.

插图说明

150. Keiichi Matsuda 的作品《超现实》(HYPER-REALITY)（2016）。这是一部细节丰富的短片，描绘了在不久的将来，生活中有大量增强现实广告、游戏化的促销信息和无处不在的监管。

151. Jeffrey Shaw 的作品《金牛》(Golden Calf)（1994）。这是增强现实的先锋性作品。观众拿着一个手持式 LCD 屏，屏上安装了 Polhemus 公司的定位跟踪系统。观众通过屏幕能够看到一头3D 金牛，金牛悬浮在虚拟世界的基座上。

152. Jeremy Bailey 的《指尖艺术博物馆》(Nail Art Museum)（2014）。艺术家构建了一个虚拟博物馆，将展陈的艺术作品安放在参观者的指尖。

153. Y&R New York 团队的作品《完整的故事》(The Whole Story)（2017）。创作团队为了表达公共场所的性别平等，让参观者在真实的雕像旁边，能看到虚拟的知名女性雕像。

154. Mark Skwarek 和 Joseph Hocking 的作品《家乡的石油泄漏》(The Leak in Your Hometown)（2010）。这个作品是对 BP 公司深水地平线钻井平台在墨西哥湾造成的石油泄漏事件的讽刺。智能手机上安装了增强现实程序之后，使用者会看到 BP 公司的商标上添加一个石油管道，石油正在往外泄漏。

155. Nathan Shafer 的作品《出口冰河》(Exit Glacier)（2012）。他的作品是一个和实景相关联的智能手机应用。游客可以通过手机，看到阿拉斯加基奈峡湾国家公园出口冰河经典的历史照片，从而看出由于气候变化导致的冰川衰退现象。

156. Anna Madeleine Raupach 的作品《增强的自然》(Augmented Nature)（2019）。艺术家以树木、树桩、覆盖地衣的石头等物体作为锚定物，根据物体周边的环境添加富有诗意的动画。

相关项目

Awkward Silence Ltd, *Pigeon Panic AR*, 2018, augmented reality pigeon game app.

Aram Bartholl, *Keep Alive*, 2015, outdoor boulder installation with fire-powered WiFi and digital survival guide repository.

Janet Cardiff and George Bures Miller, *Alter Bahnhof Video Walk*, 2012, augmented reality walking tour of the Alter Bahnhof, Kassel, Germany.

Carla Gannis, *Selfie Drawings*, 2016, artist book with AR experiences.

Sara Hendren and Brian Glenney, *Accessible Icon Project*, 2016, icon and participatory public intervention.

Jeff Koons, *Snapchat: Augmented Reality World Lenses*, 2017, augmented reality public sculpture installations.

Zach Lieberman and Molmol Kuo, *Weird Type*, 2018, augmented reality text app.

Lily & Honglei (Lily Xiying Yang and Honglei Li), *Crystal Coffin*, 2011, AR app, virtual China Pavilion at the 54th Venice Biennale.

Jenny Odell, *The Bureau of Suspended Objects*, 2015, archive of discarded belongings.

Julian Oliver, *The Artvertiser*, 2008, AR app for advertisement replacement.

Damjan Pita and David Lobser, *MoMAR*, 2018, AR art exhibition.

Mark Skwarek, *US Iraq War Memorial*, 2012, participatory AR memorial.

参考文献

AtlasObscura.com, "Unusual Monuments," accessed April 14, 2020.

Henry Chalfant and Martha Cooper, *Subway Art*, 2nd ed. (New York: Thames and Hudson, 2016).

Vladimir Geroimenko, ed., *Augmented Reality Art: From an Emerging Technology to a Novel Creative Medium*, 2nd ed. (New York: Springer, 2018).

Sara Hendren, "Notes on Design Activism," accessibleicon.org, last modified 2015, accessed April 14, 2020.

Josh MacPhee, "Street Art and Social Movements," Justseeds.org, last modified February 17, 2019, accessed April 14, 2020.

Ivan Sutherland, "The Ultimate Display," *Proceedings of the IFIP Congress* 65, vol. 1 (London: Macmillan and Co., 1965): 506–508.

附注

1. Banksy, *Cut It Out* (United Kingdom: Weapons of Mass Disruption, 2004).

I'm a dancer

I dance because it feels like my responsibility my calling

the world

ay I m o v e

外化身体
对于动态的人体形态进行解读

概述

设计一款虚拟的面罩或服装，并将设计成果用于现场表演。

本次作业中，你需要开发一款软件，通过动作捕捉或计算机视觉技术，解读或响应脸部或身体的动作。更确切地说，采集个人的时空数据，如脸部特征坐标、关节 3D 位置、2D 人体轮廓线或人体剪影，形成新的计算机数据处理方式。

让你的数据处理方式存在仪式感、现实价值或其他效用。比如，这种数据处理方式可用来彰显或消解个人信息；用来塑造一个拟物或动画的形象；用来对个人行为进行部分或动态解读；可以做成一个游戏；可以用来模糊自我和其他人之间的界限，或消解自我和外界之间的对立。

你需要根据手头的资源，选择使用标准摄像头或专业设备（如 Kinect 深度传感器）。除此之外，你还需要学会使用脸部跟踪或姿态估计的 API 函数，学会实时处理人体跟踪程序发送的数据（比如通过 OSC 协议传输），或对专业动作捕捉系统所获取的数据进行存储和解读。

你需要事先向大家阐述你的设计思想，明确所设计的软件需要处理哪种人体动作，达到什么样的效果。对表演的最终效果需要反复彩排，并加以记录和修改。

学习目标
- 学习动作捕捉的相关工具和工作流程。
- 开发针对人体动作数据的算法工具，进行动作的视觉解读。
- 针对人体形态和动作，开发出具备美感和思想性的动态效果。

引申
- **教学指导：最好为学生提供动作跟踪的代码库模板，诸如 PoseNet（ml5.js 的类库）或 FaceOSC。但是这么做的话，这个作业就只能用来跟踪动作或面部表情了。**
- 你可以自己表演，也可以和专业表演者合作演出。你开发的软件面向的是舞蹈家、音乐家、运动员或演员，还是普通人？前者的动作极其精妙复杂，后者的动作妇孺老幼皆可完成。
- 本次作业最大的难点在于开发交互式软件，处理实时数据。退而求其次的话，可以用预录制的数据（离线数据）来制作动画效果。请精心挑选数据的种类和形式。也许你需要从专业的动作采集工作室获得动作捕捉数据，也可能需要利用各种科研或商业的动作捕捉系统来采集在线数据，还有可能利用姿态估计的类库来分析和处理喜欢的 YouTube 视频。
- 注意，你可以把虚拟"摄像头"放在任意位置，用采集到的数据还原出的效果也不需要和传感器采集点的位置一样。想象一下摄像头处于表演者上方、某个一直运动的位置或表演者身上时，所能呈现出的视角和画面。
- 除了**表现型风格**（比如，人物动画或有趣的镜像画面），尝试设计**分析型风格**。比如，随着时间的变化，将所获得的人体关节运动信息或面部特征点数据，形成各种可视化数据图并实时显示。比如，当不同的人做相似的表情时，软件能够看出两者之间的差别。或者当小提琴手拉琴的时候，能够描述拉琴的动作细节。
- 考虑加入与运动捕捉数据相关联的同期声。这种同期声可以是表演者的讲话，他们跳舞时的音乐，或者由他们的动作而发出的声音。
- 除了可以修饰人体之外，还可以用软件来表现人体是如何影响环境的。比如，人在沙滩上会留下脚印。
- 用你的脸或身体去控制非人类的形象。比如，用计算机生成的动物、怪物、植物或平常动不了的东西。
- 在两人或多人的表演者之间建立起视觉上的关联，

表现他们之间的关系。

● 集中开发单个身体动作或面部表情。

按语

利用服装、模具、化妆和数字扮相，能让演员入戏或出戏。当我们穿上戏服之后，就会隐藏或改变自己的真实身份，用新的社会符号进行交流，或者释放内心的欲望。我们利用这些道具，让生活变得仪式化，使心灵产生震撼，或者"短暂地从一成不变的现实中剥离出来，让他人和自己更自由地交流，从而更具想象力，更为有趣"[1]。

很多针对人体的艺术创新，最早起源于人体数据分析工具（大部分来自军事领域），用以理解、可视化和增强所采集的数据。但很快这些工具就变成了艺术表达工具（用于艺术和娱乐）。这是因为，科学技术的不断进步推动着新的艺术语言的诞生。就好比 Étienne-Jules Marey 连续摄影术的发明，推动了杜尚的立体抽象主义的发展。再比如，在 1883年，Marey（译者注：Marey 是法国生理学家，研究用高速摄影观察生物运动，他也是发明电影的先驱者）开发了一套动作捕捉套件，用来研究士兵的动作。他所开发的技术现在称为"光涂鸦"（light painting）（将曝光时间调长，拍摄运动的人体）。Frank 和 Lillian Gilbreth 在 1914 年对这种技术进行了深度研究并加以改进，用以分析和改进士兵和工人的动作。

身体动作是叙事的重要维度，也是表演、舞蹈、动画和木偶剧中最核心的语言，是创造错觉的核心要素。正如 Alan Warburton 所讲到的，动画师在设计角色时，"**他是谁**和**他怎么动**的地位相同"[2]。观众只有在角色开始运动之后，才能察觉角色的身份。我们的形象、行为、身份相互结合，构成了察言观色的核心要素——因此可以超越面相、颅相、体形等外观识人术，推断出人的道德品质。

人脸在身份识别和交流沟通中有着重要作用[3]，特别是在监狱中用到得最多。脸部识别系统有很多隐患：若未经许可就自动进行身份识别，会导致监管和威权的滥用；可用于身份检测，但精确度不高；受到检测的人群无法对设备进行监管或审查；识别设备可能会安放在人们不易察觉的地方。从另一方面看，人脸识别系统可以用于娱乐或教育。例如，可以做成数字面具和人脸过滤器；做成游戏控制器，比如 Elliott Spelman 开发的游戏《眉毛弹珠台》（eyebrow pinball）；做成音乐接口，比如 Jack Kalish 的《声效情感》（Sound Affects）演出；做成图形设计的参数控制器，比如 Mary Huang 的字体设计项目《人脸字体》（TypeFace）；成为大众关注监管的媒介，比如 Adam Harvey 的项目《人脸扮装》（CV Dazzle）；成为反思当代文化的工具，比如 Christian Moeller 的项目《奶酪》（Cheese）和 Hayden Anyasi 的项目《标准眼睛》（StandardEyes）。媒体艺术家和界面设计师利用各种脸部识别和动作跟踪的类库，反思这些开发工具的效用，延拓工具的使用范围，而不只是用在监狱和监控领域。这种对于开发工具的能力提升，按照 Ruha Benjamin 的话就是"释放想象"，也就是启发和超越当前的机制，引领大家进入一个更为公正、平等、鲜活的新世界。[4]

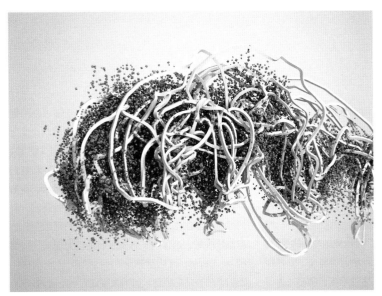

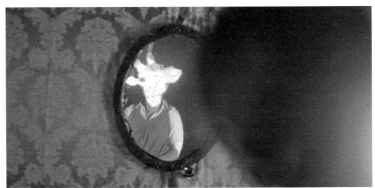

插图说明

157. 编舞者 Bill T. Jones 和谷歌创意实验室合作，利用姿态识别和语音识别技术，完成了系列作品《身体、动作、语言》（Body, Movement, Language）（2019）。参与的舞者可以利用他们的身体把自己说过的话显示在舞蹈空间中。

158. Memo Akten 和 Davide Quayola 在 2012 年伦敦奥运会和残奥会期间，合作完成了作品《形式》（Forms）（2012），这是将运动员的运动轨迹进行视觉化处理后的一系列艺术作品。

159. 英国万事万能工作室（Universal Everything）的作品《走动的城市》（Walking City）（2014）。工作室借鉴了 20 世纪 60 年代的乌托邦主义建筑风格，根据一系列人体运动的动作创作出一个"缓慢变换的视觉雕塑"。

160. 巴黎第八大学的学生 Sophie Daste、Karleen Groupierre 和 Adrien Mazaud 开发的项目《魔镜》（Miroir）（2011）。这是一个交互式装置，参观者会从镜子里面看到一个动物，动物的脸刚好替换掉自己的脸。这个拟人化的动物形象，会随着参观者的动作和表情变化产生相同的变化。

161. YesYesNo 工作室的街头风格交互装置《女性、面具和抗议》（Más Que la Cara）（2016）。该装置捕捉观看者的面部表情，然后将其解读成充满想象力的海报。

相关项目

Jack Adam, *Tiny Face*, 2011, face measurement app.

Rebecca Allen, *Catherine Wheel*, 1982, computer-generated character.

Hayden Anyasi, *StandardEyes*, 2016, interactive art installation.

Nobumichi Asai, Hiroto Kuwahara, and Paul Lacroix, *OMOTE*, 2014, real-time tracking and facial projection mapping.

Jeremy Bailey, *The Future of Marriage*, 2013, software.

Jeremy Bailey, *The Future of Television*, 2012, software demo.

Jeremy Bailey, *Suck & Blow Facial Gesture Interface Test #1*, 2014, software test.

Jeremy Bailey and Kristen D. Schaffer, *Preterna*, 2016, virtual reality experience.

Zach Blas, *Facial Weaponization Suite*, 2011–2014, masks digitally modeled from aggregate data.

Nick Cave, *Sound Suits*, 1992–, wearable sculptures.

A. M. Darke, *Open Source Afro Hair Library*, 2020, 3D model database.

Marnix de Nijs, *Physiognomic Scrutinizer*, 2008, interactive installation.

Arthur Elsenaar, *Face Shift*, 2005, live performance and video.

William Fetter, *Boeing Man*, 1960, 3D computer graphic.

William Forsythe, *Improvisation Technologies*, 1999, rotoscoped video series.

Daniel Franke and Cedric Kiefer, *unnamed soundsculpture*, 2012, virtual sculpture using volumetric video data.

Tobias Gremmler, *Kung Fu Motion Visualization*, 2016, motion data visualization.

Paddy Hartley, *Face Corset*, 2002–2013, speculative fashion design.

Adam Harvey, *CV Dazzle*, 2010–, counter-surveillance fashion design.

Max Hawkins, *FaceFlip*, 2011, video chat add-on.

Lingdong Huang, *Face-Powered Shooter*, 2017, facially controlled game.

Jack Kalish, *Sound Affects*, 2012, face-controlled instruments and performance.

Keith Lafuente, *Mark and Emily*, 2011, video.

Béatrice Lartigue and Cyril Diagne, *Les Métamorphoses de Mr. Kalia*, 2014, interactive installation.

David Lewandowski, *Going to the Store*, 2011, digital animation and video footage.

Zach Lieberman, *Walk Cycle / Circle Study*, 2016, computer graphic animation.

Rafael Lozano-Hemmer, *The Year's Midnight*, 2010, interactive installation.

Lauren McCarthy and Kyle McDonald, *How We Act Together*, 2016, participatory online performance.

Kyle McDonald, *Sharing Faces*, 2013, interactive installation.

Christian Moeller, *Cheese*, 2003, smile analysis software and video installation.

Nexus Studio, *Face Pinball*, 2018, game with facial input.

Klaus Obermaier with Stefano D'Alessio and Martina Menegon, *EGO*, 2015, interactive installation.

Orlan, *Surgery-Performances*, 1990–1993, surgical operations as performance.

Joachim Sauter and Dirk Lüsebrink, *Iconoclast / Zerseher*, 1992, eye-responsive installation.

Oskar Schlemmer, *Slat Dance*, 1928, ballet.

Karolina Sobecka, *All the Universe Is Full of the Lives of Perfect Creatures*, 2012, interactive mirror.

Elliott Spelman, *Expressions*, 2018, face-controlled computer input system.

Keijiro Takahashi, *GVoxelizer*, 2017, animation software tool.

Universal Everything, *Furry's Posse*, 2009, digital animation.

Camille Utterback, *Entangled*, 2015, interactive generative projection.

Theo Watson, *Autosmiley*, 2010, whimsical vision-based keyboard automator.

Ari Weinkle, *Moodles*, 2017, animation.

参考文献

Greg Borenstein, "Machine Pareidolia: Hello Little Fella Meets Facetracker," *Ideas for Dozens* (blog), UrbanHonking.com, January 14, 2012.

Joy Buolamwini and Timnit Gebru, *Gender Shades*, 2018, research project, dataset, and thesis.

Kate Crawford and Trevor Paglen, "Excavating AI: The Politics of Images in Machine Learning Training Sets, excavating. ai, September 19, 2019.

Regine Debatty, "The Chronocyclegraph," *We Make Money Not Art* (blog), May 6, 2012.

Söke Dinkla, "The History of the Interface in Interactive Art," kenfeingold.com, accessed April 17, 2020.

Paul Gallagher, "It's Murder on the Dancefloor: Incredible Expressionist Dance Costumes from the 1920s," DangerousMinds. net, May 30, 2019.

Ali Gray, "A Brief History of Motion-Capture in the Movies," *IGN*, July 11, 2014.

Katja Kwastek, *Aesthetics of Interaction in Digital Art* (Cambridge, MA: MIT Press, 2013).

Daito Manabe, "Human Form and Motion," GitHub, updated July 5, 2018.

Kyle McDonald, "Faces in Media Art," GitHub repository for Appropriating New Technologies (NYU ITP), updated July 12, 2015.

Kyle McDonald, "Face as Interface," 2017, workshop.

Jason D. Page, "History," LightPaintingPhotography.com, accessed April 17, 2020.

Shreeya Sinha, Zach Lieberman, and Leslye Davis, "A Visual Journey Through Addiction," *New York Times*, December 18, 2018.

Scott Snibbe and Hayes Raffle, "Social Immersive Media: Pursuing Best Practices for Multi-User Interactive Camera/Projector Exhibits," in *Proceedings of the SIGCHI Conference on Human Factors in Computing Systems* (New York: Association for Computing Machinery, 2009).

Nathaniel Stern, *Interactive Art and Embodiment: The Implicit Body as Performance* (Canterbury, UK: Gylphi Limited, 2013).

Alexandria Symonds, "How We Created a New Way to Depict Addiction Visually," *New York Times*, December 20, 2018.

Alan Warburton, *Goodbye Uncanny Valley*, 2017, animation.

附注
1. Nathan Ferguson, "2019: A Face Odyssey," *Cyborgology*, July 17, 2019, accessed July 27, 2019.

2. Alan Warburton, "Fairytales of Motion," Tate Exchange video essay, April 24, 2019, accessed July 27, 2019.

3. 见作业 "人脸生成器"。

4. Ruha Benjamin, ed., *Captivating Technology: Race, Carceral Technoscience, and Liberatory Imagination in Everyday Life* (Durham, NC: Duke University Press, 2019), 12.

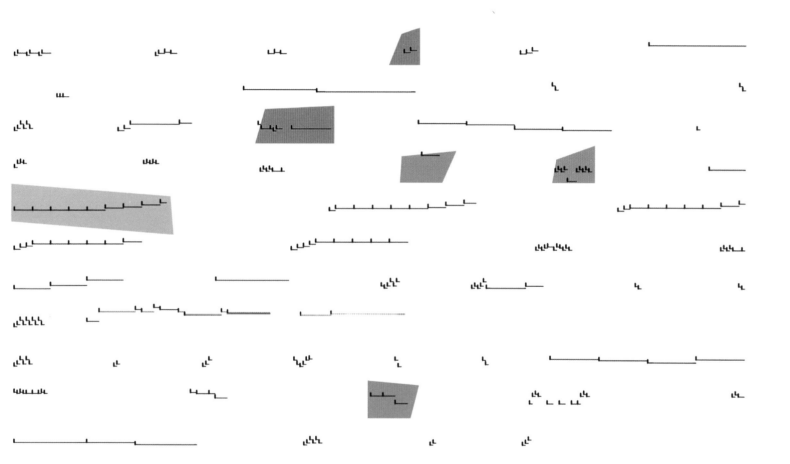

联觉乐器
同时表现声音和图像的机器

概述

设计一种"视听觉乐器",让表演者能够同时产生紧密相关的声音和视觉信息。你所开发的软件需要能够实时生成动态的图像,并同时带有噪音、音效或音乐。

本次作业最大的挑战是建立一个开放系统,让听觉和视觉具备相同的表达权重。这种方式所呈现的结果应该是无穷尽的、高度可变的、受表演者控制的,并且最核心的原则在于,它操作简单,却能产生各种复杂的效果。乐器所使用的交互方式应该是确定的、可控的。

假设你所设计的乐器,输入的信息是表演者的动作或手势。那么接收输入的装置是键盘、鼠标、触控板、动作跟踪器还是特制传感器?你需要根据设备的数据采集能力精心设计乐器的物理接口。你需要思考这些问题:如果将接口所能提供的数据流进行分类,那么数据流是连续的还是离散的逻辑状态?数据存在感知时长吗?是固定不变的还是实时变化的?数据维度是一维、二维、三维还是四维?

如果你的乐器输出端连接的是显示器或者音频系统,那么试试能不能用乐器来控制各种视觉变量,如色调、饱和度、纹理、形状、图像运动,或者控制各种音频参数,如调性、音强、音色、音阶、节奏。将这些底层的视觉和听觉元素与表演者的动作建立**映射**,形成乐器输入和输出之间的关联。比如,演奏者的鼠标移动得越快,鼠标看起来就越明亮,合成的音乐调性就越高。有了这种映射关系,就给予了表演者创作空间,表现出反差、紧张、惊诧或幽默等情绪。

用一次简单的表演来展示乐器独一无二的表达效果。建议在表演之前,首先对乐器的接口进行解释,让观众理解乐器该如何操作,之后才能去演绎更为复杂的内容。你不断地向观众就乐器制作和创作理念进行解释,也会不断改进联觉的组合技巧和方式。

学习目标

- 回顾历史上的各类视听联觉乐器。
- 开发听觉与视觉相连接、相控制的方式。
- 学习基于事件触发的编程技术。
- 利用交互式设计的原则开发表演乐器。要特别关注乐器系统的响应能力、可预测性、可操作性和数据接口等问题。

引申

- **教学指导:要求所有的学生使用相同的物理接口**（如游戏控制器、触控笔、二维码扫描机等）,这样能让学生更好地聚焦于联觉设计本身。

- 开发"QWERTY乐器",也就是完全使用标准键盘进行输入的乐器。这样能够简化你的设计——限定为使用离散输入（确定的按键,而不是连续不断的手势动作）和离散输出（触发预录制和预渲染的媒体,而不是通过实时调制连续参数来合成声音和图形）,将所设计的项目加载到网页上并在线发布。思考最终的声音和图像呈现方式,以传达你的设计理念。

- **对于进阶学生**:分别使用不同的软件来处理声音和图像。有些艺术编程工具（如 Max/MSP/Jitter、Pure Data、SuperCollider 和 ChucK）更适合处理音乐,而另外一些编程工具（如 Processing、openFrameworks、Cinder 和 Unity）更适合处理图形。不同软件之间可以通过 OSC 或 Syphon 之类的通信协议来传输数据。

- 本次作业中最难的部分可能是如何将表演动作与乐器的控制参数相绑定。肢体动作的逻辑简单明确,但是通过传感器获得的数据则难以解读。除此以外,也许乐器的参数只发生了微小的改变,但最终效果会产生非线性的巨大变化。因此,要增强乐器参数绑定的鲁棒性,还需要用到一些自回归算法工具,如 Rebecca Fiebrink 的 Wekinator 或 Nick Gillian 的手势识别工具。

- 设计一种只供某一个人使用的乐器。（这和商业化设计理念、人机交互的教育理念完全不同，传统的理念都希望设计出的东西能够供更多的人使用。）

按语

一件好的乐器为表达、搭配、合作提供了无穷的创作空间。对于演奏者来说，使用乐器能够建立起创意反馈的回路，即"心流"[1]。对于所设计的乐器来说，能够实时反馈演奏者的动作，远比能够得到绚丽的效果更为重要。因此，本次作业的重点在于，如何让乐器的交互更为自然，如何让乐器能够表达的形式更为丰富（依照演奏者的体验），而不是最终所呈现的视音频美学效果。

乐器设计这一节的"北极星"就是，设计"容易上手但是难以精通"[2]的东西。想象一下铅笔或者钢琴——这些东西的操作原理都非常简单，孩子都能上手。但是人们可以用一辈子，而且还没有穷尽所有的可能。熟练操作尚有空间，完全精通绝无可能。从系统设计的角度看，易于操作和演绎无穷之间是明显的对立关系——优化其中一个，另外一个就会劣化。对于同时进行声音和图像演绎的乐器来说，这种对立关系更加复杂：乐器的表达涉及声音和图像两种模式，提升其中一种模式的操作，就会限制另外一种模式的操作。

我们再探讨一下音视频系统的设计方法分类。一种是声音的视觉化，比如，各类桌面音乐播放软件、VJ 软件、音位控制软件都属于本类。另外一种是图像的音乐化，比如，电影配乐、游戏配乐，以及供视力障碍者使用的软件。还有一种是"视觉音乐"，艺术家使用各种色彩的材料和薄膜，创作出一件没有声音的作品，但是参观者能够通过作品空间所呈现出的图像跳跃感，感受到类似于音乐的律动。对于目前计算机中的各种音视频系统，设计者能够用各种视觉接口来控制和表达声音。比如，"控制面板"形式的接口提供旋钮、推子、标度盘来调整合成参数，从而得到各种精美的视觉效果。又比如，"图表"形式的接口提供音阶和时间线，将声音的时间和频率信息视觉化，并在坐标轴上加以呈现。还有一种是"视听觉物体"，表演者拉伸、操作、敲击这个物体，从而触发或产生相应的声音。而在"绘画接口"的形式中，表演者的动作会被标记成 2D 平面上的图形，同时随之产生变化万千的声音效果。

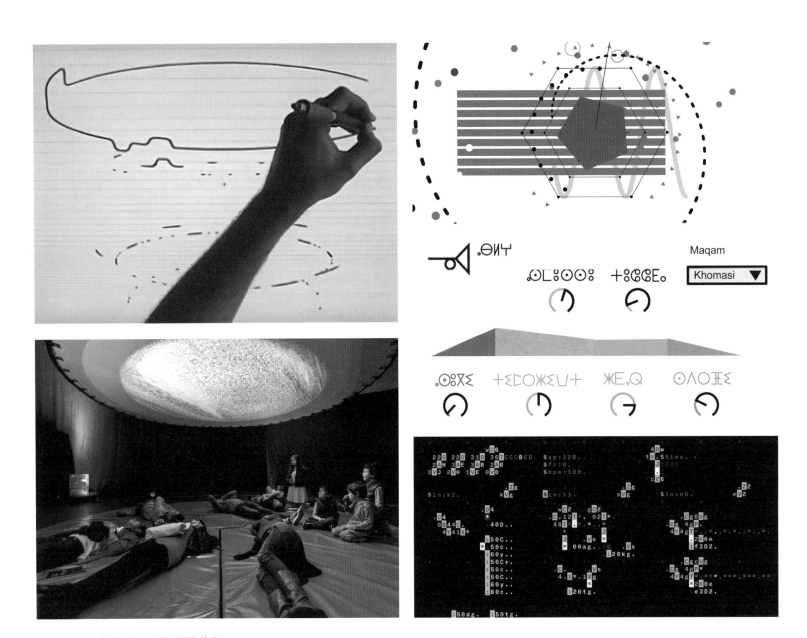

插图说明

162. Luisa Pereira、Yotam Mann 和 Kevin Siwoff 的网络表演《In C》(2015)。这三位艺术家在图形化的音阶上使用键盘和鼠标来控制各自乐器的节奏，从而产生高度变化的音乐。

163. Amit Pitaru 的作品《声音雕塑师》(Sonic Wire Sculptor) (2003)。这是一个运行在平板电脑上的系统，用来创作循环的音节。使用者在一个椭圆形的 3D 空间中画出虚拟线条，用线条来表示旋律。

164. Pia Van Gelder 的作品《灵媒合成器》(Psychic Synth) (2014)。艺术家构造了一个视听觉环境，参与者佩戴 EEG (Electroencephalogram, 脑电波) 头盔，他的脑电波控制着环境中的视频投影、灯光色彩、音乐。

165. Jono Brandel 和 Lullatone 的项目《Patatap》(2012)。这是一款基于浏览器的应用插件，能够同时进行声音和动画的表演。计算机键盘上的每个按键都会触发不同的声音和动画效果。

166. Jace Clayton 开发的《Sufi Plug Ins》(2012) 是一套（共 7 个）免费插件，可对 Ableton Live 这个流行音乐创作软件进行功能扩展。这些插件提供图形化接口，使得 Ableton Live 软件支持非西方音乐概念的编曲，比如北非木卡姆音阶与四分音。这个图形接口使用新提苏纳（neo-Tifinagh）文字，采用塔马塞特的柏柏尔语进行设置。

167. 百只兔子 (Hundred Rabbits) 工作室开发的项目《Orca》(2018)。Orca 是一种晦涩难懂的编程语言，能够进行现场编程，现场编写并演奏音乐序列。

相关项目

Louis-Bertrand Castel, *Clavecin Oculaire (Ocular Harpsichord)*, 1725-1740, proposed mechanical audiovisual instrument.

Alex Chen and Yotam Mann, *Dot Piano*, 2017, online musical instrument.

Rebecca Fiebrink, *Wekinator*, 2009, machine learning software for building interactive systems.

Google Creative Lab, *Semi-Conductor*, 2018, gesture-driven online virtual orchestra.

Mary Elizabeth Hallock-Greenewalt, *Sarabet*, 1919-1926, mechanical audiovisual synthesizer.

Imogen Heap et al., *Mi.Mu Gloves*, 2013-2014, gloves as gestural control interface.

Toshio Iwai, *Piano – As Image Media*, 1995, interactive installation with grand piano and projection.

Toshio Iwai and Maxis Software Inc., *SimTunes*, 1996, interactive audiovisual performance and composition game.

Sergi Jordà et al., *ReacTable*, 2003-2009, software-based audiovisual instrument.

Frederic Kastner, *Pyrophone*, 1873, flame-driven pipe organ.

Erkki Kurenniemi, *DIMI-O*, 1971, electronic audio-visual synthesizer.

Golan Levin and Zach Lieberman, *The Manual Input Workstation*, 2004, audiovisual performance with interactive software.

Yotam Mann, *Echo*, 2014, musical puzzle game, website, and app.

JT Nimoy, *BallDroppings*, 2003-2009, animated musical game for Chrome.

Daphne Oram, *Oramics Machine*, 1962, photo-input synthesizer for "drawing sound."

Allison Parrish, *New Interfaces for Textual Expression*, 2008, series of textual interfaces.

Gordon Pask and McKinnon Wood, *Musicolour Machine*, 1953-1957, performance system connecting audio input with colored lighting output.

James Patten, *Audiopad*, 2002, software instrument for electronic music composition and performance.

David Rokeby, *Very Nervous System*, 1982-1991, gesturally controlled software instrument using computer vision.

Laurie Spiegel, *VAMPIRE (Video and Music Program for Interactive Realtime Exploration/ Experimentation)*, 1974-1979, software instrument for audiovisual composition.

Iannis Xenakis, *UPIC*, 1977, graphics tablet input device for controlling sound.

参考文献

Adriano Abbado, "Perceptual Correspondences of Abstract Animation and Synthetic Sound," *Leonardo* 21, no. 5 (1988): 3-5.

Dieter Daniels et al., eds., *See This Sound: Audiovisuology: A Reader* (Cologne, Germany: Walther Koenig Books, 2015).

Sylvie Duplaix et al., *Sons et Lumieres: Une Histoire du Son dans L'art du XXe Siecle* (Paris: Editions du Centre Pompidou, Catalogues Du M.N.A.M., 2004).

Michael Faulkner (D-FUSE), *vj audio-visual art + vj culture* (London: Laurence King Publishing Ltd., 2006).

Mick Grierson, "Audiovisual Composition" (DPhil thesis, University of Kent, 2005).

Thomas L. Hankins and Robert J. Silverman, *Instruments and the Imagination* (Princeton, NJ: Princeton University Press, 1995).

Roger Johnson, *Scores: An Anthology of New Music* (New York: Schirmer/Macmillan, 1981).

Golan Levin, "Audiovisual Software Art: A Partial History," in *See This Sound: Audiovisuology: A Reader*, ed. Dieter Daniels et al. (Cologne, Germany: Walther Koenig Books, 2015).

Luisa Pereira, "Making Your Own Musical Instruments with P5.js, Arduino, and WebMIDI," Medium.com, October 23, 2018.

Martin Pichlmair and Fares Kayali, "Levels of Sound: On the Principles of Interactivity in Music Video Games," in *Proceedings of the 2007 DiGRA International Conference: Situated Play*, vol. 4 (2007): 424-430.

Don Ritter, "Interactive Video as a Way of Life," *Musicworks* 56 (Fall 1993): 48–54.

Maurice Tuchman and Judi Freeman, *The Spiritual in Art: Abstract Painting, 1890–1985* (Los Angeles: Los Angeles County Museum of Art, 1986).

John Whitney, *Digital Harmony: On the Complementarity of Music and Visual Art* (New York: Byte Books/McGraw-Hill, 1980).

John Whitney, "Fifty Years of Composing Computer Music and Graphics: How Time's New Solid-State Tactability Has Challenged Audio Visual Perspectives," *Leonardo* 24, no. 5 (1991): 597–599.

附注
1. Mihaly Czikszentmihalyi, *Flow: The Psychology of Optimal Experience* (New York: Harper Perennial Modern Classics, 2008).

2. Golan Levin, "Painterly Interfaces for Audiovisual Performance" (master's thesis, MIT, 2000).

不用计算机的计算模式

Yoko Ono 的《葡萄柚》(Grapefruit)

请浏览艺术家 Yoko Ono 的作品《葡萄柚》系列。如果有可能，也尝试做一个[1]。在想象中预演，本身就是创意实践的一种方式。请按照 Yoko Ono 的艺术风格，设计出绘画的指令。

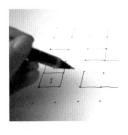

绘画游戏

两人一组，玩《点和盒子》(Dots and Boxes)（由 Édouard Lucas 设计）和《发芽》(Sprouts)（由 John H. Conway 和 Michael S. Paterson 设计）这两个绘画游戏，加深对基于规则的绘图游戏的理解[4]。

《墙壁绘画 #118》(Wall Drawing #118)

执行艺术家 Sol LeWitt 的《墙壁绘画 #118》(1971) 中的指令："用一根铅笔随机在墙面上画 50 个点，保证这 50 个点在整面墙上均匀分布。然后用直线把这些点连起来。"[2]

行酒令

五人一组，完成语言行酒游戏" Zoom Schwartz Profigliano"（译者注：这是一个欧美的行酒令，用" Zoom"" Schwartz"" Profigliano"三个单词来进行朋友间的语言游戏）。这个游戏通过三个毫不相干的词，建立起酒友间谁说话、谁应对、何时应对、如何应对的详细规则[5]。（照片：杜佩奇学院）

有条件限制的设计方式：沙滩

将学生分成四人一组，小组内每人用一种颜色。采用 Luna Maurer 等人的艺术规则，即"每人在每轮中，在设计图中找到最空旷的位置，然后用自己的颜色画上一个点"[3]，最终得到一幅"沙滩"的图画。

真人计算机 I

将教室划成网格，然后给每个学生一张纸。每个学生拿着这张纸，代表网格上的一个像素。让一个学生作为指挥者，对像素进行编程。其他学生按照他的程序移动，或者由指挥者直接给同学下指令[6]。

过程式绘画

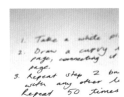

按照 Sol LeWitt 的设计理念，或者遵照 conditionaldesign.org 中的指令，设计一组绘画指令。然后让你的同学或同伴按照这些指令来画图。想想如何将纸带或丝线等材料融入绘画指令中，用于构建你的设计系统。

真人计算机 II

写一段程序，画出一幅静态图。然后将你写的代码交给同学，但是不让他看到最终屏幕上显示的结果。然后让同学预测最后的结果，并手绘出代码的运行结果。当同学完成绘画之后，比较计算机绘图和手绘图之间的差异。

真人传真机

两人或四人一组，先设计出一组声音来做各种标记。你可以使用各种发声的东西，如两个汤匙、一串钥匙或者人们发出的怪声。但是，不允许使用现有的人类词汇。然后把编码规则记录下来，把组员分成"发射器"和"接收器"两组。两组之间用屏障将视线遮挡住。"发射器"会拿到一张手绘的图，然后用编码规则加以描述，用声音发送给"接收器"。"接收器"接收完毕之后，比较一下"发射器"的原始图和"接收器"的接收图，找到传输中存在的问题。然后反复做这个实验，并进行讨论[7]。

参考文献

Casey Reas, *{Software} Structures*, 2004, http://artport. whitney.org/commissions/softwarestructures/text.html.

Basil Safwat, *Processing.A4*, 2013, http://www.basilsafwat. com/projects/processing.a4/.

FoAM, notes for Mathematickal Arts workshop, 2011, https:// libarynth.org/mathematickal_arts_2011.

J. Meejin Yoon, "Serial Notations / Drift Drawings," 2003, https://ocw.mit.edu/courses/architecture/4-123-architectural-design-level-i-perceptions-and-processes-fall-2003/assignments/problem1.pdf.

附注

1. Yoko Ono, *Grapefruit* (London: Simon & Schuster, 2000).

2. Andrew Russeth, "Here Are the Instructions for Sol LeWitt's 1971 Wall Drawing for the School of the MFA Boston," *Observer*, October 1, 2012, https://observer.com/2012/10/here-are-the-instructions-for-sol-lewitts-1971-wall-drawing-for-the-school-of-the-mfa-boston/.

3. Luna Maurer, Edo Paulus, Jonathan Puckey, and Roel Wouters, "Conditional Design: A Manifesto for Artists and Designers," accessed April 14, 2020, https://conditionaldesign.org/workshops/the-beach/.

4. Wikipedia, "Dots and Boxes," http://en.wikipedia.org/wiki/Dots_and_Boxes; Wikipedia, "Sprouts," http://en.wikipedia.org/wiki/Sprouts_(game).

5. David King, "Zoom Schwartz Profigliano," 1998, https://www.scottpages.net/ZSP-Rules-2012.pdf.

6. John Maeda, *Creative Code* (New York: Thames and Hudson, 2004), 216.

7. Brogan Bunt and Lucas Ihlein, "The Human Fax Machine Experiment," *Scan (Sydney): Journal of Media Arts Culture* 10, no. 2 (2013): 1–26.

图形元素

百宝箱

设计一个你自己的绘图百宝箱，百宝箱里面是自己设计的各种图形元素。比如，百宝箱里面有长方形、椭圆、圆弧、线段、贝塞尔曲线、折线和多边形。然后再设计这些图形的调节参数，如填充色、线宽等。

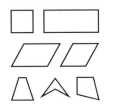

四边形动物园

设计一组命令，通过四边形的顶点信息画出各种四边形：正方形、长方形、平行四边形、菱形、梯形、箭形和盾形。

画出名字首字母

用简单的形状和线条画出姓名中每个词的首字母。

盲文工具

用凸点和凹陷重新制定盲文的字母表。如果能力足够的话，使用矩阵来存储图案数据，并开发一款工具，让使用者能够撰写、打印和（使用手写笔）压印盲文信息。

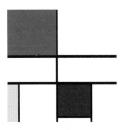

蒙德里安风格的编程

用代码重新画出蒙德里安的经典绘画作品，如《红蓝黄组合三号》(Composition No. III, with Red, Blue, Yellow and Black)（1929）。注意作品的细节。

竞技场风格的编程 II

从 Julie Mehretu 的作品《竞技场 II》(Stadia II)（2004）上截取一块矩形区域。使用 Photoshop 之类的软件，分析这个区域的色彩和具体坐标数据。利用这些数据编程设计这个区域的形状、直线、曲线和特定函数，以完整重现这部分内容。

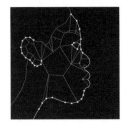

手绘，然后编程

首先，用 20 分钟在纸上画出图案，如自画像、风景画、肖像画或线条画。然后给画面增加各种细节，形成最终的作品。接着使用程序，重绘你所绘制的图画。（本图是 2015 年由学生 Zainab Aliyu 用 p5.js 完成的自画像。）

万花筒

设计一种装饰图案。然后编程实现一个图案处理工具，能够对所设计的图案进行平移、反射、旋转，从而形成万花筒的视觉效果。

迭代

简单循环：7 个圆圈

用循环的方法在图上绘制 7 个圆圈，每个圆圈的位置应该用循环中的变量来控制。注意，第 1 个圆圈必须放在画布靠边的位置，但不能抵住边缘。

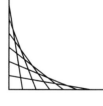

不断变化的矩形

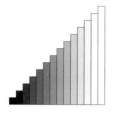

使用循环变量来控制视觉参数，而不是用矩形的位置信息来控制。通过迭代生成一组矩形。你所实现的代码应该可以同时控制所有矩形的视觉参数，如位置、高度、填充颜色等。

线条的艺术挑战

使用循环函数完成左面的这幅图，你的代码中只允许使用 8 条线。

迷你日历

使用循环函数来显示一行视觉元素：每条线代表当前月份中的具体日期。除了指示当前日期的线条外，其他的线条需要完全一样。要让指示线条和其他线条有一定的区分度。

后退的风光

使用循环生成一组荧幕上的垂直线，然后调整线条的位置，让线条在远端更密集，近端更稀疏，从而形成一种正在后退的视错觉。

连到鼠标的细线

使用迭代函数生成一组 10 根线条，能够和使用者产生交互。每条线都要连接到鼠标所指向的位置，并且在画面中均匀分布。

渐变彩条

使用迭代函数生成 17 个矩形，每个矩形的颜色逐渐变化（线性插值），形成一种"渐变"的效果。还可以再增加一些代码，只要用户点击按钮，矩形组首尾的色彩就会发生随机变化。

虚线

编写一段程序，能够在两点间生成虚线（不可以使用已有的"虚线"函数）。你的虚线线段长度必须固定，比如就是 10 个像素长，所以虚线越长，你所需要的虚线线段数量也就越多。让虚线的一个端点和鼠标指针绑定。

棋盘格

使用相互嵌套的循环函数实现一个国际象棋的棋盘格。注意，国际象棋的棋盘格是一个 8×8 的正方形，每个格子的颜色是黑白交替出现的。棋盘格左上角的起始颜色为白色。

函数的迭代

设计一个函数，封装一个设计好的简单视觉元素（比如叶子或脸的图案）。然后再利用一个新的函数，将视觉元素放在画面不同的位置。利用函数的迭代，调用显示函数进行视觉元素的排列组合。

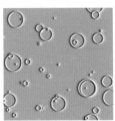

随机元素

让视觉元素随机分布在画面上，从而创作出让人浮想联翩的图案。这些视觉元素可以是陨石坑、洞穴、土包、蚂蚁、巧克力块、瑞士奶酪的孔洞等。

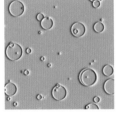

被打断的网格

使用迭代函数生成用各种视觉元素形成的网格。编写代码确保每次循环迭代时，所生成的视觉元素存在一定的随机性，出现不同的元素。

渐进的几何空间

设计一组视觉元素，体现出几何空间的效果。每个视觉元素按照固定的比例放大或缩小。左图中，每层圆弧都是其相邻的内层圆弧的 1.3 倍大。

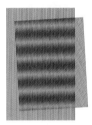

莫列波纹样

生成一组平行的直线或曲线，让这些线条紧密排列。然后将两组线条以一定角度相互旋转交叠，从而生成莫列波纹样（Moiré patterns）（译者注：即干涉纹样、摩尔纹）。然后，将线条的间隔宽度或是两组线条间的旋转角度作为控制参数，实现用户交互。

碎石崩塌

《碎石崩塌》（Schotter）（1968）是 Georg Nees 的经典算法艺术作品（译者注：也是计算机自生艺术的开山之作）。作品反映的是一个 12×22 的方格块逐渐从有序到混乱所发生的变化。在这个作品中，方块的朝向从顶端到底端逐渐发生随机的角度变化。注意观察本作品的细节，用代码加以复现。

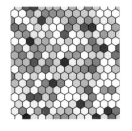

六角形网格

先写一个函数，能够画出一个六角形。然后利用函数迭代，用六角形网格填充整个画布。在设计六角形的时候，可能需要使用一些三角函数的知识。

色彩

色彩观察

仔细观察自己的 T 恤、桌子、教室墙面、手掌的颜色，然后使用代码实现这些颜色。实现过程中不允许使用照片或扫描设备，你需要尽最大的努力复现这些色彩。

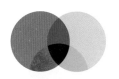

重叠的颜色

将三个不同颜色的半透明圆圈相互重叠，并为相互重叠的区域填色。注意，不同的颜色和透明度会改变重叠区域的颜色效果。利用不同的像素着色模式（有时候也叫"混色模式"）。要求所绘制的圆圈没有外边框。

渐变色

在两个颜色间创建渐变效果。提示：使用迭代函数，画出许多条非常细又相互紧贴的细线，每条细线的颜色有着极其细微的差别。仔细观察如果使用了不同的色彩模型（RGB 或 HSB），渐变效果会有哪些不同。

色轮

使用 HSB 色彩模式写一段程序，以色轮的方式呈现荧幕所有可显示的色度。

感知门限

将两张图叠在一起，检查你所能区分的最细微的色彩差别。比如，前景图是一个填满色彩的圆圈，背景图是一张纯色的背景。两张图的颜色差别非常小，很难感知出来。

补色交互

补色是在色轮上刚好相隔 180° 的两种颜色。将画面分割成左右大小相等的两个矩形。然后使用 HSB 模型开发一个交互程序，用鼠标指针的位置来控制其中一个矩形的色彩，另外一个矩形则显示这个色彩的补色。

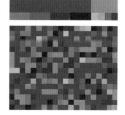

强调调色板

选定一种"主色"，再用其补色作为"强调色"，以这两种颜色设计调色板。设计一种随机选择算法，从调色板上选择颜色并填满下方的网格，要确保"主色"出现的概率为 75%。

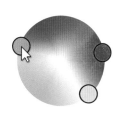

分裂补色

分裂补色是色轮上相邻（相距 ±15°~30°）的一对颜色。设计一个程序，用户选择色轮上的某个颜色，则显示出这个颜色的分裂补色。

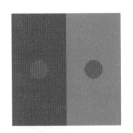

Josef Albers 的色彩相关性 I

进行 Josef Albers 的色彩相关性练习并写出代码加以实现。运行结果应如左图所示，用鼠标来控制第 3 种颜色（也就是圆点的颜色），让第 3 种颜色与第 4 种颜色看起来一样 [1]。观察一下，在哪些背景色下，两个圆点的颜色会有差异性？

图片调色盘

选择一张图片。然后开发一款程序，能够检测出图片中最重要的 5 种颜色，做成 5 色调色盘。（检测的方法有很多，但是最有效的方法是 K-means 聚类算法。）如果学生能力足够的话，可以用这 5 种颜色对原始图像做"分离"，从而形成丝网印刷或 Riso 印刷的效果。（译者注：这两种印刷方式都需要经过多次印刷，反复在同一纸张上上色，从而形成最终的颜色效果。）

Josef Albers 的色彩相关性 II

还是做色彩相关性的实验，让第 3 种颜色和第 4 种颜色看起来一样，只不过需要增加一个区域，把圆点的色彩复制到这个区域以便比较。尝试开发一个程序，让第 4 种颜色和第 3 种颜色看起来一样。

参考文献
Tauba Auerbach, *RGB Colorspace Atlas* (2011), http://taubaauerbach.com/view.php?id=286.

Carolyn L. Kane, *Chromatic Algorithms: Synthetic Color, Computer Art, and Aesthetics after Code* (Chicago: University of Chicago Press, 2014).

Rune Madsen, http://printingcode.runemadsen.com/lecture-color/.

Rune Madsen, https://programmingdesignsystems.com/color/color-models-and-color-spaces/index.html.

Rune Madsen, https://programmingdesignsystems.com/color/perceptually-uniform-color-spaces/index.html.

Robert Simmon, "Subtleties of Color," NASA Earth Observatory: Elegant Figures, last modified August 5, 2013, https://earthobservatory.nasa.gov/blogs/elegantfigures/2013/08/05/subtleties-of-color-part-1-of-6/.

色彩分析器

加载并显示一副彩色图像。鼠标指向画面的任意位置，这个位置的像素色彩数值（红、绿、蓝）会在画面下方的三个椭圆中显示。

229 199 145

附注
1. Ticha Sethapakdi, *The Colorist Cookbook* (selfpub., 2015), https://strangerbedfellows.files.wordpress.com/2015/12/the-colorist-cookbook.pdf.

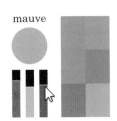

调色器

设计一个软件，用三个滑块来控制圆圈的红、绿、蓝色彩数值。让你的朋友调出淡紫、鸭翅绿、李子紫等颜色，把他们的调色数据保存下来。然后在新的画布上加载他们的调色数据并加以重现，比较大家的调色效果。

条件测试

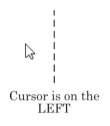

Cursor is on the
LEFT

左或右

设计一个画布，当鼠标移到左侧或右侧时，出现相应的文本指示鼠标的位置。

桌球

设计一个画布，小球在画布上运动，当碰到画布边缘时就会被弹开。注意，不能出现小球和画面边缘重合的情况。

单人乒乓球游戏

设计一个画布，在画布上完成一个单人乒乓球游戏。你还能增加一个积分系统吗？

You see three doors.

个人探险

设计一个带分支的叙事模式。当你点击画面中的不同区域时，会出现不同的房间、场景或剧情。为了增强体验，可以增加环境音效（比如开门的声音）和氛围音乐。

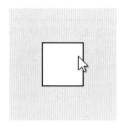

状态机 I

在灰色的背景上放置一个白色的方块。用户在方块上点击之后，方块就变成黑色。再之后，方块就一直保持黑色。（在这个练习和接下来的练习中，要保证在方块之外点击是没有反应的。）

状态机 II

在灰色的背景上放置一个白色的方块。用户点击方块一次，方块的颜色就发生反转，也就是从白色变成黑色，或者是从黑色变成白色。

状态机 III

在灰色的背景上放置一个白色的方块。用户双击方块，方块从黑色变成白色，三击方块，方块从白色变成黑色。

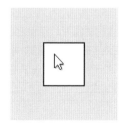

状态机 IV

在灰色的背景上放置一个白色的方块。将方块设计成按钮，实现一种"悬停"的状态——没有用户交互的时候，方块就一直是白色的。当鼠标悬停在方块上（没有点击）时，方块变成黄色。如果用户按住鼠标，一直按在方块上，方块的颜色则是黑色的。

不可预测性

掷硬币

在画布上设计一个硬币，每次点击鼠标就"掷出"硬币。掷出硬币每个面的概率应该是相同的。试着掷 10 次，看看掷出"字"和"花"的次数分别是多少。

掷骰子

开发一个掷骰子的程序，鼠标点击之后能够模拟投掷骰子。你所设计的骰子需要有均匀的配重，每一面出现的概率都是六分之一。然后用你的程序投掷 18 次骰子，看看最终的结果如何。最后再修改代码，使其能够一次投掷 6 枚骰子。

优美尸骸机器

找一些朋友画一些动物的头、躯干、腿脚，确保这些部件刚好能和脖子、腰拼接在一起。然后开发一个"优美尸骸机器"，使用者点击鼠标之后，将朋友们做的头、躯干、腿脚随机组合在一起。（图片来自 Tatyana Mustakos。）

突发事件

构建一个随着时间发生变化的画布。当出现突发的事件（如声音或动画）时，画布上就会出现对应的图形。你可以把画布设计成一个按照时间线排列的卷轴，显示突发事件的发生历史。

从秩序到混乱

做一个交互的画面，鼠标放在画面左侧，显示出来的是"秩序"，放在右侧，显示出来的是"混乱"。混乱的程度（熵）会随着鼠标位置的改变而发生改变。最好使用 map() 和 constrain() 这两个函数来进行控制。

醉汉行走 I：布朗运动

设计一个画布，画面上的粒子随着时间在二维平面上进行不规则的运动，并在画布上留下运动的轨迹。在每个时刻，粒子都会更新当前的位置，其 X 和 Y 坐标值会发生随机的微小变化。

醉汉行走 II：随机网格游走

设计一个画布，画面上的粒子随着时间在二维平面上进行不规则的运动，并在画布上留下运动的轨迹。在每个时刻，这个粒子都会在 4 个方向（上下左右）中随机选择一个方向移动，然后更新自己的位置。

醉汉行走 III：平滑噪声

使用佩林噪声也能得到不可预测的动画，但是佩林噪声存在时间上的相关性。用佩林噪声来控制圆圈的尺寸和位置，从而得到圆圈的运动轨迹。调整噪声函数的参数，观察运动轨迹发生的变化。

10 次打印

在正方形网格的每个单元格中，随机放置一条向上或向下的对角线。最后形成的图案类似于迷宫，这个图案也出现在 Nick Montfort 等人的书[1]中，书名就叫 *10 PRINT CHR$(205.5+RND(1)); : GOTO 10*。

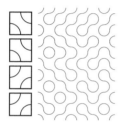

双色特鲁谢拼图

设计一组四个"特鲁谢纹样"（Truchet tiles），确保每个纹样都有两个角是圆弧（两个四分之一圆连接相邻边的中点），另外两个角则连通在一起。确保这四个纹样能够得到所有的朝向和所有的色彩变化（圆弧边角为浅色或深色）。然后把这些拼图随机放进画面的网格中，并填上相应的颜色。

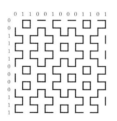

日式刺绣纹样

将网格中的每行和每列用 0 和 1 进行随机设置。在每一行上，如果列号为 1，则画一条短的竖线，如果列号为 0，则不画线。在每一列上，如果行号为 1，则画一条短的横线，如果行号为 0，则不画线。观察最终形成的纹样[2]。

噪声山脉

用一组相互紧贴的平行线生成山脉，平行线的高度是随机生成的。使用佩林噪声函数来确定每条线的高度。

想象中的岛屿

使用二维佩林函数来生成一个想象中的岛屿地图。对于画面中的每一个像素，如果函数生成的数值小于门限值，则把像素画成蓝色（代表水）。如果像素的值大于门限值，则把它画成棕色（代表岛屿）。

复刻 Molnár 的作品《中断》

认真学习 Vera Molnár 的计算机艺术作品《中断》（Interruptions）（1968~1969）[3]。注意，画作中线条的朝向是随机的，还有些线条消失了。仔细观察原作，找到 10 种特点。尽自己最大的能力编写程序复刻这个作品，然后用几句话说明你的复刻品相较于原品，哪些地方做得好，哪些地方做得不好。

附注

1. *10 PRINT CHR$(205.5+RND(1)); : GOTO 10*, ed. Nick Montfort et al. (Cambridge, MA: The MIT Press, 2012).

2. Annie Perkins, tweet of March 29, 2020, https://twitter.com/anniek_p/status/1244220881347502080.

3. Vera Molnár, *Interruptions*, plotter artwork, 1968–1969, http://dam.org/artists/phase-one/vera-molnar/artworks-bodies-of-work/works-from-the-1960s-70s.

数组

鲜活的线条 I

设计一种交互方式，存储最近 100 次鼠标移动的位置，然后把这些位置画成一条线。鼠标的位置数据可以用三种方式来存储：使用两个一维数组（一个存储 *X* 轴信息，一个存储 *Y* 轴信息），使用二维数组，使用 Point2D 对象。

鲜活的线条 II

设计一种交互方式，存储最近 100 次鼠标移动的位置，然后把这些位置画成一条线，让一个椭圆沿着此线条运动。一旦椭圆到达线条终点，则返回起点重新运动，或者从终点到起点反向运动。

鲜活的线条 III

设计一种交互方式，存储最近 100 次鼠标移动的位置，然后针对每个鼠标的位置逐步添加一些随机变量，最后画成一条线。

书法线条

设计一种交互方式，存储最近 100 次鼠标移动的位置。在相邻的两个位置点之间画线，线的宽度和两点之间的距离是负相关的关系，也就是鼠标移动得越快，两点间的连线就越细。

走马灯

将一组运动图像的每一帧都存储到图像数组中，然后循环显示这些图像，从而实现角色运动的效果。如果用户按下程序中的按钮，画面图像就会倒放。（图片来自摄影师 Eadweard Muybridge 的作品《运动的动物》（Animals in Motion）（1902）。）

树旗帜

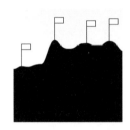

先设计一个山峦迭起的地形，然后提供一个数组，里面是地形的高度值。再设计一个搜索算法，在数组中找到山峰的位置（局部最优算法），并在山峰树立一面旗帜。

找最长的线条

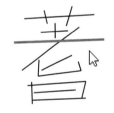

开发一个程序，画出由用户鼠标点击并拖动所形成的直线。同时将最长的那根线用红色标识出来。

矩形排序

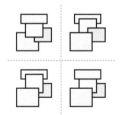

开发一个程序，把一些矩形的坐标数据存储在数组中。从数组中读出数据，用不同的颜色绘制这些矩形，并且让这些矩形相互交叠，形成左上图。将矩形按照数组中的逆序重新绘制，形成右上图。按照从右到左的顺序重绘矩形，形成左下图。按照矩形面积的大小进行排序，重绘矩形，形成右下图。

时间与交互

盯着鼠标的眼睛

画出一个或几个带有瞳孔的眼睛，让其盯着鼠标的位置。如果可以的话，要让瞳孔一直在眼球内。

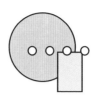

抽象打字机

设计一个采用键盘交互的表演乐器。键盘上的每个键都会触发不同的动画、图像或声音。精心设计你的系统，确保其拥有良好的美学体验。作为参考，可以体验一下 Jono Brandel 的音视联觉键盘应用程序《Patatap》。

引线（进度条）

设计一段引线，刚好5秒燃尽。当用户做了某个动作时，就会点燃引线。引线燃尽之后，就会出现焰火或者火山爆发的效果。接着进行代码重用，尝试把引线换成其他的"皮肤"，用你的引线代码讲述不同的故事——进度条、不断膨胀的气球（并最终爆炸）。

缓动——过滤变量

现实中的物体往往不会以固定的速度运动。在画布上设计一个圆圈，使其跟随鼠标运动。随着时间的推移，圆圈的运动速度越来越慢。这里需要用到缓动函数（easing function），或者对鼠标的位置坐标进行滤波处理。

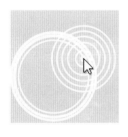

池塘的涟漪

开发一个程序，每次单击鼠标按钮时，以鼠标点击的位置为起点，形成一圈一圈不断向外扩散的涟漪。你需要考虑涟漪扩散的速度。采用面向对象编程的方式来实现涟漪的效果。

数据平滑

用存储的鼠标位置数据画出一条线，然后将线段上的每一点都做成相邻点的累加均值，实现曲线平滑。注意线段首尾端点的处理方法。

接雨器

首先使用代码来模仿下雨天。雨滴从画面顶端随机下落（最好构建一个雨滴的类）。然后实现一个简单的游戏，用户鼠标控制一个"接雨器"，能够把靠近鼠标的雨滴接住。

声音控制的动画

设计一个图形，能够响应麦克风声音幅度并发生变化。比如，图形为一个熟睡的动物，当听到较大的声响后就会醒过来。或者设计一张人脸，随着收到的声音而做出说话的动作。声音的波形信号是用来启动动画而不是结束动画的。

字体设计

STEAL THIS BOOK

奔放的字符

在画布上显示一段简单的文字，让其中的每个字符都随机来自不同的字体集，并有着不同的字体大小。

滚动的新闻标题（chyron）

（译者注：chyron 就是经常在电视画面中出现的滚动新闻条，或者是突发新闻在画面中呈现的新闻标题。）找到一组最新的新闻标题，然后开发一个程序，在画面底部滚动显示这些新闻。如果要提高难度的话，则使用新闻 API 来自动获取最新的新闻，然后在画布上显示。

an Image of Police V

luv2TYPE!|

一行打字机字体

在画布上显示一串字符，就好像这些字符是用打字机打上去的。如果要提高些难度，那么当用户按下退格键后，删除已经显示的文字。

翻牌显示器（单词梯）

先搜集和整理一些单词，这些单词的字符长度相同。然后按照机场翻牌显示器的样式，让右侧显示的单词从一个变成另外一个。显示的方法就是左边的词条按照字母顺序不断滚动，直到滚动出相对应的单词。

BARCBQDCPEDOFENGENHEN　HEN

GROW

动态文本

选择一个描述身体动作的单词，如"grow""shiver""jump"，强调这个单词的词义。可以按照单词的词义设计出相应的动画。比如，"grow"这个单词可以随着时间的推移不断变大。

This is not a small voice you hear　　　this is a large voice coming out of these cities. This is the voice of LaTanya. Kadesha. Shaniqua. This is the voice of Antoine. Darryl. Shaquille.

搜词器

先在画布上打出一段简短的文本，比如一首诗或一封电子邮件。然后设计一个程序，能够找到这段文字中"感兴趣的单词"。你的程序需要对搜索结果进行视觉化呈现，比如在单词下面添加高亮、下划线、编校等文字处理效果[2]。

avoid

会反馈的文本

给某个单词设计一种交互行为。比如"avoid"或"tickle"，可在鼠标靠近时设计出相应的反馈动作[1]。

字符风格拼贴画工具

开发一个程序，让用户使用字符完成一幅拼贴画。用户能用键盘选择需要使用的字母，然后用鼠标将其放在需要的位置。用你设计好的程序完成 3 幅拼贴画。

普洛克路忒斯字体

在希腊神话中，普洛克路忒斯会让人躺在铁床上，若人比铁床长，就把人截短，若人比铁床短，就把人拉长。你也需要设计这样的字体风格。你需要开发一个程序，先记录下用户输入的单词，然后调整单词显示的大小，让单词刚好达到指定的宽度。

沿着曲线显示的文字

写一段程序代码，让每个字符都沿着指定的曲线显示。如果提高要求的话，那么就需要调整每个字母的朝向，使每个字符都和曲线垂直[3]（译者注：与放置字符位置的曲线切线垂直）。

字体黑客——修改字体的外形

在这个练习中，你需要先选择一种字体，然后再对这种字体进行修改，形成新的字体并存储。你需要首先将字体图形导入编程环境，一般会用 FontForge 软件把 TTF 格式的字体转化成 SVG 格式的图形，或者直接使用函数 textToPoints()（p5.js）、脚本 opentyep.js、插件 Rune.Font[4]（Rune.js）以及库 Geomerative[5]（Java Processing）来处理。在你的程序中，需要对字母表中的所有字母设计出一种处理方法，比如做出膨胀或带着尖刺的效果。给你的字体起个名字，然后做成字体库。如果可能的话，在完成所有字体后，将所设计的字体导出成 TTF 等字体格式。

小型文字处理机

设计一个文字处理机，选择一种等宽的字体，当使用者敲入字符后，就填入画面中的格子里。再设计一个指示游标，能够用键盘上的方向键或鼠标来移动游标的位置。在文字处理机中，能够实现单词换行、删除（用退格键操作）以及文本的数据导出等功能。

字符风格图片

开发一个程序，能够以 ASCII 字符来呈现图片。要这么做，首先要用不同的字符来替代图像中不同的亮度值。通常用来表达 10 级灰度变化的字符为 "@%#*+=-:. "[6]。

附注

1. 改编自 Casey Reas and Ben Fry, "Typography," https://processing.org/tutorials/typography/。

2. 诗文引自 Sonia Sanchez, "This Is Not a Small Voice" (1995), https://poets.org/poem/not-small-voice。

3. Daniel Shiffman, "Strings and Drawing Text," https://processing.org/tutorials/text/.

4. Rune Madsen, "Typography," http://printingcode.runemadsen.com/lecture-typography/.

5. Ricard Marxer, "Geomerative Library," http://www.ricardmarxer.com/geomerative/.

6. Paul Bourke, "Character Representation of Greyscale Images," http://paulbourke.net/dataformats/asciiart/.

曲线

画个屁股

    编写程序，利用贝塞尔曲线生成一个或几个臀部的图形[1]。

叶序图

    利用 turtle graphics 画出类似植物叶序的螺旋图[3]。首先，在画布中间画出点，然后逐渐向外延伸，增加点的数量，并做出一定角度的旋转。旋转的角度称为"黄金角度"，约为 137.507764°。

抛物线

    抛物线的方程式为 $y=ax^2$，其中的变量 a 是一个可以修改的常量。编写程序画出一条抛物线。

利萨如曲线

    利萨如曲线使用的函数为 $x=\cos(at)$ 和 $y=\sin(bt)$，其中 a 和 b 是数值较小的非负整数。利用利萨如曲线公式做出一个动画（译者注：利萨如图形经常在工程上用来测量信号的相位）。

用 3 种方式画圆

    用 3 种方式画圆：使用 $\sin()$ 和 $\cos()$ 函数画出一系列的点，然后连接各点；用 4 条贝塞尔曲线画出一个近似的圆；使用 turtle graphics（Python 中的类库），用一组交替前进和旋转的动作画圆[2]。

螺线

    编写程序画出一条螺线。在实现代码之前，先研究一下螺线的类型，比如阿基米德螺线（曲线半径线性增大）、对数螺线或等角螺线（曲线半径指数增大）。采用多种方式来绘制螺线，比如可以直接使用极坐标方程，也可以通过渐变的参数调整（前进、轻微旋转、重复），还可以将几段圆弧大致拼接在一起。

连续的贝塞尔曲线

    将两条贝塞尔曲线连接在一起，要确保曲线是连续的，看不出明显的接头。也就是说，两条曲线的位置、斜率、曲度应该连续。

Epitrochoid

极化曲线

写一个程序，能够显示心形、圆外旋轮线、8字曲线等极坐标下的曲线[4]。上述曲线的极坐标方程是 $r=f(\theta)$，曲线上点的坐标为 $x=r\cos(\theta)$ 和 $y=r\sin(\theta)$。要能够使用鼠标实时调整曲线的参数。

傅里叶合成波形

傅里叶合成波形是由几条不同振幅和频率的正弦波形叠加形成的。比如，方波大致上可以用这组波形进行组合：$\sin(x)+\sin(3x)/3+\sin(5x)/5+\sin(7x)/7+\cdots$。请用这个公式生成方波。

内切圆

曲线上的每一点都有**曲率**，也就是存在一个内切圆，刚好在该点与曲线重合，圆的半径即为曲率。开发一个程序，用户标记出点的位置，程序显示该点的内切圆。提示：可以用与标记点相邻的 3 个点大致算出标记点处的内切圆半径。

不断变形的圆圈

开发一个程序，在三角形和圆之间做图形的插值[5]。

塑形函数

塑形函数通常用来把数据信号转化成带有美感的信息。塑形函数也叫作平滑函数、插值曲线、有偏函数、缓冲曲线或归一化函数。这类函数通常的输入值和输出值范围都在 0 到 1 之间。请使用各类塑形函数类库（如 Luke DuBois 编写的 p5.func，Robert Penner 编写的缓动函数（Easing Functions）），表现时间和空间（做成动画）或者空间和色彩（做出有趣的渐变效果）之间的非线性关系[6]。

附注

1. 灵感源于 Le Wei, "Butt Generator," accessed April 11, 2020, http://www.buttgenerator.com/

2. Yuki Yoshida, "Drawing a Circle Code Repository," accessed April 11, 2020, https://github.com/yukiy/drawCircle.

3. Golan Levin, "Turtle's Phyllotactic Spiral," accessed April 11, 2020, http://cmuems.com/2015c/deliverables/deliverables-09/#spiral.

4. Mathworld, "Curves," accessed April 11, 2020, http://mathworld.wolfram.com/topics/Curves.html.

5. Dan Shiffman, "Guest Tutorial #7: Circle Morphing with Golan Levin," *The Coding Train*, October 25, 2017, video, https://www.youtube.com/watch?v=mvgcNOX8JGQ.

6. Luke DuBois, "p5.func," accessed July 27, 2020, https://idmnyu.github.io/p5.js-func/; Robert Penner, "Easing Functions," accessed July 27, 2020, http://robertpenner.com/easing/.

形状

画出星星

使用 sin() 和 cos() 函数，像画圆那样画出一个带有 10 条边的多边形。然后修改顶点的半径，最终用代码实现一颗星星[1]。

边界框

加载一张用许多点绘制的 2D 图形，然后计算并绘制这个图形的边界框，也就是一个矩形，矩形的左上、右上、左下、右下 4 个点刚好能够框住整个图形的外延。用代码实现一种交互：当用户的鼠标进入边界框之后，让边界框里面的图形产生变化。

随机污点

使用 sin() 和 cos() 函数，画出一个有许多条边的多边形，其生成方式与画圆的方式类似，但是每个点的半径会随机缩放一点点。然后看看得到的结果，像不像一滴墨水[2]？

计算图形重心

加载一张用许多点绘制的 2D 图形，然后根据图形的外形轮廓，计算并绘制图形的"重心"。即重心的 X 坐标是所有点 X 坐标的平均值，Y 坐标是所有点 Y 坐标的平均值。

连点成图

下面的数值代表的是一个多边形的所有顶点。请写出代码，把这些点连在一起，形成图形。点的坐标为：

x ={81, 83, 83, 83, 83, 82, 79, 77, 80, 83, 84, 85, 84, 90, 94, 94, 89, 85, 83, 75, 71, 63, 59, 60, 44, 37, 33, 21, 15, 12, 14, 19, 22, 27, 32, 35, 40, 41, 38, 37, 36, 36, 37, 43, 50, 59, 67, 71}

y ={10, 17, 22, 27, 33, 41, 49, 53, 67, 76, 93, 103, 110, 112, 114, 118, 119, 118, 121, 121, 118, 119, 119, 122, 122, 118, 113, 108, 100, 92, 88, 90, 95, 99, 101, 80, 62, 56, 43, 32, 24, 19, 13, 16, 23, 22, 24, 20}

Perimeter = 391 pixels

计算图形周长

加载一张用许多点绘制的 2D 图形，然后算出图形轮廓的周长。要算出周长，就需要先计算轮廓上相邻两点的距离，然后进行累加。千万别忘记需要加上首尾两点相连的长度。

Area = 4982 pixels

计算图形面积

加载一张用许多点绘制的 2D 图形，其位置点存储在数组 $x[]$ 和 $y[]$ 中，计算图形的面积。这里需要用到高斯面积公式，或称为"鞋带算法"，即对于所有的点 i，面积为 $((x[i+1] + x[i]) * (y[i+1] - y[i]))/2.0$ 的累加值。

Area = 4982
Perimeter = 391
Compactness =

Area = 4982
Perimeter = 252
Compactness =

0.41   0.98

形状度量：紧凑度

对于形状的比较，最简单的度量方式就是"紧凑度"，或称为"等周商"，也就是衡量图形是否出现延展。紧凑度在实际中经常用来防止出现"杰利蝾螈现象"（译者注：杰利蝾螈是西方选举中的一种花招，通过分割选区从而控制选举结果）。它是一个标量，与尺度和旋转无关[3]。紧凑度是图形周长与面积的比值。算出画面中图形的紧凑度，然后比较不同图形的紧凑度。

检测突变点

加载一张用许多点绘制的 2D 图形，然后我们可以通过计算连续 3 个点形成的角度，算出某点的"局部曲率"。对于所加载的图形，编写代码检测曲率特别大的点（即毛刺），并将这个点着色。**提示：**使用点积算出角度，然后用叉积算出凸度（正曲率）或凹度（负曲率）。

手绘图形库

开发一个函数库，使基本的形状具有手绘的风格。作为一个基础函数库，至少能够画出直线段、圆形和矩形。

斑点

用你喜欢的方式设计一个 2D 斑点动画。比如，你可以用贝塞尔函数开发一个封闭的环形，或者使用行军方块（marching square）算法来获得元球（metaball）的轮廓（接近圆形），或者画成卡西尼卵形（Cassini ellipse）、头颅形（cranioid）等曲线，或者直接使用韦尔莱积分（verlet integration）来模拟绳子的形态。

附注

1. 改编自Rune Madsen, "Shape: Procedural Shapes," Programming Design Systems, accessed July 6, 2020, https://programmingdesignsystems.com/shape/procedural-shapes/index.html。

2. 改编自Madsen, "Shape: Procedural Shapes"。

3. Wikipedia, s.v. "Compactness measure of a shape," last modified June 22, 2020, https://en.wikipedia.org/wiki/Compactness_measure_of_a_shape.

几何

线段中点

写一个程序，当用户按下按钮之后，画面上随机出现两个点（A 和 B），然后用线段把两点连接起来。计算这条线段的中点，并在中点处加一个点，做个标记。然后在 A 到 B 的线段 1/3 处，再画出一个圆圈。

两个矩形相互交叠

写一个程序，当用户按下按钮之后，会在画布上画出两个大小和位置随机的矩形。如果矩形发生了重叠，那么就在重叠区域形成的矩形中画出对角线，并加以标识。

画出垂线

写一个程序，首先画一条从画布中点连接到鼠标位置的直线，然后在鼠标位置画出第二条线，使得这条线和原来的线段垂直，其长度为 50 像素。

平行曲线

写一个程序，能够存储用户移动鼠标的坐标数据，并画出一条曲线。然后生成新的曲线，该曲线和原先的曲线平行，且两条曲线之间的距离一直是 50 像素。

朝向指南针

Orientation: 29.4°
Compass Bearing: NE

将鼠标的两次点击坐标存储下来，画出一条相连接的线段。然后使用 atan2() 函数，算出线段的朝向角度。采用度数单位显示角度数值，同时为该角度打上方向标签（比如 N、NE、E、SE、S、SW、W、NW）。

三点间的角度

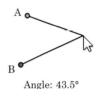

Angle: 43.5°

写一个程序，计算三个点之间的角度：A 点和 B 点随机生成，C 点是鼠标指针所在的位置。提示：使用点积计算角度，使用叉积确定正曲率和负曲率。

点到线的距离

Distance from
P3 to Line: 423.6

写一个程序，当按下键盘上的某个键之后，随机生成一条线段，然后计算并显示线段到达鼠标指针的最短距离。在线段上距离鼠标指针最近的点上做一个点状标记[1]。

线段交叉

写一个程序，当用户按下按钮后，随机生成两条线段。计算两条线段是否交叉，如果交叉，则在交叉点上做一个标记[2]。

三角形的重心

写一个程序，用户按下按钮后，随机出现三个点，并将其连成三角形。然后找到每条边的中点，并做出一条连接中点和对面顶点的直线，即"中线"。三条中线的交点就称为三角形的**重心**。在重心处用圆点加以标记。

三角形的外接圆

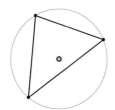

写一个程序，用户按下按钮后，随机生成一个三角形，然后生成一个圆，刚好外接三角形的三个顶点。这个外接圆的圆心也叫作三角形的**外心**。在外心处用圆点加以标记。**注意**：并不是所有的外心都在三角形内部[3]。

三角形的垂心

"垂线"是指过三角形某个顶点又和对边相垂直的线。写一个程序，用户按下按钮后，随机生成一个三角形，然后计算并显示三条垂线。三条垂线的交点称为三角形的**垂心**。在垂心处用圆点加以标记。**注意**：对于大部分三角形来说，垂心和质心并不重合。

三角形的内心

三角形的**内心**是三角形三条角平分线的交点。写一个程序，用户按下按钮后，随机生成一个三角形，然后找到三角形的内心，并加以标记。（三角形的内心是三角形内切圆的圆心。内切圆的半径是圆心到三角形任意边的距离。如有可能，画出三角形的内切圆。）

附注

1. Paul Bourke, "Points, Lines, and Planes," 1988–2013, http://paulbourke.net/geometry/pointlineplane/.

2. Bourke, "Points, Lines, and Planes."

3. Paul Bourke, "Equation of a Circle from 3 Points (2 Dimensions)," January 1990, http://paulbourke.net/geometry/circlesphere/.

图像

拼贴机器

收集许多图片，放在同一个文件夹中。然后设计一个程序，每次运行时，能够从文件夹里面随机选出图片，做出不同的拼贴画。

找到图中最亮的点

显示摄像头拍摄的实时画面，然后在画面中找到最亮的点。在最亮的像素点处，设计一个指示器来指示坐标信息。

像素的色彩

显示一幅图像，然后设计一种交互方式，当用户移动鼠标至该图像任意位置时，获得鼠标位置点的色彩，并用该处的色彩来填充指定的形状区域。

图像平均值

选择 10 张以上的图片，它们具有相同的主题，主题诸如"苹果""日落""时钟"等。保证每张图片的尺寸相同。然后求取所有图片中每个像素点的平均值，从而得到新的图像，形成一种新的艺术表达方式。

子采样和下采样

写一段程序，对图像进行降低分辨率的处理，形成"像素画"的风格。首先对图像进行**子采样**（从原始图像中选择对应的像素点），然后对图像进行**下采样**（对这些像素点求取均值）。

边缘检测（索贝尔滤波）

写一段程序，使用索贝尔滤波算法检测图像中的边缘并加以显示。如果提高要求的话，还可以算出这些边缘的数值和朝向。

随机点抖动

加载一张图像，然后获得每个像素点的亮度。使用一个取值在 0 到 255 之间的随机整数。如果随机数的取值比该点的亮度值大，那么就在该像素点的位置画上一个纯黑的点。重复处理图像中所有的点，从而得到最终的画面。

像素排序

根据像素的亮度对像素进行排序，然后用色度再次进行排序。**提示**：可以参考 Dan Shiffman 的视频节目 Coding Train，他在 2016 年 12 月 21 日的节目为"Coding Challenge #47: Pixel Sorting in Processing"。

视觉化

文本消息归类

搜集过去一个星期内收发的短消息，将这些消息按照人物、主题或情绪进行归类，然后用一些图对这些数据进行视觉化表达[1]。

轨迹图 I

在智能手机上安装 OpenPaths、SensorLog 之类的应用程序，记录自己至少一个星期的 GPS 信息。然后将 GPS 中的经纬度信息导出成 CSV 文件。写一段代码，能够加载 GPS 数据，并显示你日常的行动轨迹。看看你能得出什么结论。

Global Temp., 1880–2016

温度时间线

下载居住地的月度平均温度数据，然后做出一张数据图表。其中 X 轴显示时间，Y 轴显示温度。将数据分别显示成点、竖线和相连的曲线，做出三幅图并加以比较[2]。

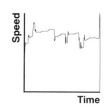

轨迹图 II

还是使用上个练习用到的数据，但不是做成地图的样式，而是呈现其他的信息，如路径长度、每天的行程距离、特定地点的到访频度、移动速度等信息。

饼图

写一段代码，用饼图来展示昨天你花费在早、中、晚餐和咖啡时间的开销比例。你需要设计一个着色函数，给每片圆瓣填上颜色。通过外部的格式化数据文件（如 JSON 或 CSV）来导入绘图数据。要确保你的图表数据拥有正确的键值。

点描图

纽约 OpenData 数据中有一个"老鼠投诉"数据集，搜集了自 2010 年以来纽约城 311 应急响应中心接到的发现老鼠骚扰的投诉电话。写一个程序，将投诉信息投射到纽约市的地理结构上，对于每次投诉的数据，都在地图上的相应位置打个点[4]。

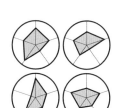

多个雷达图

使用"大五人格"的调查问卷表量化自己的责任心、宜人性、神经质性、开放性和外倾性[3]，制作雷达图表现多维度的数据。再让朋友们也做这个调查问卷，并做出格子图（多个小图），把雷达图排列在一起，显示大家的性格特点。

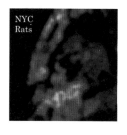

热力图

同样使用上个例子中的"老鼠投诉"数据，编写程序生成热力图。生成热力图有两项技术挑战：首先，你需要设计密度函数，将地图中点的密度表示为一个连续场；其次，你需要设计一个配色方案，用不同的颜色来表示不同的场强。

社交网络图

使用"力导引图"来呈现社交网络。在这种图中，点代表的是个人，线代表的是人与人之间的关系。整个社交网络就可以使用这样的粒子系统来模拟。学者 Lusseau 等人记录了一个海豚家族的社会关系数据。这个海豚家族有 62 个成员，生活在新西兰的神奇峡湾。请用数据画出社交网络图。

社交网络距阵

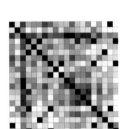

对称邻接矩阵能够反映一群人中的相互交流情况。每个人都会出现在矩阵的行和列中，如果两个人之间有交流，那么他们交叉的方格处就会给出量化的交流数值。学者 Linda Wolfe 在佛罗里达州奥卡拉的一条河边，记录了一群野生猴子的社交信息。用这些数据画出社交网络矩阵。

实时数据显示

找到一个互联网的实时数据流，比如实时的传感器数据或 API 界面（天气、股票、卫星定位）。编写程序用直观的方式展示这些数据。比如，示例图是通过 open-notify.com 获得了国际空间站的位置，然后在地图上加以显示[5]。

网页抓取

编写程序最大限度地抓取某类图片。比如，你可以设计一个程序，自动下载某个厂商所提供产品的图片。然后再写一个程序，将图片按行或按列整齐排列。你还有哪些排列方式[6]？

一个数据集，四种呈现方式

查询美国 2013 年的枪击死亡数据，用四种方式加以呈现：地图、时间线、按死者年龄分布的直方图，以及你自己想到的新方式。如果能力允许的话，还可以加入新功能，实现画面的放大、缩小以及数据的排序、过滤、查询。不同的呈现方式对数据进行了不同的解读。请将呈现与解读的关系记录成文[7]。

附注

1. Otto Neurath, *International Picture Language: The First Rules of Isotype* (London: K. Paul, Trench, Trubner & Company, Limited, 1936).

2. Ben Fry, "Time Series," *Visualizing Data: Exploring and Explaining Data with the Processing Environment,* chap. 4 (Cambridge, MA: O'Reilly Media, Inc., 2008).

3. 例如, Open-Source Psychometrics Project, "Big Five Personality Test," https://openpsychometrics.org/tests/IPIP-BFFM/.

4. Rat Sightings数据集见https://data.cityofnewyork.us/Social-Services/Rat-Sightings/3q43-55fe。另见Fry, *Visualizing Data*, chap. 6。

5. 参见OpenNotify.org, International Space Station Current Location, http://open-notify.org/Open-Notify-API/ISS-Location-Now/。另见Dan Shiffman's sequence of video tutorials, *Working with Data and APIs in JavaScript,* last updated on July 8, 2019, https://www.youtube.com/playlist?list=PLRqwX-V7Uu6YxDKpFzf_2D84p0cyk4T7X。

6. Sam Lavigne's sequence of tutorials, *Scrapism,* last updated on May 27, 2020, https://scrapism.lav.io/.

7. 数据集见http://www.slate.com/articles/news_and_politics/crime/2012/12/gun_death_tally_every_american_gun_death_since_newtown_sandy_hook_shooting.html。

文字与语言

I typed BLUE!

字符串搜索

先确定一组色彩的名称，并确定相应色彩的 RGB 数值。然后设计一种交互方式，当用户输入预先确定的颜色名称后，方块就会以对应的颜色填充。（考虑到输入文本的大小写问题了吗？）

Given their physiological requirements, limited dispersal abilities, and hydrologically sensitive habitats, amphibians are likely to be highly sensitive to future climactic changes.

7.09

Frog and Toad ate many cookies, one after another. "You know, Toad," said Frog, with his mouth full, "I think we should stop eating. We will soon be sick." "You are right," said Toad.

3.94

平均字长

写一个程序，计算指定文本中的单词平均长度。这个长度可以用来估计文本的"易读性"。用你的程序多测试一些文本，看看结果。

---

de·**klept**·ism
un·bibl·**ing**
dys·**clar**·tion
re·bio·**meter**
rhino·**rupt**·ed

无意义的词汇

首先找到一些常用的英文词语前缀、词根和后缀，形成三张列表。然后根据简单的构词法（前缀 + 词根 + 后缀），随机从三张表中挑选元素组合在一起，形成看似合理但无实际意义的词汇。这些词会有新的意义吗？

a act all and and and and another are are beings born brotherhood conscience dignity endowed equal free human in in of one reason rights should spirit they towards with

单词排序

加载一篇文档，然后将其单词按照字母表、单词长度和出现频率进行排序并显示。

A B C D E F G H I J K L M N O P Q R S T U V W X Y Z

字母频率

写一个程序，计算出给定的一段文本中每个字符出现的频率（注意，要保证你的程序对大小写不敏感）。然后再写一段代码，进行频率统计信息的视觉化（做成直方图或者饼图）。

WNYC Employees Demanded Diversity. They Got Another Pandemic to Cut Service That Macron Replaces France's Prime Marijuana Scholar, Dies at 92 After Fighting Plastic Waste Minister in Bid For Fresh Start Won't Return

切割机

在《达达宣言》(Dada Manifesto) 中，Tristan Tzara 用报纸、剪刀、随机摇晃拆拼的单词，做出了反常规的诗歌。用代码做出类似的作品。写一段程序，从新闻中随机挑选几行或几句，最终组合成达达风格的诗歌。

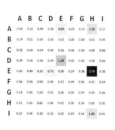

字符搭配频率

写一个程序，能够计算出给定文本中的字符对的频率（两个字符相邻，如 aa、bb、ac）。然后使用一个 26×26 的矩阵绘制频率图。

35 not like
34 i do
34 do not
33 like them
29 in a
21 eat them
18 with a
18 not in
15 i will
14 i would
14 them in
13 would not
12 would you
11 eggs and

二元语法计算器

写一个程序，计算文档中所有的二元语法（单词对）出现的频率。对于水平高的学生，可以写一段程序，根据两篇文章中存在的相同二元语法的数量，来判断它们的相似度。

Dammit, Jim!
I'm a **marriage
therapist**, not a
meat packer!

Dammit Jim（译者注：欧美的一种语言游戏）

在文档中找到空白处，然后加入这种格式的句子："Dammit, Jim！I'm an X, not a Y！"（这也是科幻剧《星际旅行》中的著名台词）。注意，如果"X"这个名词是元音开头，那么就是"an X"。如果"X"是辅音开头，那么就是"a X"[1]。

Knock, knock!
Who's there?
Child.
Child who?
A young person.

敲门游戏

写程序生成一个敲门游戏。最简单的方法是，当问到"谁在那儿"（who's there）时，你的程序随机选择一个单词作为回答，然后在下一次问答时，用这个单词做问题。生成十段游戏对话。

onceway uponway a
idnightmay earydray,
ilewhay i onderedpay,
eakway andyay
earyway, overway
anymay a aintquay
andyay uriouscay
olumevay ofyay
orgottenfay orelay

Pig Latin 暗语翻译器

写程序将一段给定文本改写成 Pig Latin 暗语。Pig Latin 暗语是这样的，如果单词首字母为辅音（或辅音连缀），则把首字母挪到词尾，并添加后缀音节"ay"。

Fubour scubore uband
subevuben yubears
ubagubo ubour
fubathubers
brubought fuborth,
ubupubon thubis
cubontubinubent,
uba nubew nubatiubon,
cuboncubeived ubin
lubibubertuby

黑话和隐语翻译器

调查一下黑话、隐语、自创语等语言，如 Ubbi Dubbi、Tutnese、海盗语等。（译者注：Ubbi Dubbi 是美国 20 世纪 70 年代流行的一种语言游戏。Tutnese 是历史上美国黑奴曾使用的地下语言，也称为双荷兰语或图坦卡蒙语，用于加密私人交流及教导彼此识字阅读。海盗语是海盗们说的黑话。）选定某种语言，根据这种语言的语法，编写一个程序，将给定的英文文字翻译成对应的语言。

I do not like
green **junctions**
and **switch**.
I do not like
them, **Monorail**.

It is hard to
erase blue or
red **ink**.
Dunk stale
biscuits into
strong **drink**.

Meg and Jo closed their
weary eyes, and lay at rest,
like storm beaten boats

Mrs. Brooke, with her
apron over her head, sat
sobbing dismally.

"Do you remember
our castles in the air?"
asked Amy, smiling

I do not eat like
them in like
green eat them
in they like them.
could you eat like
them and you?

名词搅动器

加载一篇文档，然后把里面的每个名词都随机替换成其他名词，从而形成一篇新的文档。你可能需要"词性标注器"来确定文本中的名词。在你的程序中，尝试使所替换名词的单复数形态与原文保持一致。

词韵搭配

选择一篇较长的说明文档。然后写一个程序，找到文本中押韵的对句，从而写出新的句子了。你可能需要用到其他的类库（如 RiTa），才能分辨每个单词的读音[2]。

查找俳句

写程序在文本中自动找到"无意中的俳句"，也就是该句话中的单词排列，符合由五个、七个、五个音节组成的规律。最简单的处理方法是将每个单词按音节拆开，然后找到俳句。还可以增加一些自己的判断方法，提升查找质量。

马尔可夫文本生成器

在马尔可夫链方法中，如果要生成与原文本类似的新文本，就会根据数据源的统计结果，将字符对、单词对、多重单词对的频率都转化成"概率转移矩阵"中的概率。根据你所搜集的数据，开发一个马尔可夫文本生成器[3]。

There once was
a bug who liked
art.

He thought it
was awfully
tart.

使用 TF-IDF 算法的关键字提取器

搜集一组相似的文档，如诗歌、收据、讣告等。然后编写一个程序，使用 TF-IDF（Term Frequency-Inverse Document Frequency，词频－逆文档频率）算法确定每篇文章的关键字，以描述这篇文章的含义[4]。

打油诗生成器

打油诗是一种五行诗，其格式为 AABBA 的韵律模式。这种**抑抑扬格**的格式如下：每行诗的音步为三音节，第三个音节为升格，即"da-da-DA"；第 1、2 和 5 行有三个抑抑扬格（短短长格），这三行的结尾有着相似的音位，从而形成韵律；第 3 和 4 行也有其韵律，但是行的长度更短，每行只有两个抑抑扬格。写代码生成一段打油诗。你需要用到 RiTa 之类的类库，判断单词的韵律、音节和重音[5]。

附注
本练习由Allison Parrish提供。

1. 参见Darius Kazemi的结构化语料库: https://github.com/dariusk/corpora。还可参考用于生成语法结构的代码库，如Kate Compton的Tracery, http://www.crystalcodepalace.com/tracery.html。

2. 关于Java and JavaScript，见Daniel Howe的RiTa, "RiTa, a Software Toolkit for Computational Literature," https://rednoise.org/rita/。关于Python，见NLTK, "Natural Language Toolkit," https://www.nltk.org/。

3. 关于Python，见 "Markovify," https://github.com/jsvine/markovify。

4. Dan Shiffman, "Coding Challenge #40.3: TF-IDF," *The Coding Train*, October 12, 2016, video, https://www.youtube.com/watch?v=RPMYV-eb6lI.

5. Howe, "RiTa"; "The CMU Pronouncing Dictionary," http://www.speech.cs.cmu.edu/cgi-bin/cmudict.

仿真

递归树

使用递归函数来设计一棵树。首先迭代使用对称的二叉树算法来画出雏形，接着引入两个随机变量，一个变量使每次迭代的分枝长度按比例发生变化，另一个变量使分枝的朝向发生变化。可以设计通过鼠标来改变各项参数，使树的形态发生变化[1]。

烟花（粒子喷头）

构建一个类，用来存储粒子的 2D 位置和运动速度。再设计一种方法，调用这个类，给粒子以随机的初始速度和恒定的加速度。构建一个粒子数组，从而模仿烟花的效果。数组中的每个粒子都必须从同一位置开始运动。

兽群

设计一群二维形象的动物，将动物定义为粒子。这群动物会自动**分开**（以避免相互碰撞）、**聚拢**（聚在一起以成群结队）、**对齐**（跟周边的动物保持相同的运动方向）。使用程序中的滑块或其他按钮调整兽群的运动参数，从而让兽群聚拢或散开。兽群的运动还受到其他因素的影响，比如因为出现掠食者而需要逃跑，或者因为饥饿而需要进食等。选择一种图形来表示你的动物，要确保图形能清晰呈现兽群的运动方向[2]。

布雷滕博格自动车

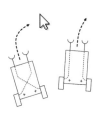

布雷滕博格（Braitenberg）自动车能够根据传感器的输入自动移动和导航。自动车会对当前位置进行评估，然后根据传感器信号控制每个轮子上的功率输出，从而实现不同的运动轨迹。写一段程序，让小车朝向或背向鼠标运动。

和鼠标互动的粒子

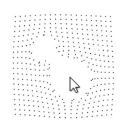

构造一个粒子的类，存储粒子的 2D 位置和运动速度。然后构造一个方法，模拟粒子受到力的作用后的运动（使用欧拉积分和牛顿第二定律）。创建粒子数组，使得画面中的粒子能够受到鼠标指针的吸引或排斥。

流体力场

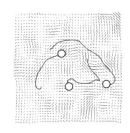

使用 2D 佩林噪声绘制流体力场。画布上的每个位置都受到来自 x 和 y 方向的力。将粒子放置在这个力场中，让粒子受到力的作用。记录粒子的运动轨迹，但需要将粒子的运动范围限制在一定区域内。

弹簧

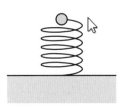

把弹簧看成一个粒子，现在的位置为 P，速度为 V，停止位置为 R。如果从 R 处离开，那么粒子会得到一个使其恢复的力 F，力的大小和位移距离成正比。使用欧拉积分公式更新弹簧的运动状态：将 F 加到 V 上，再按一定比例减去阻尼，最后把 V 加到 P 上。

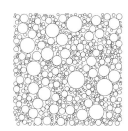

包装袋上的圆圈

生成包装袋上的圆圈：所有的圆圈都不相交，部分（或所有）相邻的圆圈相切。可以随机生成圆形，然后把它放置在画布中的空白区域。如此反复，直到所生成的圆圈和之前画的圆圈都产生了碰撞就结束[3]。

康威生命游戏

开发一个程序，实现康威生命游戏（Conway's Game of Life）（译者注：由剑桥大学教授康威开发的计算机游戏）。这个游戏是经典的元细胞自动机，也是最简单和最直观的示例之一，解释在自组织结构中如何通过简单的规则实现复杂的图案[4]。

扩散限制凝聚

设计一种基于扩散限制凝聚（DLA）机制的珊瑚：漫游的粒子一旦碰到固定不动的粒了，那么粒子就会在碰撞处固定下来。最初固定不动的粒子可以叫作"种子"[5]。

生成雪花

使用扩散限制凝聚机制生成雪花。要制作雪花生成器，请修改上一个练习中的算法，确保呈现的图像具备双六角对称性。

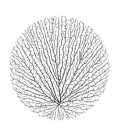

太空移民

设计一个**太空移民**的程序——最早由 Adam Runions 提出的迭代算法，用于反映增长的网络拓扑结构。所有的线条会被"生长激素"的源点所吸引，从源点处不断分支、不断增长，从而形成树状结构[6]。

分化生长

实现**分化生长**的程序，也就是把许多节点连在一起，形成曲线或折线。这些点之间会出现吸引、排斥、对齐等简单行为，从而形成多变的样式。当相邻的两个点离得太远时，则在两点间使用**自适应细分算法**插入新的节点[7]。

附注

1. Dan Shiffman, "Coding Challenge #14: Fractal Trees - Recursive," *The Coding Train*, May 30, 2016, video, 15.52, https://www.youtube.com/watch?v=0jjeOYMjmDU.

2. "6.1: Autonomous Agents and Steering - The Nature of Code," *The Coding Train*, August 8, 2015, video, 14.28, https://www.youtube.com/watch?v=Jlz2L4tn5kM. Also see Craig Reynolds's research into steering behaviors and "boids."

3. "Coding Challenge #50.1: Animated Circle Packing - Part 1," *The Coding Train*, January 9, 2017, video, 28.31, https://www.youtube.com/watch?v=QHEQuolKgNE.

4. "7.3: The Game of Life - The Nature of Code," *The Coding Train*, August 10, 2015, video, 16.03, https://www.youtube.com/watch?v=tENSCEO-LEc.

5. "Coding Challenge #34: Diffusion-Limited Aggregation," *The Coding Train*, August 18, 2016, video, 47.06, https://www.youtube.com/watch?v=Cl_Gjj80gPE.

6, 7. Jason Webb, "Morphogenesis Resources," 2020, https://github.com/jasonwebb/morphogenesis-resources.

机器学习

数据集研究

对于当前常用的数据集进行研究，如 ImageNet、MNIST 或 LFW。研究数据集里面的内容和来龙去脉。谁做的这个数据集？何时做的？怎么做的？谁使用它？使用的目的是什么？（数据集有什么偏见？）用一到两段话描述你的研究发现。

模型比较

用两种不同的图像分析工具或分类工具对同一幅图像进行处理。写下一段话，记录两者处理结果的差异之处。

购物清单

使用某个目标识别类库或分类器工具，得到一组可以识别的对象。用它挑出所能放在冰箱里的东西，做成购物清单[1]。

你看到了什么？

将目标识别分类器和文本转语音类库结合起来，写出一段程序，它能够把摄像头中看到的东西说出来。

别摸你的脸

摸脸可能会传染疾病。对人体动作识别器进行训练，让摄像头能够检测到摸脸的动作。然后写一段程序，只要你摸脸，就会自动报警。（图片：Isaac Blankensmith 的作品《反摸脸机》（ANTI-FACE-TOUCHING MACHINE）就是这个概念的实现[2]。）

表情包翻译器

使用某个图像分类器和计算机上的摄像头训练一个神经网络，能够识别你的面部表情，并显示相应的表情包图案[3]。

身体就是游戏控制器

训练一个图像分类器，能够分辨你是否抬起 / 放下左手或右手。然后再利用 webdriver（也叫作鼠标 / 键盘自动机）之类的类库，写出一段程序来控制街机游戏。比如，游戏《太空侵略者》只需要通过"WASD"或者方向键来控制。常用的 webdriver 包括 Java Robot class、JavascriptExecutor、Selenium Browser Automation Project。

用鼻子作画

利用姿态分类器或面部跟踪工具开发一个程序，能让你用鼻子作画[4]。

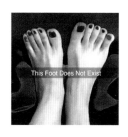

远不止于此

搜集或下载几千张某个细分主题的图片（猫、花、挂历等）。然后利用生成对抗网络（GAN）合成新的图片，使得新图片也属于这个主题[7]。（图片：MSCHF 的作品集《这双脚并不存在》（This Foot Does Not Exist）。）

掌中人偶

训练一个分类器，能够根据手掌打开或握紧的程度，产生从 0 到 1 之间的数值。这个分类器可以用目标跟踪类库中的手势数据来实现，也可以直接使用摄像头采集的图像，从像素处理直接做起[5]。在手掌处放置一个动画人偶，用数值来控制人偶张嘴的程度。

环境音时钟

在你的房间里采集清晨、中午、傍晚、深夜的环境音，然后利用采集到的声音训练一个分类器去识别环境音。开发一个软件，通过识别环境音判断当前的大致时间。

图片的聚类

分析图片集中图片的相似程度，将结果做成一张 2D 图画。首先，挑选一个你感兴趣的图片数据集；然后，使用一些图像分析类库，如卷积神经网络（CNN），算出每张图片的高维特征；之后，使用UMAP、t-SNE 等降维算法，将图片的高维特征降维为二维特征；接着，根据图片的二维特征，将它画到（x，y）坐标平面上；最后，观察聚类后得到的图画。（图片：Christopher Pietsch 使用 UMAP算法对 OpenMoji 中的表情图片进行聚类形成的图画。）

情感分析

搜集最近你发出的十条短消息，然后使用情感分析类库分析每条消息的情绪[6]。

参考文献
Yining Shi, syllabus for Machine Learning for the Web
(NYU ITP, Fall 2018 and Spring 2019), https://github.com/
yining1023/machine-learning-for-the-web.

Gene Kogan, "Machine Learning for Artists," GitHub, accessed
April 11, 2020, https://ml4a.github.io/.

参见RunwayML和"学习"部分，其中包括用于Processing等
常见创意编程环境的库。例如，"Learn," RunwayML, accessed
April 11, 2020, https://learn.runwayml.com/#/networking/
examples?id=processing。

附注
1. 参见ml5.js库中的图像分类示例："imageClassifier(),"
accessed April 11, 2020, https://ml5js.org/reference/api-
ImageClassifier/。

2. 参见ml5.js和Teachable Machine项目用于训练模型的浏览器内
工具："Image Classifier," accessed July 11, 2020, https://learn.
ml5js.org/docs/#/reference/image-classifier; "Teachable
Machine," accessed April 11, 2020, https://teachablemachine.
withgoogle.com/; Isaac Blankensmith's "ANTI-FACE-
TOUCHING MACHINE," https://twitter.com/Blankensmith/
status/1234603129443962880。

3. Hayk Mikayelyan, "Webcam2Emoji," last modified
September 16, 2020, https://github.com/mikahayk/ml4w-
homework2.

4. Dan Shiffman, "ml5.js Pose Estimation with PoseNet," *The
Coding Train*, January 9, 2020, video, 14.24, https://www.
youtube.com/watch?v=OIo-DIOkNVg.

5. 参见ml5.js库中的featureExtractor回归因子，以及Ultraleap和
Google MediaPipe HandPose库之类的手掌跟踪器。

6. 参见ml5.js库中的情感模型："Sentiment," accessed July 11,
2020, https://learn.ml5js.org/docs/#/reference/sentiment。

7. 参见RunwayML或ml5.js中的DCGAN工具。

声音

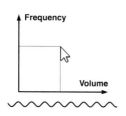

特雷门琴

特雷门琴是一种单声部乐器，乐器的音量和音高由演奏者的手掌在两个天线间的相对位置控制。利用鼠标指针的 x 和 y 坐标，用代码实现一个简单的特雷门琴。不要使用鼠标点击或键盘敲击来进行控制。

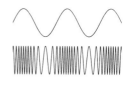

调制器

开发一个程序，使用晶振器和包络器修改声音的属性。比如，你可以实现**震音**（振幅周期性变化）、**颤音**（频率周期性变化）、**哇音**（使用谐振滤波器的周期性调制）。

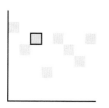

音序器 I

构造一个音序器，能够循环播放固定的乐段或连续的声音。你需要构建一个数组，存储每个音符、和弦、节奏等音乐参数的数值。对于能力强的学生，可以想想如何把"乐谱"显示出来。

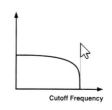

滤波器

开发一个简单的交互程序，让用户能够对音源或噪声进行滤波，用鼠标指针的 x 和 y 轴坐标来控制滤波器的参数。设计不同种类的滤波器，调整它们的参数，看看效果如何。

音序器 II

开发一款音序器，让表演者能够记录和回放一段乐章。设计一个视觉界面，让演奏者能够修改回放的效果，比如，改变乐曲的速度、修改相位、倒放、音符重排序、修改音色等。

复调音乐

开发一个能够生成复调音乐的程序。然后把音乐以视觉方式展示出来（仿真或游戏），让每种声音的音高与对应粒子的速度、位置、朝向相关。为了降低开发难度，可以将复调音乐的声音限定为特定的乐器或声音。

采样器

采样器是一种记录和播放声音的仪器。开发一款采样器，按下按键即可触发声音。设计一种播放方式，使得播出的声音和鼠标指针的 x 和 y 轴坐标有关。

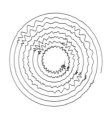

音乐显示器

构造一个音乐显示器，能够显示出特定的音乐。显示的图形能够反映音乐的动态范围（音量变化），甚至可以反映选定音乐的频率信息。为了降低开发难度，选择一段没有语音或人声的纯音乐。

数据音乐化

通过传感器或者网络 API 界面（实时天气、股票价格、卫星位置、推文、地震数据），从互联网上获得实时的数据流。设计一个程序，能够将数据做成音乐，或者用这些数据来调整一段音乐的参数，从而合成新的音乐。

Latitude: -51.6221
Longitude: 66.0690

吹口哨控制的指针

使用工具来分析实时单声部音频信号的调性。这些工具包括 fzero 对象（Max/MSP/Jitter）、sigmund（Pure Data）、ofxAubio（openFrameworks）。然后开发一个游戏，分析用户口哨声的调性，然后用其控制太空飞船的行进方向。

延迟线音效

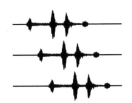

使用**延迟线**（一组带有延迟的声音）开发一个程序，能对指定的音频进行处理，做出特殊的音效。目前常见的延迟线音效包括镶边、混响、延迟、合奏、协奏。这些音效目前都是通过晶振器实现的。

合成语音

开发一个语音合成器。不许使用现有的语音样本或文本转语音（TTL）系统，而是用各种音频处理算法来做一个语音合成器。你可能需要用共振峰合成算法来合成不同的元音，用门状噪声算法来合成不同的辅音。使用你的合成器，哪些单词读起来效果最佳？

物理调制

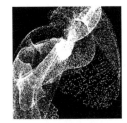

对之前完成的一些物理仿真练习（如粒子系统、弹性网络等）进行代码的重新编写，使用这些物理仿真系统中的时变量化参数来控制音频合成器的连续信号。你需要仔细思考物理仿真系统的统计特性与实际音频参数之间的映射关系。比如，用粒子系统中多个粒子的 x 坐标平均值对应立体声的左右位置，用粒子的平均速度对应音频的音调。哪种对应关系的效果最强烈？哪种视觉和听觉的对应关系最明显？

用声音控制物理动作

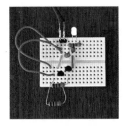

使用麦克风来控制雕塑、环境、产品原型中的控制单元。要考虑麦克风的放置位置对拾音效果的影响。比如，使用接触式麦克风来拾取敲门声，然后控制发声单元，让人们在远处就能听见敲门的声音。

附注
本练习由R. Luke DuBois提供。

游戏

无道具游戏

设计一种无道具的游戏，在坐车或长时间散步时都能够玩。你所设计的游戏至少需要两个参与者一起来玩[1]。

碰撞检测

写一段程序，让两个圆圈不规则地运动（比如使用佩林噪声之类的算法）。当两个圆圈重合的时候，将重合的部分用其他的颜色进行填充。

打地鼠

开发一个游戏，游戏中的动物或物体会突然出现或消失，以不可预测的方式在屏幕中运动。用户需要用鼠标点中屏幕上出现的物体，从而得到游戏分数[2]。

WASD 旅行

使用键盘上的"WASD"四个键来控制程序中人物的移动。

怀旧游戏

重新实现一些经典的街机游戏，如《乒乓球》《贪食蛇》《俄罗斯方块》《太空侵略者》等。或者**修改**经典的街机游戏（这些游戏的代码在网上很容易找到），让这个游戏的玩法出现新的变化[3]。

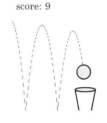

物理世界的乐趣

实现或使用一段代码，仿真真实世界物体的运动，如弹跳的球或喷泉粒子。然后用这段代码来实现一个游戏[4]。

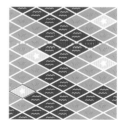

关卡设计

设计某种数据结构来存储地牢游戏的地图。再设计一种拼图机制，让每幅地图都由不同的地图块（墙壁、道路、水、宝藏）组成。最后开发一种"关卡设计器"，允许用户选择、放置不同的地图块，并将设计好的地图存储下来[5]。

附注
1. Dushko Petrovich and Roger White, eds., *Draw It with Your Eyes Closed: The Art of the Art Assignment* (Paper Monument, 2012), 28.

2, 3, 4, 5. 由Paolo Pedercini提供。

第三部分　采访

给艺术家和设计师讲授编程

给艺术家和设计师讲授编程，与给计算机科学专业的学生讲授编程有哪些不同？

教育家 Leah Buechely 发现，艺术家和设计师更习惯于：（1）学习完整的具体示例，而不是抽象的概念；（2）喜欢即兴工作，而不是按部就班；（3）设计出更具观念性和表现力的东西，而不是更实用的东西。综合上述差异，Buechely 发现，传统的计算机科学教育方式在编程基础、思维方式、教育目标上，和艺术的教育方式有显著不同，套用计算机科学的教育方式给艺术家和设计师讲授编程往往会失败。在本部分内容中，教育家会聚在一起，研讨如何给艺术专业学生讲授计算机科学的课程，并详细阐述如何因材施教。

Heather Dewey-Hagborg

我认为，让每个人都学会编程，现在非常重要。需要在全行业强调编程是学生的基础技能。但是对于艺术家来说，编程必须是项目式的。只有做项目，才能真正调动艺术家的积极性，让他们按照自己的方式做自己感兴趣的事情。根据我的经验，给他们布置作业，他们根本不理会。但是，如果他们看到别人的视频或者作品，正好是他们感兴趣的，也真的希望拼尽力气做出类似的东西，那么他们就会去学。我想，这种做项目的热情和综合素质训练，比项目最后做成什么样子、使用了什么编程语言、是否上得了台面更为重要。当课程结束的时候，学生会对各种不同的东西感兴趣。我也意识到，一旦学生学明白了一种编程语言，学习其他编程语言也会轻车熟路。毕竟，编程只是艺术家的一种工具，服务于艺术家的直觉，服务于艺术家的创作团队，帮助艺术家做出他们真正想做的东西。

Daniel Shiffman

归根到底，一样米养百样人。因此，必须针对不同的人群采取不同的教育方式。我认为，**用代码画画**的理念非常有用，能够让学生逐渐明白编程的原理。我曾经和 Lauren McCarthy 研讨过，她有着很强的计算机科学的学术背景，她向我讲述了在纽约大学讲授"交互传播"课程的时候所经历的艰辛。按照计算机科学的传统方式，上课就必须弄清楚所有东西，弄清楚事情发生的原理，然后从头开始，按照规则重新搭建起新的架构。但是给艺术专业的学生上课，需要营造充满创意的环境，就必须拥抱

不确定性——学生可能并不懂原理，但是他们仍然需要尝试。毕竟，犯错是创意之母，万事万物也不需要都有标准答案。从某种意义上说，艺术编程有点像意识流编程。我不想用负面的语言来评价计算机科学的教育方式，但是计算机科学教育要求精确，这和创意设计还是有很大差别的。

坦率地讲，上这门课，学生压力很大。每次课程开始后，总有学生说："哎呀，老师您上课讲的东西，我真的没听懂。我真的不能坐在电脑前，面对空白的画布，把代码重新写出来。"说真的，没人能够从头做起。学习编程，就是照猫画虎，通过做过的例子学习。或者使用某个类库，从某个示例开始编程，这才是稳步可行的学习方法。

Lauren McCarthy

作为一名计算机科学领域的行内人，我认为，代码本身就是艺术。搞代码艺术的第一步，就是要把代码弄清楚，学会控制代码的复杂度和模块度，然后才能真正做出艺术作品。我开始讲课的时候，感觉一切都很难——"我刚刚向学生做了演示，怎样在屏幕上画出各种图形。但是学生根本搞不清楚我在干什么"。其实，编程可以完成各种不同的事情。通常，当我给艺术类学生讲课的时候，有一些学生会很快进入编程的逻辑中，但是大多数学生会完全不感兴趣。一般来说，学生有着各自的想法。如果学生学得很快，那么当他们学得足够深之后，就能体会到编程的精妙。但是，如果学生学得浅，就很难有这种成就感。对于我来说，只有当我的程序真的成为艺术作品，我才会真正感兴趣。所以我认为，给艺术类学生讲编程，就是要跟他们讲

清楚，编程可以完成哪些事情，怎样把理念变成作品。

Phœnix Perry

我认为，必须假设上这门课的学生都是零基础。然后，要让学生学到基本的编程原理。你需要将复杂的数学原理转化成视觉上的直观输出。学生学了数学，却不知道数学在真实世界的意义；学生学会了正弦函数和余弦函数，却不知道如何利用这些函数制作动画、制作波形。

Golan Levin：我也有相同的感受。有时候我在教艺术系大二的学生时，发现他们没有学过三角函数。我就得说，"这是个直角三角形。我们现在来学三角函数知识"。当他们学起来很吃力的时候，我就要说，"同学们，加油。这可是古希腊时代的科技，现在都 21 世纪了，你们可得知道这些东西啊"。

数学就是数学，它和艺术还是有天壤有别的。如果大家觉得自己是个艺术家，那么你的气质就不会是数学家或是科学家，你很难精通数学或科学，对吧？所以，要跟艺术家讲编程，就必须使用艺术家能够理解的语言，也就是视觉语言和听觉语言。如果教师能够做到这点，学生就能够醍醐灌顶、豁然开朗。

Zach Lieberman

我认为，给艺术家上编程课，最大的挑战就在于这种教育模式非常孤独。学生一个人对着计算机屏幕，时间漫长，令人沮丧。对于习惯于接触实物、集体协作、广泛研讨的艺术生来说，这种体验非常糟糕。学生不再是和人交流，而是和编译器交流。学生跟计算机屏幕进行着想象中的对话，他们体验很差。

De Angela Duff

我是数字媒体系的教师，因此既教过计算机科学专业的学生，也教过艺术类的学生。计算机科学专业的学生在思维方式上和艺术类的学生完全不同。他们来上我的课，就是希望变得"更有创意"。当然，光上我的课，也没法让他们脱胎换骨。这些传统的计算机科学专业的学生都觉得自己不够有创造力，没有从事视觉艺术设计工作的技能。

我把他们完成的项目发布到 OpenProcessing.org 上，所以大家能互相看到各自的作品。学生会为彼此的作品感到惊叹，这也让他们认识到，艺术作品并不神秘。这些画作能够在网站上一直存放，让大家增补、删改、重构。这点非常重要。所以，学生完成作业后，我又给了他们一个星期的时间进行修改。我有个前同事曾经说过，以班级中的某个学生为标尺设置作业的门槛。如果班级中有学生做出了非常棒的作品，那么其他的学生看到了这个作品，就会想，如果我再花点时间或精力也是可以的。我常常听到学生说，我不会画画。其实艺术并不是画画。艺术是创意的表达，是使用圆圈、方块、三角、线条、点等基本元素，构造出不同的东西。然而，对许多学生来说，这也是最难完成的作业。

Rune Madsen

给艺术类学生上课时，最大的差异在于：我们不关心作业做得"好不好"，也不关心作业做得"对不对"，更不关心是否像工程师那样做得精确。我们关心的是，做出来的东西是否让人"眼前一亮"，是否有了新的"含义"。学生需要经历很长一段时间，才能真正弄明白该怎么做东西。但是，当我开始教学的时候，不会在意咿呀学语的稚嫩。在我的课堂上，有很多对于现代技术的解构，把艺术作品**回退**到算法和系统层面进行分析，然后让学生对习以为常的事物和系统产生新的认识。所以，我们会回顾20世纪五六十年代的图形设计作品，比如在计算机出现之前做出来的印刷海报，再对这些作品进行解构。"当时的艺术家需要坐下来，拿出笔才能画出这张海报。那他是怎么画的？他的设计体系是什么？"学生思考这些作品的体系，然后再回头思索我们如何用代码实现。辗转之间，趣味无穷。我们以最终结果为导向，告诉学生编程的方法，并让学生意识到为何代码如此重要。

Winnie Soon

根据我的经验，艺术类和设计类学生做的是艺术作品，因此使用编程的方式和计算机专业的学生完全不同。他们不仅要关心代码如何运行，而且需要关注代码背后的艺术含义。但是，编程的传统文化是标准化、专业化、工具化。因此，它就是个实用技能。当我们给艺术类学生上课时，他们很排斥自称为"开发者"或"程序员"。就好像即使你知道如何写作，但你也不会自称"作家"。

Allison Parrish

给艺术类学生讲课，最大的特点就是他们不会

被规则所束缚。来上我的课，绝对不是为了去找个好工作，而是为了心灵的慰藉。对于一名教师来说，当我看见学生充满热情，将我所讲述的东西应用于他们的艺术实践中，我深感欣慰。当我跟他们讲到某一点的时候，甚至能看到他们的脑门上亮起来一盏明灯，仿佛在说："我还能做点别的事情。这是我要做的事情。"因此，我的课程不是目标导向的，不是规定学生去做他们不感兴趣的事情。做了规定，就不是艺术家的风格了。对我来说，给艺术类学生上课，就是要在教室里面有点变化。我可以说，"让我们在编程的过程中，找到新的美学体验"，而不是说，"让我们想想，怎样才能拿到学分"或者"学生要学会什么技能，才能去找工作"。

参差不齐的基础

如何同时管理编程水平不同的学生？

由于编程已经被大众广泛接受，因此一个班级里面可能会同时出现编程小白和大神。如果这门课程是纯技术的，那么初学者就会特别沮丧，而熟练者会因为以前学过而感觉课程毫无趣味。

Taeyoon Choi

对于我来说，最好的方法就是把同一个作业做成两个版本，从而应对学生参差不齐的基础水平。特别是关于电路的课程，同一个作业可以使用不同的方式完成。我喜欢给有能力的学生提高挑战难度，毕竟他们以前还是学过一些。而对于初学者，我会给他们留足学习时间。我可不想有的学生 10 分钟做完了作业，但另外一个学生却要花 1 个小时。我们在 SFPC（School for Poetic Computation，诗意计算学院）采用了一种更容易上手的方法——让水平高的学生教水平一般的学生。不是由教师来教，而是让学生共同进步。这样做有着多重收益，但是有些作业可以这样做，有些则不行。在同 SFPC 的其他教师交流之后发现，大家鼓励能力强的学生准备教案。这些学生可能解决问题的能力很强，但是根据程序代码和工具集来设计作业则更具挑战性。教师必须意识到，即使是能力水平最强的学生，也不是经验丰富的教师或者成名的艺术家，他们的水平还是不够，因此也没有足够的能力给其他学生讲清楚，所以这些学生还是需要通过编程实践来提升自己。

Daniel Shiffman

对于新手来说，我会给出一个特别详细的例子，手把手教，也就是逐行讲解代码，确保学生理解程序的每个细节，然后再让学生在这个例子的基础上加以修改。我会花一半的时间来讲理论，另外一半时间来讲相关的例子，让学生在更为宽松的交流中理解相关的概念，并进行相应的演示，而不是让学生猛然扎进代码的细节里。从某种意义上讲，我的教学难度会在高水平学生和普通学生之间不断变换。这是因为，如果把教学难度放在中间，有时候反而会出问题。这就好比，"大家来看看代码。呃，伪代码"。或者是，"来看看这个，但是我有所保留"。这肯定有些上不下的尴尬，还会让一些学生感到困惑。我认为，要么就是手把手、一步步地教，要么就是看着例子和运行结果，告诉学生会出现什么效果，代表什么含义，有什么意义和价值。然后学生自己再去看代码学习。

从某种方式上看，我所做的就是要让课堂更加轻松一些。我常常认为，我的课程是"教无所教、学无所学、无为而为"。到最后，学生会在自己动手编程之后，学会该学会的东西，并认识和挖掘自己的能力。

Rune Madsen

我教授的是"图形设计和编程"这门课。我从课程开始的时候就说："你们中间有些人是非常厉害的程序员，但是你们没有艺术生的视觉艺术培训基础。本课程就是要培训你们的艺术基础技能。所以，视觉艺术就是你们需要着重培养的部分。同样，还有些人虽然没有编程基础，但是有着艺术方面的优势。"所以，会编程的学生，也不见得会做出令人惊叹的作业。而不会编程但是学艺术的学生，也不是一无是处。另外，我在上课时一直注意保持节奏。我不会把标准设置在最低水平线上，因为这样会拖累大多数学生。与此相反，我会把标准设置得很高。但是我在课堂上会讲大量原理，让每个人都能上手做作业。所以，我会在课堂上开门见山地说："现在，我要讲一些对大家来说稍微难一点的东西。大家随意。如果听不懂的话，你可以干点别的。如果你有兴趣的话，就照着兴趣接着听。"说完这些话，我就会讲些更深入的东西。或者，我会说："大家现在开始上手写程序，我会四处走动，帮大家解决问题。如果大家想更有挑战一些，也可以写点新的程序。"通过这种方式，我就可以同时应对不同水平的学生了。

Winnie Soon

在我教的学生中，99% 的学生刚上课时都是编程小白。但是，课程上了几周，当学生花了大量时间练习之后，你就会发现其中哪些学生真正进入了编程的状态，接着就会发现学生的水平开始分层了。我的课程是"下限低、上限高"的，这种教学方式 在 Seymour Papert 和 Paul Wang 关 于 计算思维的研究报告中也提到了。刚刚给学生讲编程的时候，门槛必须足够低。这样学生才能接受，并且感觉能够跟得上。与此同时，又必须让学生意识到，编程是没有上限、没有终点的，可以不断深入、深入再深入。所以我布置的作业，即使学生没有编程基础，也能够交上一些成果——只要跟着参考资料和示例代码做，然后再稍作修改就可以。我的作业不是计算机科学的作业，所以没有正确答案。与此相反的是，作业是抽象的，所以编程水平高的学生能够真正深入进去，运用更多、更复杂的编程技巧。

Phœnix Perry

我通常是在下课之后把能力强的学生拉到一边，对他们说："哇，你真棒。为什么不再看看这本书？如果你能把上面的东西做出来，我上课的时候你可以干别的事情。"我会给他们布置一些比他们的能力稍高的作业，一些确实有点难度的东西。这样就给了学生一个难题，他们在课堂上虽然没听我讲课，但是一堂课下来，依然能够学到东西。还有一种方式是让他们做助教，但是他们的知识体系往往不够完整，他们认为自己知道的要比他们真正知道的要多。我曾经看见过基础好的学生最后成为表现最差的学生，这是因为他们自以为是，而其他学生则注意听讲，得到了更为系统的知识传授。

Jer Thorp

我的经验是，在布置艺术项目的时候，千万不要太严格。要让学生能够在较为舒缓的氛围下工作。我第一次授课的时候，项目要求太高，使得好学生和水平一般的学生之间的差距非常大。而把要求降低之后，学生的信心却增强了，学生能够更好地发挥自己的特长。我花了很长时间才适应了这种情况。我现在的每个项目都有着明确的教学目标，但是并不要求学生必须达到我的目标。

Lauren McCarthy

我认为，上课并不是为了完成课程项目。很多时候，如果学生的编程水平很高，那么他在完成项目时，就很难把精力放在艺术、设计或者人机交互等方面。所以我在课程中、课程后会不断强调，尺有所短、寸有所长。不论学生拥有什么样的技能，都要让他们意识到，完成项目需要你的参与。给初学者以希望，是非常有必要的。我也要让基础好的学生意识到，编程技巧需要一步步慢慢教，因此进度会比较慢。但是你可以在学习过程中探索其他的创意。对于基础一般的学生，则要让他们明白，其他同学（基础好的同学）能够做出来，是因为那些同学以前做过类似的事情。自己现在做得不好，并不意味着未来也会一直做得很差。我鼓励水平一般的学生千万别害怕，我会帮助他们找到自己的不足，明白自己的长处。

Zach Lieberman

我带过的大部分班级，学生水平差距很大。我认为，来上课的学生技能背景不同，这本身就很有意义，能够形成新的组织氛围。课堂上要做的事情，就是要建立沟通，构建"不懂的问、明白的答"的教学模式。但如果大家都不懂，教学就有些困难。我往往会给能力强的学生一些提示，让他们觉得，再花点时间和精力在课堂上，就能学到不少新东西。我常常会对他们说："你能把我们刚刚说过的东西做出来吗？你能不能用别的工具或技术做出更好的效果？"在某种意义上，我是把他们看成教师，并指引他们学会教学。同样，对于初学者也有各种鼓励手段。毕竟，每个人在新的领域都是初学者。所以，在课堂上总是同时存在菜鸟和大神。教师要做的事情，就是让所有的学生清楚他们只知皮毛，还有大量他们不知道的东西。我会使用不同的方式来提示

他们，比如告诉他们，不同的编程语言有着不同的局限。

我认为，在水平参差的课堂上，把初学者或学迷糊了的人挽救回来，还是相当有价值的。我会把他们编在一个小组内，抱团取暖。比如，一门课有15名学生，你私下和其中四五名学生谈谈，提升他们的自信心。他们可能需要有个安全的环境，才能避免害羞，问出上课时不敢问的问题。

Luke DuBois

我不得不做"单室学校"的事情（译者注：单室学校是当年美国乡村的一种教学模式。所有上课的学生不分年龄，都在一间屋子里，由一位老师来教）。因为我的学生中有60%是纽约城市公共学院的学生。他们作为纽约大学最后一批交换生，来参加我的课程。很不巧的是，大部分学生是没有上过布朗克斯科学学院和布鲁克林技术学院的课程的。他们上过计算机课程，但只学会了如何使用Dreamweaver。他们中有些人上过计算机科学课，有些人上过数学课，但是没有教师带他们去过MoMA（纽约现代艺术博物馆）或Guggenheim（古根海姆博物馆）（译者注：这两个博物馆都位于纽约，是当代艺术的圣地）。我在给工程专业的学生上这门课的时候，有个小经验，就是鼓励他们做设计的小组作业。我会发现学生之间的互补关系，鼓励他们组成搭档，让他们相互学习。我则是在尽可能地推动这个进程。这还是挺难的，比如，今年纽约大学选修这门课的学生来自录音专业和摄影专业，这些学生具备非常高的艺术修养，但是却没有任何

计算机基础。他们把破解版的 Ableton 软件玩得烂熟，但是却不知道如何编程。为了应对这些学生的背景，我会要求课程的作业中必须加入些摄影技术，也必须加入音轨。我对课程重新进行解构，因此不论是什么作业，我都会要求加入音乐。

De Angela Duff

我强烈推荐"结对编程"。我通常让一个编程高手带一个编程新手，然后让编程新手上手写程序，高手在旁边进行指导。我同时还会鼓励学生组成课外学习小组。这是因为我发现，有些学得好的学生确实希望帮助其他同学，而要实现他们的目标，就是在课外由他们来领导学习小组。我上课用一种编程语言，但会让学生用其他的编程语言重新讲一遍。

我一直对学生讲，当他们开始学习编程的时候，要善用手头的多个资源。我会使用两种教科书，然后让他们再去找第三种。使用的书不同，书上讲到的例子也不同，对相同概念的描述也不同。学生作为新手，他们能找到的资源越多，学起来就越轻松。

Tega Brain：您的意思是，您会同时讲解多门编程语言？

我确实会同时用好几种编程语言，我不想让学生认为"我只会一种语言 X"。编程语言只是一种工具，我希望学生能够使用不同的编程环境。只要他们知道了什么是循环、什么是数组、什么是对象，

那么他们只需要熟悉语法就可以了。我上课时同时用到了三种编程语言，这是因为他们通常会放弃其中一种。我不会明说只用两种语言也可以。但是一般来说，他们会在学习过程中慢慢从三种语言中选出两种来学习。我通常会把课程划成三份，其中的两份使用三种不同的编程语言来讲解，剩下的一份作为作业，让学生自行选择编程语言完成。随着课程一周周地进行，他们不得不使用不同的编程语言来完成小作业，而在课程最后 1/3 的时间里，学生选择一种语言完成大作业。如果学生使用多种编程语言来完成作业，我会给他们额外加分。刚开始上课的时候，学生会很不适应，但是最终你会发现，学生的水平会慢慢提升，最终达到预期的水平。这会让学生在遇到新的编程语言之后不再害怕，而是充满希望。

Allison Parrish

一想到给艺术类学生上技术类课程，我的脑海里就会自动出现各种难题。如果你把我的课程想象成普通的编程课——那就大错特错了。但是换个角度看，这些学生虽然刚开始学习编程，但是他们具有深厚的艺术修养，而且非常熟悉各种叙事和描述概念的方式。所以，即使是在编程课刚开始的时候，他们能使用的编程技巧还非常简单，但是他们依然能够做出一些极具美感的东西，超过很多编程老手。我常常用 Python 上课，但大部分学生都没学过，因此这就成为课堂上新的平衡点。这么多年以来，上我的课程之前，对 Python 有着深入理解的学生依然不多。但是最近几年，越来越多的程序员

进入我的课堂，他们对 Python 理解得很深刻。而这些精通 Python 的学生，也能通过学习本课程（创意编程和计算诗歌），进一步加深对程序设计的理解。现在还没有多少计算机程序员懂得艺术编程的精妙，因此不管学生之前的编程基础怎样，对每一个学生来说，这门课程依然需要从头学起。

如何鼓励学生

在课程教学中如何鼓励学生，让他们有成就感、专注、全心投入？

"多一些诗意，少一些示例。"这是纽约城市学院诗意计算学院（SFPC）的箴言。Taeyoon Choi、Zach Lieberman、Lauren Gardner 都是这个学院的教师。这句箴言其实包含了面向计算机教育的理念："学习编程"绝对不是浮光掠影（的职业培训），而是要培养学生新的思维和表达方式。"创意编程"有点类似于创意写作，是一门实践出真知的课程。但是，这句箴言驳斥了一种纯技术论的观念，也就是技术决定论的观点——对"颠覆式创新"的漠不关心，狭隘地认为编程教育应该"有用，能赚钱"。SFPC 的箴言也以一种温和的方式驳斥了一种观点——计算机艺术是一种浅薄的、冰冷的、工具式的东西。在本节中，教育者将讨论编程课如何在保证其技术特点的同时，让学生能够关注艺术编程的价值和意义。

Taeyoon Choi

这是一个好问题。目标可能会回退成这样——课程希望达到的是，"我帮你们成为程序员，我帮你们成为专家"。但是我认为，这个目标就有点像"我帮大家学会使用 Photoshop"。我认为，教授这门课程最大的挑战就是，让学生找到学习编程语言的热情。这门课程是关于代码和硬件电路的，但是它是一种表达文学。我希望学生能够把代码和科技当作艺术的媒介，所以他们不仅需要跨越"我学不会"或"我不是干这个的"的思维禁锢，还需要学会使用这种媒介进行创造。我要做的事情，就是让课堂作业尽可能简单。比如，就做一个按钮、一种输出结果，点击按钮后点亮 LED，然后设置时延。我喜欢简洁又不简单的例子，即技术上很简单，但是艺术上很深刻的东西。

Zach Lieberman

我常常使用一些课堂外的事物。尽管这些东西不一定是用代码实现的，但是这些东西会从视觉上、观念上激发我的创作灵感。我在课堂上要花大量时间讲述各类作品的社会价值，从而让学生理解我的价值取向。也许学生有着自己的价值观和兴趣点，但是呈现你所关心的、你所倾注激情的东西，这样才能带动学生投入激情。

Jer Thorp

我很幸运，我教编程的时候，周围的人都很热情。我会给学生灌输大量理论、阅读材料和实

例。通常，我会布置一份阅读小说的作业，他们必须在课堂上完成。我曾经把 Gary Shteyngart 的小说《超级悲伤的真爱故事》（Super Sad True Love Story）布置给学生阅读。学生的反应大多是这样的，"哇，这本小说真棒！我还要读其他的"。没人会说，"请给我讲更多的技术细节"。学生的反应总是，"让我们多接触些有趣的东西"。不论课堂上的程序代码有多简单，我都鼓励学生多想想呈现的方式。让学生多读一点短文，文章中有大量品钦式的精句，足以激励学生的学习，然后问问大家的感受，这些感受可以无关乎程序代码（译者注：品钦是美国著名作家，其行文风格晦涩难懂，充满语言上的递归和嵌套）。

Lauren McCarthy

我喜欢在布置作业的时候拿出大量参考示例和艺术作品，而这些作品并不是用代码实现的。我会问学生："如果这个作品用代码实现，会是什么样的？这样做，又会传达出什么样的观念？"我也会强调作品之间的关联性，特别是临近期末的大作业时。比如，他们可能需要完成几段代码，验证"如何做循环"或者敲击了"我去办公室的时间"之后的输出反馈。我要求学生在完成代码作业时要思考得比这个更多。对于初学者来说，这有点难。当我询问他们的创意时，学生可能会说，"上班时间会碰到其他人"。我则会说，"再想想，还有什么"。

网络是分享和发布学生作业的好地方。这个

学期，我把课程的概论放到了网上，效果非常好。这是因为现在的学生已经习惯了网络空间——所有的东西，包括新闻、广告、视频、艺术作品，都在网上。我尝试在课程中加入新闻或新鲜事，比如，"看，现在有一个正在争论的官司，或者是现在有部新的法律通过。对于这些事情，我们应该怎么看？"

Tatsuo Sugimoto

在技术和观念两个方面必须做到平衡。日本是个在科技与艺术领域都非常商业化的国家，建立观念更难。日本和美国、欧洲非常不同——当然，也有独立艺术家做出高科技的作品。但是大部分的作品都是由设计师或商业工作室团队完成的。我的学生对于艺术家和艺术实践知之甚少，但是对于各种商业作品耳熟能详。我认为，艺术是严肃观察社会的重要方式，对于社会发展不可或缺，但是日本的年轻人并不这样认为。比如在日本，无人机一方面已经广泛应用于娱乐和现场演出，但是另一方面，无人机还可以用于军事和监管。人们往往没想到这些。我在课程中不下结论，但是我会给学生展示大量国际上的艺术项目，引导学生去联想所使用的技术工具能产生的各种社会影响。

Daniel Shiffman

在学期刚开始的时候，我就和学生说，没必要做出开天辟地、精彩绝伦、意义深远的作品——只需要跟着学、跟着做。当你完成课堂作业的时候，

让你的作品带着你在精神世界里自由漫游。当然可以这样，"我就是想试试 for 循环函数，我只是想学会循环函数。我可不想为了气候问题而绞尽脑汁"。别给自己太多压力，随心而为。但是往往在学期结束之时，方能跳出技术的桎梏，放飞思想。我经常跟学生说："如果你上完我的课程，能蹦出新的创意，那就达到效果了。课程项目也并非一定需要使用代码，你只需要将项目实施方案讲清楚，理清楚自己的创意理念。"我很清楚，如果学生选择不使用代码，一定有着自己的理由。

另外有件事情，学生也很纠结，"我觉得这太简单了，是不是要加点东西"。简单并不代表浅薄。简单也可能精彩。要把焦点放在你要传达的观点上，不要把焦点放在技术上。

Heather Dewey-Hagborg

在我的"生物艺术"课程中，我确实是在教技术，但是我还在教学生一些他们从来不知道的东西，讲到一些关键技术和道德伦理知识。因此，我将"生物艺术"这门课分成四个项目：三个主题项目，讲授各种技术工具，还有一个最终项目。每个项目都是一个完整的模块，每个模块都包含一系列阅读材料，让学生写出一页左右的想法。在我上课之前，学生已经对阅读材料进行了研讨，并在前一天提交了简单的心得。这可以确保他们确实阅读并思考了这些材料，并能在课堂上和其他同学进行讨论。所以，我们在上手学技术和方法之前，先学习了相关材料。我会把学生在讨论中提出的关键问题牢记在

心。当学生进入最终项目的时候，我会把课堂讨论中曾经出现的问题拿出来，放在项目中重新进行讨论。在这个时间节点上，学生已经学到了很多，所以他们会开始做作品或者发布作品，以前在讨论中出现的问题也会自然而然地出现。这些评论不仅仅来自教师，也来自同学。我感觉，在"生物艺术"课程中抓住了学生间的讨论，就抓住了教学的主轴。我认为，这是我最接近教学真理的一次。

Luke DuBois

我大部分时间都是给工程类学生上艺术编程的课程。给他们上课时，最难的是让工程师去问问题。他们需要从现实的生活体验中剥离出来，然后发现环境中的问题。而他们原来是没有受过这方面的教育的，所以当你要求他们这样做的时候，他们是茫然的。我们的课堂非常跨界，比如会去开发帮助残疾人的工具。在进行残障设计研究的过程中，学生会到美国脑瘫协会纽约分会进行体验，通过给每位残疾人搭配两名学生，让学生学会"以用户为中心"的设计方法。学生有的是学计算机科学的，有的是学土木工程的，专业五花八门，他们需要在一起合作。他们在这门课上要做的第一件事情是拍纪录片，记录残疾人的生活。这会唤起他们的同理心，从而触动他们的设计。

工程师的缺点是，他们所受到的教育使得他们在看待特定的问题时，会使用最常见的技术方案加以解决。但是这样的解决方案往往难以用于实际，所以我不会说，"你现在是在做一个自动轮椅，需要申请专利，然后通过 FDA 的认证"。而是会说，"Steve 是个脑瘫患者。他右手只有两根手指能动，现在他需要用伞。开始你的设计吧"。这是一个真实案例，于是学生设计出了自动伞。在失能实验室中，我们通常是按照"为专人设计"的理念来展开工作的。

面对社会上存在的现实问题，学生"解决方案主义者"的观念会快速消逝，这是真正有价值的教育经历——不是说有了好的工具，就会有好的结果。因此，我们更提倡"有意义的创造"，也就是先提出问题，提出那些尚未通过技术手段或不能用技术手段解决的问题。我在这方面不如我的同事 Dana Karwas，她善于引导学生从日常生活中挖掘问题并加以提炼。Dana 和学生一起观察身边发生的事情，特别是不好的事情，然后从中提炼出艺术创作的灵感。

Winnie Soon

我的课程叫作"美学编程"，它和普通的编程课程完全不同。这门课每周有 1～2 个主题，要求学生提前阅读材料，了解相关的概念。比如，我们在第一周讲授形状，如矩形或椭圆形。我就会给学生一些关于表情符号的读物，比如表情包，或者是带有政治含义的几何图形。所以，虽然我们上课教的是图形，但是学生能够认识到图形、表情包、色彩所代表的含义。我们常常以为相同的图形符号在不同设备上的含义都是一样的，但是实际上却并不是如此。学生会发现这个现象，从而去思考背后的技术体系及其衍生的问题。

关于作业，每周学生都需要交一段 RUNME 程序和一份 README 文档。RUNME 程序是纯技术的，就是一个可执行的程序。但是，学生在开发程序的同时，需要在 README 文档中讲清楚自己的创意概念。这样的作业会让学生不止关注代码，同时还需要通过代码和文档来思考。我会对每份 RUNME 和 README 进行简评。比如，学生上交的 RUNME 程序中对进度条进行了重新设计。我会在 README 文档中引导性地提出一些问题：进度条要向大家隐藏 / 展示什么信息？进度条如何与文字信息相结合，为人家展示流逝的时间？ README 文件像是对程序的说明，但是它也要说明程序的目的和意义。我会让学生不再是想"我就是想做个小玩意儿"，而是思考更深层次的东西。

我的课程不是去做一些花里胡哨的东西，而是要让学生在学习过程中，逐步把软件看成一种文化现象，利用代码来增强对新型技术工具的感知能力，利用编程来了解 Facebook 之类的网络平台。如果你明白了数据抓取的原理，那么你就会反思 Instagram 等工具的使用方式。

Allison Parrish

我还是特别喜欢艺术编程这种教育体系和教育方法，它能把所有的东西都用代码联系在一起。上课的学生首先是个程序员，但又是名诗人。我的课程就是编写计算机程序，最终生成具备美感的文本，就像在创作诗歌。我会花大量的时间和精力来讲解

技术细节，并会对学生说，"我们接下来要学习的东西，是本次主题中会用到的技术。但是我们还需要学习如何构造词典，如何解析文本，如何分词，如何分析语音"。我当然希望课堂上的每个学生都对我所讲到的主题，也就是对我所感兴趣的内容完全投入，想法完全一致。但是，如果大家千人一面，未免沉闷且乏味。因此，我用一半的时间讲主题，一半的时间讲技术。主题概念让编程课变得不那么"技术"，带来了神奇和趣味。

Tega Brain：你要求学生将作品向全班表演，为什么要这样做呢？

这里有几个原因。文本作为一种媒介有很多优势。文本可以出现在屏幕上，也可以打印在纸张上，还可以转化成语音，让人们大声读出来。我认为，在一门关于语言的课程中，如果只把文本显示在屏幕上，那么就消解了语言的功能。大家不习惯把程序生成的文本大声读出来，但是如果让学生大声朗读所生成的作品，这就像打开了新的大门，他们会对自己的文本有新的认识。当你把文字大声读出来时，你会找到认识语言的新方式，理解何时换气，怎样读得动听，弄清词语的排列，确定朗读的时长。

而且当你大声朗读时，你会非常在意其他人的反应。你会发现哪些内容招人烦，并利用这些反馈完善文本。你会自问："我需要怎样使用曲线画出我的作品，才能吸引同学们的注意力？"我还发现，

这样会让学生对作业更加专注，因为学生承担的责任更重了。他们知道，当作业完成之后，他们不再是得到一张长长的课程成绩单，而是真的要花上2～5分钟时间，在课堂上用自己的身体和语言将作品展示出来。我认为，这种方式会让作品更具深度，更有趣味。

第一堂课

第一堂课你都做些什么?

这是学期开始前的夜晚,你辗转难眠,担心明天的课程。第一堂课通常都会有些紧张:第一堂课奠定了整个学期的学习基调,塑造了学生的预期期望。在这一节中,我们采访了各位教师,了解他们第一堂课的教育方法。

Zach Lieberman

当我在诗意计算学院上第一堂课的时候，我首先向学生提出问题，激发他们的好奇心。授课教师走进课堂，先向学生讲讲这门课程到底是学什么的，我们会教什么。然后我会让学生拿出 20 ～ 30 分钟的时间，写下他们关于这门课的各种问题。这个时间非常有趣，也非常奇特。我希望知道学生为什么要选择这门课，脑子里面有什么想法。学生的问题就是我的指示牌或标记板，帮助我们弄清楚所教的东西被学生领会了多少。所以，有些人会说，"我希望学会 X、Y、Z"，还有些人会说，"我希望和老师面谈"。有些较为深奥的问题可能无法直接回答，但是我喜欢那些学生，他们能够随着课程的进展，自己尝试解决出现的问题。我认为这样才能和学生连接在一起。大部分的课程都是这样：学生走进课堂，教授给你一份课程大纲，上面写着，这里是你要学的，这里是你要练的，到这个时间点需要掌握这些知识点。所以，有必要在我们的第一堂课上声明：**"你们想要问的，就是我们要教的。你们提出的问题，就是我们的课程要面对的。"**

Daniel Shiffman

每次上第一堂课的时候，我都会在课程开始前的那个早晨感到焦虑。我会想："在接下来的两个半小时中，我到底要讲些什么？嗯，两个半小时够长的。"于是，我通常会备课备得特别充足，以至于课堂上只讲了备课内容的十分之一。虽然每次上课的情况各有不同，但是我都是在最后 5 分钟才开始给出代码。上个学期的第一堂课，我做了一个"指令绘画"的课堂练习。我让学生两人一组，一个人给出指令，另一个人依据指令来画画。

在第一堂课上，我还有一个方法，就是展开关于计算机发展历史、编程语言及其影响的讨论。比如，你为什么要编程？如果我面对的学生都是编程初学者，那么我就会问他们，听说过哪些编程语言，又知道这些编程语言可以用来做什么事情。我要让每个学生都能够在大致相同的起点，这点很重要。

我还发现，如果在课堂上先展示之前学生的作品，那么有助于新的学生把精力放在各种有社会价值或奇思妙想的项目上，学生很容易把项目看成交互式艺术展或类似的交互式游戏。因此，我在展示项目案例时，会有些不一样。我会更加注意挑选这些东西——作品来自不同的文化社区，不同的性别。

Lauren McCarthy

我喜欢讲一些没人能懂的冷笑话。我曾经连讲了 7 周冷笑话，才得到一次尴尬的笑声。在概述课程中，我会做一些别人做过的事情，如"条件设计"的绘画练习，也就是 Casey Reas 提出的教学方法。如果我开始讲授 JavaScript，那么我会从网上找一些例子，向学生展示如何打开控制台，如何使用 JavaScript 或 CSS 来调试和修改，让学生理解程序是可以改的。我同时会额外关照那些对编程感到恐惧、紧张、悲伤的学生，以及感觉自己做得一塌糊涂的学生。这些学生会认为自己是班上学得最差的，或者认为自己是唯一掉队的学生，我要做的就是安慰他们，打消他们的恐惧感。

我们的"社会黑客"课程（由 Kyle McDonald 讲授）有着特殊的要求。在第一堂课上，我们要求学生签一份协议。这份协议包括如下内容。首先，我们要求学生做实验。学生自主选择实验，教师不对学生的选择负责。同时，学生还必须确认，他们所做的艺术项目会涉及其他人，这个过程并没有经过谁的许可，也没经过谁的同意。其次，学生需要单独承担艺术作品给他人带来的风险，如果不愿承担，则需要退课。最后，如果学生都同意独自承担风险，我们需要向每个学生敞开心胸，积极接纳，教好他们。在这门课上，每个学生都是敞开心胸的，所以我们也必须敞开心胸，积极回应学生的各种感受。

Winnie Soon

我经常要向学生解释我为什么选择特定的编程工具。我会向学生解释，有哪些编程语言，有哪些代码编辑器，为什么选择 GitLab 作为课程计划的发布平台，为什么使用 p5.js 作为课程语言，这个软件有哪些优点，软件中又可以使用哪些插件。有的时候，选择编程工具就像参加政治选举，而我不希望学生仅仅从好用、高效、用过等实用性方面做出选择。我希望学生思考为什么要选择这种编程语言，希望传递什么样的价值和意义。我认为这点非常重要。

另一点心得就是，要给学生创造能够自由交流的空间。大部分学生都没有编程经验，他们面对编程时通常充满恐惧和不安。我会让大家把编程的感受说出来。我要体会他们编程时的情感和感受，而不是听他们说"学习 C++ 的好处"。而在课程结束的时候，我通常会要求学生用便利贴写出一句话，

送给下一届学这门课的同学。你认为上课之前要做哪些准备？留言通常是这样的："编程很酷""放宽心""编程充满乐趣，充满智慧""别总想着代码一次运行成功"。当学生看到师兄师姐留下的便利贴时，这可比我说什么都管用。我会把这些便利贴贴在墙上，让学生过来看看。我希望课堂氛围生动活泼，这很难做到，需要大家共同努力。如果大家共同努力，你就会像写便利贴的师哥师姐那样，顺利通过课程考核。

如果学生是选修的话，我会让他们说出选择这门课的理由。作为一名程序员和教师，我知道说出口不容易。如果他们完全没有编程经验，会很难在整门课程中坚持下来。所以，我希望这些学生在第一堂课的时候，就好好想想这门课能够给他们带来的好处。比如，找一份好工作，或作为程序员和商业管理者之间的沟通桥梁，或能够理解计算机文化背后的底层逻辑。不论理由是什么，总要有个理由。我会以此为契机，为学生点亮学习的道路。我会告诉他们，请记住你说过的话，记下你的目标，坚持前行。如果你在学习时感到害怕，重新想想你说过的话，看看你写过的文字，思考一下你为什么学这门课，当时为何会有那么高涨的热情。这样做有助于学生跨过最困难的学习时期。

我付出了很大的努力，让学生做好应对挑战的心理准备，大家携手克服困难。这点就是工程类课程和非工程类课程之间的差异。对于工程学和计算机科学的学生来说，他们有学习编程的动力，因为他们本身就希望成为程序员。而对于艺术学或社会学的学生来说，他们很害怕编程语言。教师就是要成为连接两者的桥梁。

Heather Dewey-Hagborg

我们将概念艺术和编程作为传达指令的媒介。我让一个学生拿着粉笔站在黑板前，其他学生给他下达指令，让拿粉笔的学生在黑板上作画。我在教室里走来走去，让每个学生都下达指令。这个过程非常有趣，也能够让学生看到指令精确与否所起到的效果。

Jer Thorp

我在第一堂课的时候通常比较主动，会做很多的工作。在这个时候，学生的脑子还是空的，容易装进新东西。我发现，把困难的东西越是往后拖，学生学起来就越难接受。这是因为他们已经在学习过程中逐渐固化认识，不像第一堂课那样灵活——处于知识构建阶段，易于接受新观念。如果我等到第四堂课的时候，才告诉学生们类是什么，对象是什么，学生肯定会这样说，"等等，这和我脑子里面所学的东西完全不一样"。所以，如果教师能够在第一堂课就把这些东西灌输给学生，那么后面的课程就不会那么困难，而学生会想，"嗯，对的，程序就是这样运行的"。

Golan Levin：信息可视化的第一堂课做了哪些工作？觉得效果如何？

我的"信息可视化"课程属于半理论半实践的课程，教学方法非常独特。我在第一次课上会首先拿出一半的时间，在黑板上写上"数据"这个单词，然后和学生讨论这个词到底是什么意思。这个词含义丰富，意义无穷。每个学生都有自己的认识，但没有人能够真正知道"数据"的含义。接下来，我们会讨论数据到底从哪里来，数据处理的过程是什么，这个过程意味着什么，它是如何表现的。我会试着向学生讲述数据处理的流水线。数据只是测量的结果，我们需要利用计算机分析数据，然后对数据进行解读。我会要求学生画一张数据流动的图，从而让学生发现数据处理中的有趣之处，并进行相应的设计。对于我来说，讲数据的课程并不仅仅是呈现数据的过程，而是让学生发现数据奇妙之处的过程。

第一次课的下半段，我会让学生从头设计一个数据集，并想好能够用这个数据集记录什么东西。举一个最简单的例子，我们把学生的编程能力按照从 0 到 10 进行衡量，然后做一份带有 16 个问题的调查表，让学生填表。问卷收回来之后，学生会想："如果我刚才填表时改了一些答案，统计结果会发生什么变化？如果教师能够给出更明确的答案提示，结果会发生什么样的变化？如果问卷答案能够分享，第一个做完的学生把他的答案大声读出来，第二个学生可以在他的答案基础上进行修改，结果又会出现什么变化？"这些问题很明显会带来数据的偏离。即使是课堂上的小练习，学生也会发现并没有"绝对正确的方式"来产生数据。我们会教学生如何去呈现数据，但是数据产生的方式有数百万种，每种方式都会产生不同的效果，即使这种效果刚开始看不到，但在最终的数据呈现时也会体现出来。

Taeyoon Choi

我通常会准备长长的教案。这样的话，就能展示课程的风貌，让原本真心喜欢艺术编程的学生更喜欢，同时劝退那些对编程不感兴趣的学生。我认为，这个方法很有效。我一般在课程开始前四个月就写课程描述，这样到课程真正开始的时候，想法会出现很多新的变化。出现变化之后，我就会根据我想做的和学生想学的，重新调整课程。我现在很少讲授纯技术课程，如果要讲的话，我会旁征博引，引入诸多观念。我会向学生解释，我能教什么，学生又必须自学什么。我希望告诉学生，学习编程技术挺难的，这和你的学科背景有关系。我会让学生明白，即使学完这门课，你也不太可能成为一位编程大神。

De Angela Duff

我希望消除学生的编程恐惧，让学生明白编程不是魔法，编程需要花费"坐冷板凳"的时间。学生既需要花费时间看 Dan Shiffman 的教学视频，也需要阅读《学习 Processing 》（Learning Processing）这本教科书。我会讲到编程背后的哲学。同时，我会请学生做一系列调查问卷，询问他们为什么选修这门课。我希望知道学生的期望，弄清楚学生的编程基础。我不会在第三次课之前讲授代码或者编程技巧。我布置的第一次作业，会让学生根据生活中的事物设计指令，然后把指令写下来——我需要让学生知道，计算机只会执行你给出的指令。在学生明白这点之后，我才能开始讲代码。然后我让学生两人一组，一人下达指令，一人执行指令，两人之间不能有其他沟通或讨论。下达指令的人能够根据执行的结果修改指令规则，从而优化结果。我发现，这样的课堂实践非常有效。学生会发现，如果下达指令的人使用的语言不够直接或不够明确，执行指令的人就会无所适从，程序也就无法执行。这是因为，下达指令的学生并没有把处理过程分解成足够细致的步骤。

Tatsuo Sugimoto

千万别陷进去。第一堂课非常重要。学生第一次编写代码的体验，会给他留下非常深的印象。虽然教师希望向学生展示自己学富五车、无所不能，但是上课必须慢慢来、按部就班地来，然后根据学生的反馈来讲课。

Rune Madsen

我还记得学生在学期刚开始时的样子，他们对我所要讲的课程所知甚少。我在学期之初提出了一些关于作业的要求，将他们的创意想法限制在一个很小的范围内。所以，我布置的第一个作业是在第一堂课结束时完成的。我让学生使用三角形、椭圆形、矩形等形状，设计冰激凌蛋筒。这个蛋筒只能用到黑白两种颜色。如果学生以前从来没有做过艺术编程，那么要做出完整的作品，工作量还是非常大的。所以我会做一些限制，让学生完成特定的东西。比如，如何把三个形状放在合适的位置上。我会提示学生，这是冰激凌蛋筒吗？如何摆放形状，让蛋筒表达悲伤或快乐的情绪？所以第一堂课往往是这样的：你既然来了，就不要害怕什么都不懂。因为我的作业很简单，至少第一堂课的作业完全不用担心。

Allison Parrish

在我的 Processing 课程中，我会直接让学生使用 UNIX 命令行。这是因为，选修我的课程的学生一般都会使用 OSX 系统，而在 OSX 系统中已经内置了大量现成的工具。UNIX 则是非常难学的，完全是给黑客用的。一旦学生学会打开终端窗口，敲击一些命令并执行，最终呈现出某些效果，那么学生马上就感觉学到了新技能。我一直在使用命令行式的处理工具，使用 grep、head、tail 等命令进行文本搜索和处理。我会在讲解文本处理方法的时候，介绍背后的艺术概念。比如当我讲到达达运动、观念作家和 *L=A=N=G=U=A=G=E*（1978 年到 1981 年出版的一本诗歌杂志）中的观念诗歌时，我会重新再现当时所表达的观念，也就是用现在计算机上的各种工具，按照当时的制作方法、当时的艺术风格再做一遍。当然，我不会忘了课程本来要讲什么，只不过用 UNIX 命令行会让学生觉得自己更加强大，感觉自己在同学之间特别厉害。

最喜欢的作业

在艺术编程课程中，你最喜欢哪一次作业？

好的作业有点像狮身人面像的谜语、大力神的任务，总是有些传奇色彩。最值得记忆的作业就像口述历史一样，会在教师和学生间口耳相传，略有更改。这样的作业大致相同，又带着各自的体验。我们询问授课教师如何描述内心最喜爱的作业，以及那次作业所带来的课堂教学体验。

Daniel Shiffman

我必须提前说明，布置作业是我的弱项。布置作业的难度在于做好开放性和限制度之间的平衡，让学生既能自我创新，做出自己的东西，又不至于感觉作业太难，做不出来。

我这里有两个作业可以分享。第一个作业来自"自然编程"这门课。这门课是给高级班上的，班上的学生已经上过一整个学期的编程课。在这门课上，他们需要学习如何实现动作、仿真、自然和物理定律。课程的作业是设计自己的生态系统。这不是一个简单的作业，而是一个项目，需要学生花费一大段时间完成。学生首先要学会如何让一个物体在屏幕上移动，然后再让十个物体在屏幕上同时移动，接着让这十个物体看起来更像自然界中的真东西，会躲避障碍、互相观察、产生交互（反弹）。学生由此设计出一个非常迷你且完整的生态系统。不论学生设计的东西是现实世界的投射物，还是纯粹想象中的子虚乌有，我都觉得他们设计的生态系统非常有趣。

另一种我喜欢的作业，就是能够促进学生合作的作业。这点非常难，但是我发现，编程一旦涉及物理实体，尽管我并没有要求，但是学生很快就能形成合作。学生在学习编程的时候，会认为编程作业必须单独完成。但是在实际生活中，大型的软件都是由一组人共同完成的。在我的作业中，我真心希望学生能够随机搭配，彼此交换代码，最终得到像弗兰肯斯坦这样的科学怪物。比如，"我做出了日出"和"我做出了游泳的鱼"，若将两人的结果合并，就得到了"在日出中游泳的鱼"。

Golan Levin：这让我想起了 John Maeda 很久以前布置的作业，也就是拿出前一周的作业，让学生进行修改和完善。

确实如此。而且在讲述面向对象编程的时候，这种方式更为有效。我真的想说："创建你的类，把你做的东西传给其他人，让他人用你的东西来构建他的世界。"我认为，这不是简简单单的合作，也不是简单的和他人的交流，这已经开始涉及开源软件开发以及类库开发了。学生不能只给其他人代码，他们还需要向其他人讲解函数的功能，并撰写自己的开发文档。不论这个开发文档是简单的电子邮件说明，还是详细的代码注释，总是要有的。

很明显，如果你教的是高级班，就一定会在课堂上使用 GitHub 创建文档。学生需要保持合作精神，学习如何交换代码，同时也在学习面向对象编程。所有这些东西都会在课堂上有所涉及。

Jer Thorp

对于我来说，最有意思的作业是"绘图工具"，我经常在第一堂课后就布置这个作业。学生能做出绘图工具，马上看到结果，很快明白计算机辅助设计的优势，并能够和其他同学进行交流。我在给设计师和艺术家讲课时，有一个小窍门，就是要让他们立刻能够看到制作的结果，立刻能够和其他人进行分享。我会要求学生在三个小时的课程结束之时，积极反馈他们的编程结果。他们会因为自己做出的东西而感到自豪，甚至有些小得意。他们会说，"看看我都做出了什么，"然后他们的朋友会说，"真厉害！你怎么做的？"

我的课程效果很好，还有一个原因，就是从课程一开始，我就灌输给学生模块化编程的思想。我会对他们说："让我们画出一条线，然后再使用命令画出一个矩形。"虽然是用一条命令画出了直线，另外一条命令画出了矩形，但是这两条命令都会用到四个参数值，所以基本操作都差不多。我会让学生调换参数值，看看运行结果。在前两次课程中，我会引导学生不停思考，"这是设置成这个参数值时的效果，如果把另外一个数值放在这里，效果会发生什么变化？"或者，"这是使用这个方法的效果，如果换成另外一个方法，效果会有什么变化？"这就是编程的乐趣之处。学生好像进入了乐高世界，发现程序不是用万能胶粘在一起的东西，而是可以拆成部件，重新组合。

Golan Levin：让我们把问题延展一下。您在信息可视化课程中，最喜欢用到的作业是什么？特别是那些并不适合初学者，但是中等和高等程度的学生都能用到的作业。

在讲信息可视化这门课时，最好的作业是获取位置数据，然后让学生使用这些数据做出些不是地图的新东西。整节课都会围绕这个作业来准备。在我的数据课程中，学生会拿到一个包含经纬度的大数据集，但是因为我不让他们绘制成地图，那么学生就必须做出点新东西。这明显会打破学生头脑中的藩篱。这和我们刚刚谈到的事情有所不同：我需要学生理解，并不存在什么规则，必须要把经线画成沿着水平轴的一条直线。这就有点像束缚住学生的双手，然后对他们说，不许画成地图。这就强迫学生去思考新的方式，重新看待已有的数据。这个作业和其他作业不一样，在我的强迫下，学生必须进行头脑重建，才能用固定的数据展示出新的形式。

Tatsuo Sugimoto

我经常会给从来没有学过编程的学生上课，所以我首先需要打消他们的恐惧。比如在最近的信息可视化课程中，我布置的第一个作业就是手绘作业。学生从 Giorgia Lupi 和 Stefanie Posavec 的项目《亲爱的数据》（Dear Data）中获得灵感，搜集个人数据，然后进行手绘。首先，我会让学生思考，通过这个项目，你希望获得哪些日常数据，比如，每顿饭吃了什么。所以，一个星期过后，他们会得到一张表单，上面记录着他们吃过的饭菜。然后学生会把这些数据手绘成图案。我认为，不编程的编程很重要，但是在接下来的课程中，我会告诉他们，你们做的手绘图是可以用 JavaScript 语言实现的。

Lauren McCarthy

在我的导论课上，我最喜欢的作业是让学生学会使用参数和变量。这个作业是创建一个画布，当鼠标在屏幕上移动时，画面出现相应的透视变化。学生的问题就是，如何将鼠标的移动和预想的效果联系起来？我经常给学生展示一些艺术项目的示例，比如 Anya Liftig 和 Caitlin Berrigan 的视觉艺术项目《品味崇拜》（Adoring Appetite）。在这个项目中，两名艺术家推着婴儿车在纽约街头游走。他们拥抱和亲吻自己"做"的孩子。与此同时，亲吻就会变成咬和吃，变成艺术家咬掉孩子的脑袋。孩子的脑袋采用糖和红色果冻制作。我会问学生："如果使用代码，这个体验会变成什么样子？"

我还喜欢水平更高的"社会黑客"课程的作业。我最喜欢的作业就是，为自己的身体或自己的生活制作一个 API。学生必须选择身体或生活的一部分，让它能够被其他人进行某种程度的控制。这可以通过数据通信，也可以通过向公众传达观念来实现。我会指导他们开发浏览器扩展程序或手机应用等，让这种社会黑客行为突破现实距离，但是我会首先让他们找身边的人试一试。学生必须首先在人身上做实验，而不是去想象。我认为，这是一种不同以往的思维过程，对学生很有帮助。如果你是往自己身上添加某种东西，你可能不会去想为什么要这么做。而现在是要给其他人身上加点什么东西，你就不得不去想别人的体验会是什么样的。

最后一个我喜欢的练习是让学生写下本周的工作计划，也就是朝着最终项目目标，在本周所采取的工作步骤。我会让学生写下本周将要完成的具体工作，以及每项工作估计花费的时间。然后在这一周中，我会按时间计划催促他们的进度。当我询问时，学生会汇报情况："我刚刚连接了一个信息流，获得了一些简单的数据。"我发现了一些学生的"黑话"，如果学生说"刚刚"，意味着预估的工作量需要加倍；如果学生说"简单的东西"，那么工作量就

要乘四倍。这是因为，大部分人都很难预测任务要持续的时间。

Phœnix Perry

我喜欢让学生思考游戏可以用来干什么——不仅仅是视频游戏，而是更宽泛意义上的游戏。比如，你可能会使用传感器跟踪他人的位置。我会向学生引入这样一个我设计的游戏，比如：你在什么位置，可以用头去撞击其他东西；或者当你尖叫时，会发生什么事情。我会让学生把情节想象得更为丰富一些，就像梦幻世界一般。如果天空是上限，那么天空下有哪些东西是你可以尝试去创造或者去做的？与此同时，我会引入普适游戏（pervasive gaming）的理念（译者注：可以将普适游戏看成普适计算的一种特殊应用，强调随时随地处于游戏环境之中，实现虚拟游戏环境和真实游戏环境的融合），让学生想象如何脱离计算机来玩游戏。当学生中既有艺术家又有游戏设计师时，这个理念会实现得特别好，因为他们会把各自的优势和兴趣综合在一起，形成一种令人惊叹的新方法，让游戏规则既简单又可以脱离计算机完成。我认为，这个作业和学生以往的学习经历无关，会给学生留下非常深刻的印象。

Rune Madsen

我布置的期中作业是做一个动态 logo，每次代码运行之后，所产生的结果都不一样。我认为，这是非常典型的作业。但是谈到"最喜欢"的作业，我想可能是另外一个，也就是在"计算性字体"课

上布置的作业。每次学期开始的时候，我都想把这次课去掉，因为字体设计是一项非常手工化的工作。你需要一点点微调字型，精益求精。我会要求学生做出一两个字母（或者一个单词），并不要求他们把整个字母表中的字母都做出来，但要求做出来的字母都符合相同的核心设计规则。这也意味着，代码做出来的字体会比手工做出来的字体效果更好。这也使得所设计的字体有了更深的含义：制作一种字体，用代码实现比用手绘方式实现效果更好。比如，将字体中的每个字母都定义成数组中的一个对象。我应该能够使用 for 循环函数画出其中的每个字母。

这种设计规则是受到 John Maeda 的启发，在他写的书中有类似的例子。我发现，把两个饼图用不同方式叠加在一起，就得到了各种字母，从而形成一种饼式风格的字体。（译者注：访谈者提到的例子，是"模块化字符集"作业中 Peter Cho 的作品《似是而非》。）学生的作业往往会让我吃惊，比如做出了正弦波或余弦波字体。通过这个作业，学生所展现出的创造力让我无比惊叹。

Heather Dewey-Hagborg

在"生物艺术"课上，我布置的第一个作业是让学生调研合成生物学、基因工程和设计未来学等相关学科领域的进展。我使用了一种前瞻设计（speculative design）的理念，让学生在作业中设计一种新的产品或服务，用到 100 年后基因工程、合成生物学所能取得的进展。学生会在画布上画出他们想象中的产品或服务，同时写下一段说明文字，说明他们所想象到的未来情景，以及这种产品给社会带来的影响。

Tega Brain：所以，这个是一个不需要做出实物的项目吗？如果这个东西完全是在想象中的，那么它还会那么重要吗？

确实，在这次课上，我们会做基因工程的实验，所以学生会有动手的经验，从而理解基因工程的现实限制。但是作业会鼓励学生超越现实中所能做的事情，想象实际之外的东西。一个学期时间不长，他们不太可能在基因工程上做出什么重大的成果。但是用这种方式，学生会积累实验室工作的经验，知道生物实验的过程是什么样的。我会让学生思考基因工程会向哪里发展，以及什么是基因工程的未来。

Zach Lieberman

对于我来说，最好的作业就是学习和重建以前艺术家的作品。我常用的作业是重建 James 和 John Whitney 的作品，并将其作为学生学习的起点。重建有两种方式。第一种方式是做出一些受到原作启发的东西——仔细观察作品，写下作品评论。接下来，我要求学生进行复现，严格重现原作。Matthew Epler 的项目《重编码》（ReCode）刚好按照这个思路一步步执行。还有一种方式，就是用不同的计算机代码实现 20 世纪 50 年代、60 年代、70 年代的艺术风格。我喜欢让学生回溯历史、发展历史，而不仅仅是关注技术和代码。对于其他艺术家作品的深度研究，远比写出一堆堆命令行更有意义。学生不得不在完成作业时更加严肃认真，从而制作出更为优秀的作品。

Luke DuBois

如果我用 Max/MSP 软件给学生上音频编程课，我会让每个学生做一个镶边器。镶边器会把同一段音频分成两份拷贝，拷贝音频之间有轻微的时延。

Jimi Hendrix 在表演 Bob Dylan 的歌曲《沿着瞭望台》（All Along the Watchtower）时有段吉他独奏，这段独奏基本上包含了所有的音效。Hendrix 的秘密武器是吉他踏板，这也是 Roger Mayer 专门为他设计的。因此，Hendrix 有了音乐界的首个哇音效果器和带踏板的镶边器。镶边器本来是一种录音室设备，通过调节磁带的卷带速度来实现音效，并不是现场设备。但是 Mayer 发现，给这个镶边器加上一个电容，就能做出延迟的效果。Hendrix 于是在《沿着瞭望台》的吉他独奏中用到这个设备，在滑弦的时候做出了变形、回响、增强、哇音等多种音效。特别是在第二主歌和第三主歌之间，学生几乎能学到各种音频信号处理效果。我通常会首先演奏这段乐曲，然后告诉学生如何做出延迟和回馈。我会给学生布置一个作业，让他们尝试使用 Max 调整各类参数值，做出镶边器或其他的效果器。然后再让学生使用自己做出的效果器录制一段音频，做出类似于 Siouxsie and the Banshees、Kanye West 乐队的效果。Kanye 乐队广泛用到了各种镶边器，学生用 Max 软件很容易做出这些效果。

De Angela Duff

我会让学生通过手绘或者使用 Adobe Illustrator 来画画，但只许他们使用简单的图形：三角形、矩形、圆形和直线。然后要求他们使用代码重新绘制刚画出来的图。这样的话，学生是在做自己的画，而不是画一幅新画。不然，网络中有各种各样绘画的程序示例，他们会直接拷贝代码。

Tega Brain：我一直希望开一次绘画课，只不过使用 Processing 来画——在我的第一堂编程课上，雇佣一名裸体模特，然后让学生用代码把模特临摹出来。

没错！我认为绘画是非常重要的，但是很多人并没有学过这门技能。学生会认为自己不会画画，但我们认为，即使学生画的东西就像根棒子，但是参与这种创意训练也是非常有益的。

Winnie Soon

我给艺术类学生上课时，最喜欢的作业是基于规则的系统，包括自生成性、自生艺术和涌现现象等内容。在这个作业中，我会首先要求学生拿出纸和笔，写下两到三条指令。你不可能立刻就想出最终的结果：你需要首先设计规则，然后利用规则编写程序，再让程序运行起来，一段时间后才能得到结果。我通常会在第六周或第七周开始上这节课，这个时候学生已经上了六周的课，做过一些初步的作业，比如做出了滑动栏、图标和表情图标，能够想到程序运行之后会出现的图案。但是，当你向学生讲授了基于规则的系统之后，他们会感叹："什么！你到底在讲什么？"对于艺术类的学生来说，他们很难理解这个概念。像《10次打印》和《生命游戏》这类作品，是一种完全不同的思维方式。于是，我会在此基础上讲到混沌、噪声、排序、仿真、授权等概念——不论这些现象和概念是由学生还是由计算机实现的。我还会在此基础上讲到概念艺术和概念思维，关注过程而不再关注最终结果。我认为，在讲到编程的时候，能够想象到事物随时间变化而发生的变化，这种思维方式极其重要。

出现教学失误的时候

最糟糕的时候发生了什么？

代码是种易碎的事物——一个简单的、不易察觉的语法错误，就会导致整个程序不能通过编译。所有的软件教育者在某种程度上都会遇到这个问题：在满满一教室的学生面前调试程序，学生心猿意马，教师大汗淋漓。而在讲授"媒体艺术"这门课时，教师需要面对不断变化的开发环境和不断产生的新技术，甚至需要跨界学习和自己的专业领域无关的知识。与此同时，操作系统也在不断更新，以前常用的软件可能突然之间没法使用，变得不兼容，相关的参考资料可能会从网络上消失。正因为此，编程教师需要直面课堂上可能出现的失误，同时还需要重新吸引学生的注意力，打消学生的怀疑和不解。我们所采访的教师讲到了他们遇到教学失误时发生的故事。

Daniel Shiffman

我曾经在上课时发现程序怎么都运行不了，而我当时也解决不了，但是这个至暗时刻让我受益匪浅。学生谈及我的"Coding Train"系列视频时，总提到"我最喜欢的部分就是，你在课堂上做不出来了，卡住了整整十分钟。我就想看其他人碰到问题时的反应"，或者是，"我能学到你是如何调试的"。即便如此，失误的体验也是非常糟糕的。我曾经好多次在讲解马尔可夫链的时候，脑子彻底懵了。自己的感觉就是，这讲解糟透了，完全让人听不懂！我应该提前做好准备。

Golan Levin：我很好奇，您是如何备课的，如何让您的讲解变得更为有趣。您和我们其他教师不同，您更多是在视频上向公众进行教学。很明显，视频是经过剪辑的，所以您的讲解更加冷静、聚焦。

我开始做视频已经有一段时间了。最近我把精力更多地放在了与订阅者的互动上。我以前做视频是为了上课，现在上课则是为了做视频。我现在挺像那些喜剧演员，他们先是去喜剧俱乐部做现场演出，从而搜集段子，之后才是去电视台做喜剧节目。

除此以外，如果同样的一次课连着两天重复上，我很少能保证每次课都非常完美。一般是第一天很完美，但是第二天想要重复第一天的成功，结果就翻车了；或者是第一天草草完成，第二天则尽力表现。

Winnie Soon

我在两周前刚刚经历过。当时，什么也没做成功，糟糕透顶。我自己的程序成功运行，但是学生在运行相同的程序时却遇到了各种各样的问题，我不得不去帮学生解决问题，看看是不是操作系统、版本、浏览器等方面出了问题，甚至有的时候我也搞不清楚出了什么问题。这个时候，你还需要保持外表镇定，假装诸事皆能，实际上内心翻江倒海，忐忑不安。怎么就没办法运行呢？也许，这种情况也是对学生有益的，让他们知道编程也是不完美的，把他们重新拉回现实世界。但是，你的内心需要足够强大才能应对这种尴尬。你需要知道如何绕开障碍，重新做出些别的东西来解释你需要讲解的课程内容。

Luke DuBois

我也经历过教学失误。我当时想建一个云端的 Node 服务器，结果碰到了完美的翻车。我想向学生演示一下 Socket IO 通信，把数据传回云端，并得到云端的反馈。但此时，这台服务器拒绝工作。我曾经遇到过类似的 SSH 目录访问问题，当时花了 45 分钟才调试成功。在那节课上，虽然只花了 15 分钟就解决了问题，但是面对着那么多学生，这时间也像是有整整 45 分钟。所有的事情都糟透了。

讲音乐编程的时候，我也经历过糟糕的课题。当时我正在讲 Disklavier，一种电钢琴。原计划是在歌曲中做出 0.5 秒的延时效果，但是我不小心关掉了一个安全开关，并且自己完全不知道。这个安全开关的作用是防止回授，也就是避免因不小心按下某个按键而出现各种啸叫，把整段乐曲都毁了。我的教学伙伴中有 Kaija Saariaho，她是芬兰知名的作曲家，也对 Disklavier 有比较深的理解。我和 Kaija Saariaho，两个学过四年钢琴本科课程的教师，完全可以把要表现的那段乐曲给弹出来，毕竟这首曲子是 Kaija Saariaho 在 20 世纪 90 年代写给本科生的练习曲。但是，上课时需要展示的 500 毫秒延时效果却怎么也出不来。我坐在钢琴前都要抓狂了，开始埋怨钢琴这不是那不是，谁也拦不住。我当时说话的口气，就像 20 世纪 70 年代的喜剧演员 Don Rickles 在喜剧节目中的表演一样。我当时就想对着钢琴说："你就是坨屎。"我也可能跟学生说的是："这架钢琴就是坨屎，又响又臭。我今晚就要飞到东京，单手把雅马哈公司的鼓、吉他和摩托车部门打个遍。就因为他们生产出这种垃圾产品。"这就是我最黑暗的教学日。

De Angela Duff

我想，这不算最糟糕的一天，但确实是让我认识到现实的一天，毕竟现实中总会出现各种状况。我曾经在课堂上讲过各种编程实例，一行行地讲解。我会把代码拆分，然后再向学生做解释。如果你知道如何编程，那么编程恍如昭昭明日。但是对于新手来说，就是荆棘遍地。大部分新手本身的编程能力和数学基础并不好，他们的理解都是存在于头脑中的想象。所以当我让学生复述一下我刚刚讲了些什么时，我前一分钟讲的东西，下一分钟学生都无法复述。我这才发现，刚刚一行行地讲解代码，完全是浪费时间。我想，这就是我最糟糕的一堂课，我以为自己讲了很多东西，但实际上学生什么东西也没学会。

Allison Parrish

我想，我最糟糕的一次课，是为英语系上编程

课的时候，学生完全跟不上教学进度，而我仍然坚持严格按照教学计划，希望达到预定的教学目标。于是有一半的学生退课了。所以，虽然我知道退课的学生是因为跟不上学习进度，但是有那么一两天，我的牙齿磨得咯吱作响，还在按时备课。

我以前大部分时间是给专业硕士上课，这些学生内驱力非常强，不论课程难度如何，他们都会竭尽全力想在课堂上学些东西。而本科生则与之相反，只要和教师不来电，就完全不好好学。所以，这次给英语系学生上课，又有一半学生退课的经历，确实让我神伤不已。但是，我从中汲取了教训。

Lauren McCarthy

我认为，作为一位教师，首先需要鼓励所有的学生，即使有的时候吃力不讨好。可能其他职业感受不到这种困难，但是教师同行会深有同感。这种压力促进成就，就好比高喊："乌拉！万事皆顺！"虽然这种鼓励充满挫败感，但是我觉得有时候还是有点用。

Jer Thorp

我曾经在温哥华电影学院教过一段时间的编程课。当时是必修课，但是糟透了，因为至少一半的学生逃课。你需要不停地提醒他们上课，而他们根本不把你说的当回事儿。在这个学院里面，大多数都是父母给孩子付学费，然后把孩子甩给了学校。学生根本不清楚他们到底想做什么。如果满满一教室的学生都是无所谓的态度，那么即使你巧舌如簧，也根本掀不起波澜。

Taeyoon Choi

我有次上课时带了电阻，计划制作一个二极记忆单元。这个记忆单元使用了两个晶体管、两个电阻、一个 LED 灯。这些组件都非常简单。有些电阻是棕色的，但是在暗处看起来像是红色的。我想，我可能有点轻度色盲，或者当时太匆忙了。于是在上课的时候，不小心拿的是棕色电阻，但是棕色电阻的电阻值和红色电阻值不一样。所以，我在课堂上所做的示例没有一个成功。我当时傻了，因为以前次次都成功了。我非常沮丧，不停流汗，十分尴尬。我不仅看起来糟透了，也觉得（这个公开的错误）会打消学生学习电子技术的兴趣。

刚出现问题的时候，学生的反应很直接，就是，"这东西应该能运行啊"。幸运的是，我在那堂课快结束时找到了错误。有些学生带了正确数值的电阻，我就把电阻换了，一切恢复正常。但是，我当时完全没预料到会出现这种情况，完全懵了，恨自己之前没有准备好。

记忆最深刻的课堂反馈

当你布置作业的时候，记忆最深刻的课堂反馈是什么？

布置作业的时候，学生的反应往往是最能反映教学效果的。这里，我们请教师回忆他们布置作业的时候学生是什么反应。当时学生是抱怨、出乎意料还是充满学习热情？教师的回忆说明，作业不仅仅是推动学生成长的主要驱动力，也会让教师改进教学的方法。

Taeyoon Choi

我收到的最暖心的回忆来自 Andy Clymer。我当时刚开始讲授"诗意计算"这门课程。Andy Clymer 在上完这门课两年之后对我说，"我现在还在做您的作业呢"。此时的他，已经是一名出色的字体设计师，从事自生成艺术的字体设计。我把他引入计算机艺术的世界。他对于我在课程中所举办的音频合成器和机器人艺术的专题研讨会记忆深刻。那是我第一次举办技术性的专题研讨会，我当时还是极其青涩的教师，自我感觉那两场研讨会并不成功。但是，通过这种专题活动，学生在课程结束时学会了合作，并相互交换了学习心得。学生在学完这门课程之后从事了相关工作，这就是我最棒的教学体验。

Winnie Soon

嗯，那是针对整个学期的反响，而不是针对某次作业的回应。有个学生在课程评价中写道，她发现编程不再是绅士俱乐部——拒绝女性。看到这条消息，让我觉得教有所值。虽然我知道纽约城市学院的编程课程强调多样性，但是在世界很多地方，性别失调现象还是很严重的。

Phœnix Perry

别怕做恶人，别怕打击别人。如果学生本身的创意有问题，必须第一时间指出错误，这样才能得到好的结果。你所说的每句评论，都是加往火堆的燃料。让学生认识到，要么证明我是错的，要么另起炉灶，重新做出更好的东西。比如，我有个学生，希望做一个 Oculus Rift 的 VR 游戏，然后向我说了

他的想法。我当时的评论是："这个想法真差，我一点都不欣赏。这个想法既不有趣，也不新颖。我可不希望你就只能做出一个太空射击游戏。为什么要用 Oculus Rift 来做太空射击游戏？你到底想给我们展示什么？"于是，他把 VR 头盔做成太空射击游戏的控制系统，做了一个用节奏控制的太空射击游戏。你需要根据音乐节拍来射击，而节拍难度会逐级升高。所以，每当架子鼓声一响，就会出现要射击的目标，你需要看向目标位置，击毁它。而当你听见低音鼓的声音时，则需要摇头晃脑，环顾四周，这样就能打掉由低音鼓声生成的目标。因为你需要跟随音乐节拍不断抬头、低头、左顾右盼，这样才能得分，所以这个游戏非常有趣。

还有一个学生的项目让我操碎了心，但是我从来没见过这种东西。这个学生名叫 James Cameron。当时我布置了一个游戏作业，他希望做出一个能够连接现实世界的恐怖游戏。他完成了这个恐怖视频游戏，场景极其阴森黑暗。比如，当杀人案发生之后，你会在 VR 场景中看到一个手机，触碰这个手机之后，你自己的手机会响铃。然后，游戏中的角色会给你打电话，给你发短信，给你很多游戏提示，好让你顺利通关。虽然游戏情节很老套，但是实现形式确实很让人吃惊。我对这名学生的考核非常严格，比如，他的代码中如果少了分号，我就会在疏漏的位置画上一个海盗，并写道，"现在爬到木板上去"。我认为，教师是希望学生变得优秀的，但这并不是全部的目标。有时候，你需要让学生多花点时间，思考哪些东西值得深究，从而做出更为新颖的东西。

Lauren McCarthy

对于我来说，结果是什么，反而没有过程重要。比如，我曾经有位学生，她在课程的前几周举步维艰，但是在后面的每周里都能够做出远超所布置的作业量的东西。比如，能做出五个不同版本的作业。到学期结束时，她在课程项目中展现出了强大的知识基础，变成了一名真正的"程序媛"。她的学习经历永记我心。而说到学生反馈，我有一个学生，上这门课时才开始学编程，需要其他人帮助才能用代码创建 Processing 的画布。她当时会先用手绘，看看程序会输出什么结果，然后再做代码实现，看实际运行出来的结果和她的手绘结果有什么差异。

Tega Brain：这是一种新颖的学习法，也是初学者的榜样。

是的。我这里还有一个事例，虽然想法并不出众，但是这两名学生的背景却非常有意思。他们的项目叫作《不在翻译中迷失》，然后做出了一个聊天app。两名学生虽然说英语，但是有很重的口音，所以他们觉得其他人并不明白自己要表达的意思。他们起初想把一句英语翻译成对应的语言，但是他们遇到了技术难题，解决不了。于是他们修改了自己的创意理念，当你说话时，需要先确定语言种类，比如是英语，印地语还是朝鲜语等。这样的话，app就可以使用 Google 翻译工具，然后再使用 Google图像搜索并给出图片结果。于是，当你说话时，其他人看到的是由你说的话所产生的图片，而其他人对你的回答，也会变成相应含义的图片传输给对方。最后实现的效果挺无聊的，但是程序总算做成功了。

我还记得一个案例，是我的学生 Ben Kauffman完成的 API 作业，也就是让生活变得数据化的作业。他的项目超级简单：如果你给他发的短消息上带有标记 #brainstamp，他就会从口袋里拿出一张明信片，在上面记录下当时的所感所想，然后把这张明信片投进他所看到的最近的一个邮筒。

Zach Lieberman

我的系主任让我给学生讲"艺术数据可视化"课程，我是艺术数据的爱好者，但不擅长做大数据可视化。所以，我在上课的时候一直很纠结，也把这种情绪带到了课堂。但是在课堂上，我的两名学生 Evan Roth 和 Christine Sugrue，她们两个用上课教过的指令，真的做出了超水平的艺术作品。Evan Roth 的项目叫作《只见所见》，他把一张饶舌乐专辑中所有的"发誓"（swear）记录下来。她们用我教过的各种指令做出了非常棒的作品，完全可以放到画廊中展出，或者成为艺术评论的目标。对于我，一名教师来说，当你的学生做出了令人瞩目的作品，让大众去关注它、评论它，我会感到无比高兴，因为你看到了艺术圈对于你的工作的反馈，这太棒了。对于一名艺术实践者来说，良性的反馈环路就是"做出个东西——感动了观众——获得了社会反馈"。如果没有来自社会的反馈，你很难认识到自己工作的价值。对于我来说，最打动我的反馈就是做出来的艺术作品真的得到了世界的认可。

Luke DuBois

在我的创意编程课程中，我向学生展示了阿尔汗布拉宫（译者注：又名红堡，西班牙著名宫殿）的地板，并解释了什么是林登梅耶系统（译者注：一种分形图案的数学模型）。接着，我在 p5.js 中给出了一个最简单的海龟绘图示例，并向学生讲解了如何引入林登梅耶系统，如何使用各种连接线，最终画出分形图案。如果我记得没错的话，当时班级里有个学生，他用自己的方式引入林登梅耶系统，最终生成的图案特别像完美的曼陀罗，也就是学生的家乡——加尔各答的印度教神庙。他一定清晰记得自己家乡神庙的面貌，也一定在想，"我一定能做出这个神庙"。神庙的外形曲线有点像科赫曲线，一种空间分形曲线，因此并不难做。大部分的学生都用海龟绘图库做出了一些奇奇怪怪的东西，比如迷宫、谢尔宾斯基三角形（译者注：一种分形的基本图形）或者类似于分形 101 的图形。但是，这个学生打开 Google 地球，向大家展示了神庙的屋顶图片。他让程序执行，呈现出画面，接着就离开了。他和家乡的情感连接，激励着他做出这么复杂的东西，让人感到无比震撼。

Allison Parrish

我的学生 Susan Stock 写了个能够作诗的程序。她用到了自己曾写给朋友的诗，然后把诗输入程序，由程序将诗切割成随机重复的短句，再组合成新的诗。新的诗看起来有点跳跃，不停地出现文本重复，好像一直在追赶自己。这首诗名叫《苏珊的碎碎念》，她在班级上读了这首诗，大家极受感动，因为这首诗完全是她自己的情感。我认为，程序艺术（procedural art）本身挺难的，或者说目的性不强，很难让诗变得朗朗上口、情绪十足、风格独特。但是很明显，这次的程序艺术作品比原诗还要出众，引出了很多原诗没有的东西。

我认为，这个期中作业产生了诗歌的新形式，并用计算机程序实现了这种新形式。我还记得当 Susan 刚一拿出这首诗的时候，我的脑子就猛然一亮。我认识到，我可以让学生用这种方式写笑话，可以教学生如何对诗歌进行数据分析，还可以教学生如何用程序艺术的方式做出后现代风格的文章。《苏珊的碎碎念》让我不由得去想，情感竟然可以用这种方式表达，这远比我能想到的宽广得多。

Tega Brain：当然，计算机通常被看成没有感情的，或者是不能产生感情的。因为计算机没有模糊性，没有出乎预料，因此没法感知情绪。

非常对。我觉得看看媒介的历史就会明白。人们通常认为媒介是没有感情的，因为媒介是没有内部思想的。制定规则和写诗从本质上都是相同的，但是人们往往会忽视这点。这也是我在课程上希望学生能体会到的，也就是，设计一段程序代码、开发一种诗歌形式、设计一款游戏，都是一种过程。产生这个过程的系统，既包含韵律和感情，也带着个人的观点。事实上，所有这些结果都肯定带着作者的观点，我们绝不能忽视制作过程中的个人因素。

对新手教师的建议

对那些首次教授艺术编程课程的教师，你有什么建议？

在给媒体艺术家和计算机设计师上课的时候，我们需要培养多种技能：敏锐的眼光、批判性的视角、技术技能和献身艺术编程的激情。我们需要在实践中培养学生的这些能力。接下来的访谈就涵盖了这些领域，以及其他一些技巧、窍门和经验教训。

Jer Thorp

当我给非程序员上编程课的时候，特别是给设计类和艺术类学生上课的时候，我觉得必须在课程开始前强调："这门课程的目标不是让你们成为程序员。我想，你们还是会选择平面设计师、字体设计师等职业。这门课程就是要教会你们使用一些计算机工具，对大家有所帮助。"与此同时，要让学生尽快做点东西出来，对于我来说，也就是踏进教室的前十分钟。我让学生写了四行 Processing 代码，非常简单，马上能够运行并呈现最终画面。千万别一开始就讲 IDE（集成开发环境）、程序语言的语法、程序格式，那样就把学生吓蒙了。先把东西做出来，然后再回头讲那些编程的细节。

Zach Lieberman

每次布置作业的时候，我都会对学生说，这次的作业会有天才出现。让学生保持乐观，让学生面对每一行命令、每一次作业、每一次任务时依然充满干劲，是我最重要的建议。学习编程的过程非常艰辛，需要花费大量时间，克服许多困难。编程，就意味着时间、失败和误解。所以，向学生灌输乐观情绪非常重要——要把这种学习方式看成一种新的工作模式，让学生明白他们能做的远比现在要多。与此同时，最好在课堂中加入一些调节剂，让课堂气氛看起来像一个小型的电影节。我认为，教师需要用优雅的、充满激情的语言向学生述说，自己对什么东西好奇、被什么东西所感染、又被什么东西所启迪。这样能够帮助学生清晰地表达那些感动了他自己的事物。让学生讲过各种事例之后，再回到代码中来，这样学生就能够把他们所关心的事物翻译成程序代码。

Lauren McCarthy

有的时候我只要解决了卡住的问题，就马上会忘掉解决这个问题时的疑惑和痛苦。这是因为你的神经突触已经重新连接，让你不再疑惑。学习编程也是如此。你学会了骑车，就忘了不会骑车的样子。所以，要记得那些教训还是挺难的。在正式上课之前，我会试想上课时会出现什么问题，或者把自己想成学生，想象这个时候学生会有什么问题，去体验学习编程的那种挫败感，以及点击鼠标毫无反应的疑惑感。根据这些想象中的体验，再重新做回教师，就能够有的放矢，解决学生的问题，同时建立起和学生之间更多的联系。

Tega Brain：这个方法挺有趣的。当我第一次上新课的时候，有些教学资料我自己也不是太懂，我有好多次收到来自学生的负面反馈和评论。但是，一旦我把这门课程上熟了，把教学资料完全掌握之后，我又发现很难和学生共情。所以，在多次上课之后，我会觉得教得反而更差。可见，有的时候教师初次尝试新课反而是一件好事，因为此时更容易和学生共情，理解他们的所思所想。

总体说来，我认为更重要的事情是为学生塑造信念，这样才能真正改造他们的内心世界。我认为，一个人要想成功，或者做出伟大的事业，一定要有清晰的信念，让其他人信任并追随。这种信念会感染学生，让学生相信自己的能力。我一直这么认为。

Rune Madsen

你一定有不知道的东西，千万别害怕。我曾经特别害怕学生问我，尤其是问到我回答不上来的问题。有问必能答，并不会让你成为一名真正的教师。我认识一些在 ITP 讲授编程课程的教师，他们都教得非常好。但是他们也才教编程课几年而已。由于他们完全跟着教材讲，因此知道如何给学生讲解概念——因为他们还记得自己当时学习时的难点。当你第一次上新课的时候，总会有点担心，所以你会匆匆浏览教材，超量备课。你会担心教的内容不够多，所以你会把大量的知识都塞进一节课里。然后你的学生在讲台下就会想："他讲的是什么玩意儿？"所以，我要建议你，**慢慢来**，深呼吸。

另外，一定要在教学和实践间把握好平衡，既要多做些程序实例，也要把原理讲清楚。"好了，现在我要开始讲课了，大家把笔记本放下。我要讲解代码了。你们不需要拷贝我的代码，只需要看着屏幕上的代码，15 分钟之后再打开你的笔记本电脑。让我们开始吧。"所以，你需要提前和学生说明接下来要做什么。边讲课边上手做，就是我上课时得心应手的方法。

Daniel Shiffman

我在上课时会反复犯同样的错误，我的经验就是，上课的时候真正要讲的内容要比你认为能讲的内容少一点。我有点神经质，所以我经常会过度备课。比如，如果本学期有门新课，我需要在整个学期讲 30 个例子，也就是每次课讲大概 2 ～ 3 个例子。我经常觉得，既然我已经把这些例子都做出来

了，那么我就要把它们都讲出来。因此，即使这次课还有 10 分钟就下课了，我还是想快速讲完剩下的内容。我现在觉得，讲慢一点，少讲一点，可能效果更佳。你可以下次课再讲，或者通过电子邮件发给学生，甚至可以不讲。

大家都知道，我做过很多的编程视频——YouTube 上的 Coding Train 频道。这也是我的一种尝试，为大众创造一个自学的环境。如果你想自学，或者拉着几个同学一起学习，或者组一个研讨会来学习，那么这个视频频道非常有用。这绝对比你在课堂上被猛灌内容，在 15 分钟内看完 500 个示例，效果要好得多。

同样，千万别忽视教导学生如何寻求帮助。问问题，是学习的重要组成部分。你不能只教编程，你还需要教学生如何提问，比如，你怎么这样问？什么才是好问题？你如何调试程序？所有这些问题的答案往往不会在"教程"中出现。

De Angela Duff

我建议刚开始上课的教师好好学习一下 Daniel Shiffman 的视频。我爱死那些视频了。有些学生并不喜欢那些视频，那是因为这些学生的学习态度不端正。他们认为，那些视频太严肃，不能做到快乐学习。我可不认同这个观点。我认为，开新课的教师必须态度端正，才能体会到 Daniel Shiffman 在教授编程时的热情。

我还建议新手教师像我一样，让学生在多本教材中选择他喜欢的，然后按上面的例子照猫画虎。新手教师可以在网上找找相关的课程代码，一般在

GitHub 上会有很多例子。我不建议直接用别人做好的例子，因为教学本身也是个创新过程。建立自己的课程体系也是个创意过程，你不能直接沿用别人的教案。然后，汲取别人的课程经验，设计自己的作业，同时搞清楚哪些作业能够持续下去。

我还给了学生一样东西，叫作"离程票"。每当课程即将结束的时候，我会拿出便利贴或者几张白纸（当然也可以在网上完成）。我让学生列举出他们今天在课堂学习时遇到的三个问题，再让学生列举三个他们学到的知识点。这样，我就知道难点在哪里，问题是什么。我认为这种方法挺好用的，因为在下一堂课开始的时候，我就会回答学生上节课留下的问题，一旦发现他们还没有跟上，那么我就把不懂的地方再讲一遍。

Heather Dewey-Hagborg

我建议新手教师一定要教他真正关心、真正感兴趣的东西。如果教师的技术能力不足，但是教学热情十足，那么他不会裹足不前，把自己卡在代码上。他会想尽各种办法来吸引学生。最重要的是，你必须在编程实践中充满激情。

当我还是大一新生的时候，我没有受过任何技术方面的训练。事实上，我当时还是个反技术主义者。第一年我上了"观念艺术"课程，接触到了媒体艺术，知道了达达主义、激浪派和装置艺术。于是，我对媒体这种工具非常着迷，并开始使用视频和音频进行设计。接下来，当我开始专注于音频设计后，我又感觉自己离媒体远了。当我再次开始从事雕塑和装置艺术等更为物质化的艺术实践时，我

发觉自己在处理声音的时候脱离了物质。当我使用音频软件的时候，我和软件是疏离的，所以我开始选学 Python 编程。但当时，选择这课程完全是因为课程的名称是"面向对象思维"，这让我觉得我会面对物理实物和视觉实体。当然，我当时并不知道，面向对象思维指的是面向对象的编程方法，但幸运的是，上课的教授非常迷人——一个极其睿智的人，他在第一节课上就用代码给学生讲解了神经网络和基因算法。

当时我完全是个菜鸟，不能完全听懂他讲了些什么。但当时他给出了许多神经网络和生物体的图解，我这才发现神经网络非常有意思。还有一次，我发现自己可能跟不上进度了，但是他专门走过来对我说，你可以考虑去上人工智能的课程。如果不是他这么一说，我可能认为自己表现挺差的，但是正因为他这么说了，我反而对人工智能更加好奇，于是我上了人工智能的课程，并喜欢上了这门课。教师对学生充满信心，就能产生截然不同的结果。这就是我真正进入算法艺术的起点。

Taeyoon Choi

给 5 个人以下的小组上课时，才是真正的师徒授课。你会得到各种直接反馈，知道学生哪些东西学会了。我认为，绘画也是一种方法。我在备课时画了许多图，在上课时也会反复画一些图。我认为，教师在讲台上画画的时间，也是学生吸收讲课知识点的时间。我鼓励学生在自己的本子上画画，然后这就变成了他们各自的教材——学习教材时对于知识的理解过程。

还必须理解，不可能所有的学生都喜欢你的教学。只要上课时有 20% 的学生喜欢听我讲课，我就认为那天非常棒。教学确实是件很困难的事情。

Winnie Soon

我必须强调关心，用不同的方式关心。关心，就意味着你创建和维护了一个充满激情、积极向上的空间，让学生在这个空间里学习、讨论，免受伤害。除此以外，关心能够得到各种各样的学生反馈，毕竟作为教师，你的技术水平很强，但是学生此时在煎熬——比如他们此时正在调试参数。他们需要鼓励，需要欣赏。你一定要非常细心，发现那些心猿意马或者已经掉队的学生，他们心里有恐惧和压力。你需要控制自己的语速，把有些重要的地方重复多讲几遍，从而调节整个课堂的学习氛围。

Phœnix Perry

我的建议是，别让学生和熟人搭伴学习。要让学生组成小组学习，这样他们才能产生新的想法、新的东西。

我想给的另一个建议是，一定要警惕课堂上出现"兄弟姐妹情"：当你发现课堂上学生聚成几堆，女孩忙着给大家冲咖啡，几个大牛在写代码；或者男生写代码，女生搞"艺术"。一定要非常警惕，不要让这种情况出现。

Luke DuBois

我们的"创意编程"课程（纽约大学集成设计与媒体学院）有四个不同的部分。我所教的部分专注于音乐。Allison Parrish 主要专注于文本处理，Kevin Siwoff 专注于图形和 3D 设计，Katherine Bennett 专注于物理计算。学生可以选择其中之一学习，但是因为四个部分不是同时上，所以学生还可以学习其他部分。学生可以从别的部分学到更多的东西，提升自己的水平。如果条件允许的话，我们可以在每个部分中轮换教师，从而把四种技能都教全。但是这样做的话，每个部分的教学时间就不够了。

我的建议是，不要把创意编程课变成图形编程课。先讲图形课，让学生有了兴趣，然后再讲文本、音频、硬件，甚至是网络。把所有关于网络的 API 函数，以及你对网络的狂热，都放到讲网络的那节课上。去年，我的课堂上有个学生把他在洛杉矶的家给极客化了。他妈妈按一下"小睡"键，咖啡机就会开始工作。而当妈妈拿起咖啡壶之后，淋浴头就打开了。真棒！当时，学生都在使用 Nest 协议做一些简单的东西。我告诉他，可以尝试改进协议，做点有趣的事情。刚开始的时候，学生想的是，我想给工具间安装一个机械臂，但是到了最后，他做出了一个诡异的花园，里面有着哔噗作响的装置，看起来就像个炸弹。他最终破解了部分商业技术，做出了一个艺术装置。这太酷了！

Allison Parrish

我有幸在 ITP 上过几节 Marina Zurkow 的课。她在第一次课上的表现让我印象深刻。她对我非常严厉，而且表现得非常夸张。我觉得 ITP 的其他课程都非常轻松，教师都有点松。至少在第一天，我需要尝试接受 Marina 的讲授方式：她在课堂上非常严格，有话直说，不留余地。你要在课堂上专注于要教的内容，要达到的教学目标。教学必须足够认真，能够吸引学生的注意力。否则，学生达不到预期的水平。你需要让学生知道你关注什么，什么样的作业或行为是达不到你的标准的。也许随着课程的进行，你的态度会逐渐变温和，但是规矩已经立定，这很管用。

根据课堂实际情况做好管理，实践出真知。计算机艺术的课程面临的挑战更多，需要教育者同时兼备艺术与设计批评以及调试学生代码的能力。在本节中，我们给出了大量管理课堂气氛的技巧和经验，以及如何搭建教师和学生的沟通桥梁。

包容性绝不仅仅指的是人员的多样性，更是一种包容万物、启迪他人的学习态度。

——Taeyoon Choi[1]

尊重和认可

找到更多的共鸣。 当第一堂课开始的时候，就给学生下发记名问卷，了解学生的背景、目标、兴趣、技能水平和关注焦点。同时也能记住每个学生的名字，预估每个学生的学习难点。对于学生来自不同学科或各类社会经济学科背景的课程来说，这种方法也是很有效的。若学生对课程有明显的兴趣，接下来可以与之进行一对一的面谈[2]。

制定合适的行为准则。 许多学校要求教师在课程说明中增加行为准则。一般来说，在制定了行为准则之后，就能够有效预防骚扰、歧视、欺凌、压制等行为。技术类课程还会有其他行为要求。比如，黑客学院会通过以下方式提出相应的行为规范：不许"假装惊讶"（例如，"什么？！你怎么会连什么是终端都不知道！"）；不许"嗯，实际上……"（两人交谈时，若对方出现无关痛痒的错误，为了显摆而这样说）；不许"后座驾驶"（听见他人谈论问题时插嘴）。这些规则都是为了"避免因为特定行为而破坏互相帮助、充满斗志和乐趣的学习氛围"[3]。

必须把不同群体、不同身份、不同价值认知、不同专业领域的人聚合在这个新兴的媒介领域，贡献各自的绵薄之力。这样才有可能推进正义、平等、核心价值观等领域的颠覆式革新和潜在改变。

——Kamal Sinclair[4]

组织你的语言。 在讲解技术概念的时候，千万别说"这很简单"，而是要说"你们也能做到"。毕竟有些学生正在努力学习和理解这些新概念，你这样说就不会和他们疏离[5]。

在课堂上调试程序

所有的程序都会出错。 千万别害怕在课堂上调试代码。要让你的学生观察问题，也要让你的学生听见你说"我不知道"，这样也会让学生不再妄自菲薄。

代码并不神秘。 在学生面前仔细讲解你的代码。在调试和修改代码的时候，尤其要大声讲述你的调试步骤[6]。

你真正需要知道的技巧是：（1）如何知道自己哪些东西还不知道／什么时候不知道；（2）如何看待事物，如何阅读文档，如何通过不断的失败尝试直到成功。这些都是在编写代码时最为重要的工作。

——Jen Simmons[7]

结对编程。让学生两两结对，坐在一台计算机前合作完成作业。其中一个学生输入代码，另外一个学生观察、评论和提出建议。让学生在每次练习后更换角色。

教会学生通过提问寻求帮助。千万别以为学生知道如何提问。Lauren McCarthy 给学生提供了一个示范，如何在自己迷惑的时候向教师提问。"您能重复一下刚讲的那个操作吗？您还能再举个例子吗？您能再讲一遍、讲慢点吗？您能换种方式再解释一下吗？您能解释一下刚刚说过的术语吗？您能说慢点吗？"[8]

不要打字。当学生找你寻求帮助的时候，千万不要一上手就去改学生的代码——他们需要自己动手解决问题的第一手体验。Francis Hunger 建议："绝对不要去碰学生的键盘、鼠标和触摸板。你只需要告诉他们该做什么——键盘是他的，问题也是他的。"[9]

引入"三人之后再问我"策略。教师花时间去调试某个学生的代码，会打断其他学生的课堂节奏。所以，当一个学生遇到代码方面的问题之后，他需要首先去问三个同学，之后才能找教师帮忙。"三人之后再问我"这个策略还能营造课堂上互相帮助的氛围，共建编程时的战友情。

使用纸张。要求学生在课堂上带着草稿本。草稿本可以用来解决问题、做头脑风暴和原型设计[10]，还能营造出无计算机的教学环境。研究表明，让学生把东西写下来，有助于提高学习时的记忆和理解[11]。

课堂评论

按照固定结构来做评论。学生往往很难给予其他同学的作品有价值的反馈，因为他们缺乏艺术评论的词汇和思维模式。大量的教师、教育家和评论家已经给出了相应的步骤，让学生套用以便更好地评论他人的作品。一个最常见的模式是，首先让学生对作品进行描述（你看到了什么？），再进行分析（这是怎么做出来的？这件作品让你想到什么？感觉到什么？），接下来是解读（作品反映了什么？体现的主要观念是什么？），最后一步是评价（作品成功吗？作品是以某种震惊、有趣、独特的方式体现其立意吗？）[12]。最后一步往往需要首先建立起评价作品的合适标准，然后才能做评价。

使用协作记事本来做评论。一门专业课只有 12 ～ 20 个学生，让学生之间相互评论既不现实也很尴尬。这是因为讨论每个学生的项目需要花费大量的时间，还因为这个群体的规模还是太小了。为了在课堂上获得更为高效的评论，需要让每个学生在讲台上简要介绍一下自己的项目。与此同时，要求台下的每个学生通过在线协作的实时文本编辑器（如 Google Doc 或 Etherpad）输入自己的评论。这样做有几个好处：能够迅速获得同学之间的评论；匿名评论使得评论更为真诚；害羞的学生也能轻松表达意见；不容易出现小组中常见的发言，如"我同意刚才每个人说过的话"。在无计算机课堂上，学生也可以使用便利贴来进行评论。

推动研究

鼓励每周调研。要让学生习惯于通过定期的网络搜索来加强学习专业领域的知识。例如，Golan 要求他的学生每周浏览指定的博客和视频分享网站，然后撰写"行业瞭望"报告：一篇很短的文章，用来介绍他们发现的艺术作品和艺术项目。在报告中，学生需要描述项目是什么，是怎么做出来的，给他们的灵感和触动是什么，项目带来的连锁反应有哪些，并提出自己的艺术批评，研讨项目的可改进之处或缺憾之处。行业瞭望报告会给学生带来很多的限制，比如限制学生去关注特定类型的媒体，或者关注指定的艺术家。

阶段性研究冲刺。千万不要把上课时间全部用来讲技术内容。需要向学生强调，代码在现在的文化中会一直出现，然后拿出 15 ～ 20 分钟的时间做"研究冲刺"。也就是让学生分成几组，让他们快速完成一个程序，用实例来解释某种社会事件。你可以做一个大家可编辑的幻灯片，让每组学生完成其中的一页[13]。

得到教学反馈

预留提问的时间。在整个学期中，要给学生预留提问的时间，以解答他们所困惑的事情。不要评判，就事论事。很多教师建议向学生提问"你们有什么问题"，而不是"还有没有问题"，这样才会得到更多的反馈[14]。还可以把学生的问题拿到课堂上来，在问答时间逐一进行解答。

要求离程票。当每次课程结束之后，要求所有的学生提交 1 ~ 2 个问题，说明本次课程中还不懂的内容。离程票可以使用手写笔记，也可以使用短消息工具，或者规定格式的电子表格。这样的离程票会让你马上得到学生的反馈，弄清楚学生的理解情况[15]。离程票还可以作为考勤记录。

学生会一直记得教师上课时的友善，而不是你布置的作业。

——Holly Ordway[16]

附注

1. Taeyoon Choi. "Worms, Butterflies, and Dandelions: Open Source Tools for the Arts." Medium.com, June 20, 2018, https://medium.com/@tchoi8/worms-butterflies-and-dandelions-open-source-tools-for-the-arts-9b4dcd76a1f2.

2. Rebecca Fiebrink (@RebeccaFiebrink), Twitter, August 8, 2019, 7:18 AM, https://twitter.com/RebeccaFiebrink/status/1159423540392812546.

3. "User's Manual," The Recurse Center, last modified July 26, 2019, https://www.recurse.com/manual.

4. Kamal Sinclair, "The High Stakes of Limited Inclusion," Making a New Reality, November 29, 2017, https://makinganewreality.org; quoted in Cara Mertes, "Now Is the Time for Social Justice Philanthropy to Invest in Emerging Media," Equals Change Blog, June 22, 2018, https://www.fordfoundation.org/ideas/equals-change-blog/posts/now-is-the-time-for-social-justice-philanthropy-to-invest-in-emerging-media.

5. Luca Damasco (@Lucapodular), Twitter, August 8, 2019, 8:14 AM, https://twitter.com/Lucapodular/status/1159437696663789569.

6. Douglas E. Stanley (@abstractmachine), "Break code, then try to find your way back, asking students for help," Twitter, August 8, 2019, 6:10 AM, https://twitter.com/abstractmachine/status/1159406642947121152.

7. Jen Simmons (@jensimmons), Twitter, July 26, 2018, 1:20 PM, https://twitter.com/jensimmons/status/1022532183733481472.

8. Lauren McCarthy, "Are You All In?" (lecture, Learning to Teach, Teaching to Learn II, Postlight, NY, January 2017), video, 1:12:35, https://www.youtube.com/watch?v=D7-m6NJ90RE.

9. Francis Hunger (@databaseculture), Twitter, August 7, 2019, 4:35 PM, https://twitter.com/databaseculture/status/1159201338112319491.

10. Rebecca Fiebrink (@RebeccaFiebrink), Twitter, August 8, 2019, 7:16 AM, https://twitter.com/RebeccaFiebrink/status/1159423246745382912.

11. Pam A. Mueller and Daniel M. Oppenheimer, "The Pen Is Mightier than the Keyboard: Advantages of Longhand over Laptop Note Taking," Psychological Science 25, no. 6 (April 23, 2014): 1159–1168, doi:10.1177/0956797614524581.

12. Terry Barrett, CRITS: A Student Manual (London: Bloomsbury Visual Arts, 2018), 69–154 and Criticizing Art: Understanding the Contemporary (Mountain View, CA: Mayfield Publishing Company, 1994).

13. Mitchell Whitelaw (@mtchl), Twitter, August 7, 2019, 5:23 PM, https://twitter.com/mtchl/status/1159213387458347009.

14. Cris Tovani, "Let's Switch Questioning Around," Educational Leadership 73, no. 1 (2015): 30–35.

15. Elizabeth F. Barkley, K. Patricia Cross, and Claire Howell Major, Collaborative Learning Techniques: A Handbook for College Faculty (San Francisco: Jossey-Bass, 2014), 35.

16. Holly Ordway (@HollyOrdway), Twitter, March 13, 2020, 5:47 PM, https://twitter.com/HollyOrdway/status/1238582577461702657 and thread at https://twitter.com/HollyOrdway/status/1238576343840968710.

缘起

格林兄弟和奶奶交流之后，把采访材料编成了《格林童话》。Dushko Petrovich 和 Roger White 通过采访艺术家和教师，整理出大量令人难忘的艺术作业。我们则通过朋友、同事、教师、学生，搜集并整理出大量计算机艺术和设计类的教学素材，用来构建一个利用代码来讲授计算机艺术的社区。Petrovich 和 White 所留下的作业让我们意识到，伟大的作业可以影响学生一辈子，特别是艺术家以教师的身份重新踏入教室，重新面对那些作业的时候。"大部分的艺术家，当他们开始教学的时候，都会讲授他们曾经做过的作业——不论有意识还是无意识"[1]。作业就是进化的基础，会不断被分享、被重塑、被解读、被诠释、被更新，这使得作业的版权属于大家，难以明确。

社会上存在的成系统的艺术和设计教育方法非常少，也很难流传。而闻名的艺术作品和设计作品则会被收藏于博物馆、写进文章，从而引发持续的讨论。关于这些凤毛麟角的图形设计作业，Nina Paim、Emilia Bergmark、Corinne Gisel 合著的书籍《漫步静思：设计教育的作业》(Taking a Line for a Walk: Assignments in Design Education) 中提到，在设计教育中，"与过程相伴的描述性语言往往被忽视。不论是教师还是学生，他们说过的话很快消散无影。实践性的艺术工作往往和很多东西交织在一起，包括指导和规范、纠正和质疑等。而作业一旦上交，就没人会认为它值得保存"[2]。在计算机媒体艺术和媒体设计领域中，课堂的教学大纲和课程内容出现在网络上是更为常见的。但是这些资源受到数据保存的各种局限，如链路故障、数据错误、旧的课程内容不值得维护、存在外界访问的"花园围墙"。有些计算机艺术课程早于 1994 年的互联网浪潮，因此连搜索引擎都找不到。互联网资源非常脆弱，在我们写作本书的这几年间，一些有价值的资源就已经不存在了，有些艺术项目在悄无声息间就从创作者的资源库中消失了——这是整个领域不可否认的失忆症。

本节将讲到我们选择这些作业的缘起。我们不能保证这些信息一定准确。如果非要对这些作业认真溯源，探究其起源和发展历史，则要消耗大量的研究精力，需要进行广泛的口述历史研究。因此，这项工作应该是留给艺术史和艺术教育史的研究挑战。除此以外，我们的知识也有缺陷，文档也不够全面。我们还必须承认，我们对于非英语国家的艺术形式不熟悉，对技术教育文化不熟悉，因此会出现信息和观点上的缺漏，不能反映世界上其他人的看法。

尽管本书中的大部分作业已经在我们的课堂中使用过，但是，还有一部分作业是我们没有布置过却非常欣赏的艺术项目。Paim、Bergmark 和 Gisel 在研讨他们布置的作业缘起时，把这个反向回溯的过程叫作背景知识的"重建"，我们也是这样认为的。需要特别说明的是，我们的作业"人体义肢""参数化物体""虚拟公共雕塑"是受到他们相关作品的启发，并不会在下文中讨论。

除此以外，我们的作业需要用到语音识别、3D 打印、增强现实、机器学习等技术，这些技术到最近才得到广泛使用。因为教师和艺术实践者对这些技术也是刚刚了解，所以关于如何将这些工具和方法应用于艺术实践，依然有着层出不穷的探索的可能性。因此，我们将作业的覆盖面放得更大，在我们的作业中会涉及语音识别机器、聊天机器人、人体义肢、参数化物体、虚拟公共雕塑。

John Maeda 是本书的贡献者之一，他把麻省理工学院媒体实验室艺术计算工作组的经验整理成文，成为本书中重要的教学资料。Golan Levin 是本书作者，他是 Casey Reas 和 Ben Fry 的学生，目前已经毕业。而 Ben Fry 是 Processing 编程语言的初创者之一。考虑到上面这些贡献者的背景，我们可以说，本书中的大部分作业，本书作者以及作者的同事、同行都曾经亲自动手做过，并且是随着时间而提炼出来的——通过研究、教学经验、社交媒体以及与艺术家、教师、学生的广泛互动所获得的。

迭代图案

这个作业最早来自关于计算机绘图工具艺术的练习——20世纪70年代中期，就有大学开始开设这门课程。加州州立大学奇科分校的计算机科学教授 Grace C. Hertlein 在1977年就列出了一个著名的清单，介绍了当时讲授"计算机艺术系统"的教师：耶路撒冷的 Vladimir Bonacic、慕尼黑大学的 Reiner Schneeberger、佐治亚州立大学的 Jean Bevis、加州州立大学的 Grace C. Hertlein、丹佛大学的 John Skelton、明尼苏达大学双城分校的 Katherine Nash 和 Richard Williams[3]。

例如，Robert Stoiber 曾学过 Reiner Schneeberger 的课，他的作品如下图，是一个回转方块的组合图案[4]。在他的图画中，每个方块的中心点"随机产生"。很明显，学生用到了循环函数和随机函数。Schneeberger 在其1976年的文章中提到了这个作品的创作背景，他曾经和艺术系教授 Hans Daucher 合作开设了一门夏季课程："这是慕尼黑大学首次为艺术系学生开设的计算机图形学课程。课程的目标是，每个学生在上完第一次课后，就能做出极其有趣又极富美感的计算机艺术作业。"Schneeberger 还提到，因为所有的作业必须在计算中心完成，而计算中心离教学场地有数十公里远，因此艺术系的学生更加辛苦[5]。

现在在创意编程课程中，只要讲过迭代函数，就会出现关于迭代图案设计的练习。这些例子包括：Casey Reas 和 Chandler McWilliams 所著的《设计、艺术和建筑中的形式与代码》(Form+Code in Design, Art, and Architecture) (2016)[6]，Hartmut Bohnacker 等人所著的《自生成设计：用 Processing 实现可视化、编程和创作》(Generative Design: Visualize, Program, and Create with Processing) (2012)[7]。

人脸生成器

Bruno Munari 在他的书《设计即艺术》(Design as Art) (1966)中，提到了一个他给自己设置的挑战：到底有多少种方式可以画出人脸[8]。Mark Wilson 不久之后就把这个挑战作业引入计算机艺术教育领域中。他的书《用计算机画画》(Drawing with Computers) (1985)中就讲到了这个例子。他假设存在一个生成人脸的软件，称为"元脸"(metaface)——借用了高德纳（译者注：Donald Knuth，著名计算机科学家）的"元字体"(metafont) (1977)概念，然后鼓励读者进行开发：

Figure 4 (BELOW) — SEE DESCRIPTION AT RIGHT.

COMPUTER GRAPHICS and ART for November, 1976

人脸可以由一组稀疏的直线和弧线来描绘，所有直线和弧线所组成的元素集合就好比字母表。因此，人脸是可以用程序来实现的——叫作"元脸"——从而生成无穷变化的人脸形象。元脸可以将人脸抽象成机器可读的各种参数，如眼睛的大小、眼睛的位置等。随着编程者需要描述的细节不断增多，这个程序可能变得超级复杂[9]。

Wilson 还给出了这个假设中的程序能够画出的不同人脸形象：

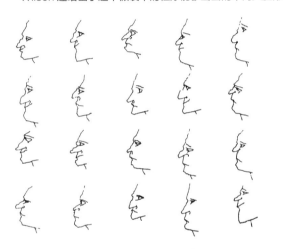

Lorenzo Bravi 曾是威尼斯建筑大学设计系的教师，后来是乌尔比诺艺术大学的教师，他曾经在 2010 年做过这个生成人脸的作业，起名为"参数化面具"，颇具影响力。Bravi 的学生也做出了一个人脸设计的应用软件，该软件能够根据声音来改变形象，可用于 iPhone 或 iPad，起名为 Bla Bla Bla[10]。在 2011 年，Casey Reas 根据 Munari 和 Bravi 的想法，让加州大学洛杉矶分校的学生做出由麦克风触发的人脸[11]。目前，在创意编程课程中，都会有人脸生成的作业。在 OpenProcessing.org 的网站上也有大量代码示例，这些代码是由 Julia Pierre、Steffen Klaue、Rich Pell、Isaac Muro、Anna del Corral 等教师编写的。

时钟

这是一个经常出现的创意编程课程作业，也是本书最早提出来的。2019 年 8 月，在 OpenProcessing.org 上总共有 847 个时钟项目，分别来自不同的教师所布置的作业，这些老师包括 Amy Cartwright、Sheng-Fen Nik Chien、Tomi Dufva、Scott Fitzgerald、June-Hao Hou、Cedric Kiefer、Michael Kontopoulos、Brian Lucid, Monica Monin, Matti Niinimäki、Ben Norskov、Paolo Pedercini、Rich Pell、Julia Pierre、Rusty Robison、Lynn Tomaszewski、Andreas Wanner、Mitsuya Watanabe 和 Michael Zöllner。关于时钟作业的文案解释，大部分来自 Golan 的课程作业《抽象时钟——对于往复一日的动态显示》（Abstract Clock: A diurnally-cyclic dynamic display），这个作业是卡内基·梅隆大学 2004 年秋季学期"交互式图像设计"课程中的内容[12]。

对于时间的图形化描述，一般可以分为模拟和数字两种设计形式。在 1982 年，耶鲁大学艺术学院的 Greer Allen、Alvin Eisenman、Jane Greenfield 布置了一个关于日历的图形系统作业，结果得到了 16 种不同历法（包括阿兹特克历法、中国历法、格里高利历法等）的呈现形式，各自风格鲜明而迥异[13]。我们所知道的第一个**计算机**时钟作业是由 John Maeda 布置的。当时是 1999 年秋季，他在麻省理工学院媒体实验室讲授"有机组织"课程。这门课程（Golan 学过、Elise Co、Ben Fry、Aisling Kelliher、Axel Kilian、Casey Reas 和 Tom White 等后来的计算机艺术编程的教师也都学过）审视了"符号描述的本质就是，创造性地把内部的状态变化和外部的环境变化绑定在一起，并做出相应的表现"。在他的时钟作业里，如下图所示，Maeda 要求学生使用 DBN 编程环境，"创造一个显示时间的环境，不能直白地描述时间的精确变化，而必须抽象地反映时间的概念"[14]。

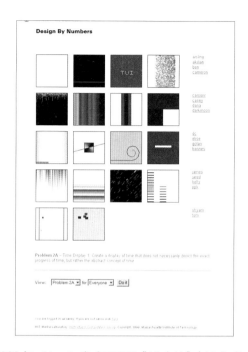

1996 年，Maeda 完成了项目《12 点钟》（12 O'Clocks），而他所布置的作业进一步扩展了自己对时间的理解。他在其 1999 年出版的书《数值设计》（Design by Numbers）中，又提出了一个更为简化的时钟项目。他在书中写道，"时间，是用来描述变化形式的最直观的客观存在。如果对时间流逝进行计算机方式的观察，那么就很容易构造出一种反映时间的新形式"[15]。

从 2000 年开始，用计算机设计时钟的作业就逐渐在其他大学流行开来。伦敦皇家艺术学院也是很早开始讲授创意编程课程的大学，他们开发了一些计算机设计相关的研究生课程。这些课程也用到了 Maeda 的时钟作业[16]。伦敦皇家艺术学院的教师 Rory Hamilton 和 Dominic Robson 在 2002 年 2 月开设的"交互式设计"课程中，要求学生设计出"时间碎片"。Hamilton 和 Robson 倾向于"压力项目"，并且对于媒介有种不可知的观念：

这个项目的目标，是要看清时钟和其他时间测量仪器的本质。我们如何使用时钟？我们为什么要使用时钟？时钟的价值是什么？时钟的设计方案层出不穷，我们不是要求大家重新设计，而是要求大家重新思考。不是给现存的时钟重新做个包装，而是产生一种看待时间的新的方式。你们的设计需要优雅、迷人、实用。不论你使用什么样的媒介，我们需要你所设计的系统一看就能懂，拿来就能用[17]。

在 2005 年，佐治亚理工学院的一组教师发表了一篇文章，介绍了他们在课程"计算机即表达媒介"中布置时钟作业的情况。这个课程是由 Michael Mateas 给研究生上的必修课。Mateas 要求学生"用非传统的方式显示时间的流逝"，时钟作业不要求有实用性，但要求"有所表达"。"其目标是让学生产生对程序生成图像的认识，以及对系统时钟、鼠标输入等输入方式的理解"[18]。

麻省理工学院的 Nick Montfort 在 2008 年秋季组织了"比较媒介研究"专题研讨会。在研讨会上，Montfort 要求学生设计时钟（开发一个计算机程序，能够直观地显示当前的小时、分钟、秒钟）[19]。Casey Reas 在 2011 年春季为加州大学洛杉矶分校的学生布置了时钟作业。Reas 版本的作业让学生不断思考所设计的时钟应该是带有数值的，还是应该更加抽象的。Reas 在课堂上将作业的重点放在了创意和构思的循环设计过程中。教师会反复强调，"做时间的视觉化，但不是做时钟"。Reas 要求学生至少想出"5 种不同的创意，每种创意至少画出 6 幅图，以展示时钟随时间变化的形态"[20]。

在 2017 年 9 月，纽约大学 ITP 的 Dan Shiffman 在其 YouTube 视频频道 Coding Train 中向观众说，时钟作业是个经典作业。Shiffman 使用了 Maeda 的项目《12 点钟》和 Golan Levin 在 2016 年秋季学期的课程材料，制作了视频" Coding Challenge

#74: Clock with p5.js"，截止到 2020 年 5 月，这个视频已经有 35 万的访问量了 [21]。

自生成风景画

George Kelly 和 Hugh McCabe 在其 2006 年的研究综述中提到，程序性自生成风景画和地形，自 20 世纪 80 年代中期以来一直是游戏设计和计算机图形学中的重要研究内容 [22]。但是，计算机图形学领域早期的研究目标是让地形更真实。而到了 21 世纪初，艺术学院开始引入各类软件开发工具，让艺术类学生能够从传统的观念艺术、行为艺术、电影艺术和艺术史中脱离出来，进入一个完全不同的新领域。Golan 在 2005 年秋季的"交互式图像设计"课程中，布置了自生成风景画的作业，得到了各种包含"肢体、头发、海草、太空垃圾、僵尸"的另类风景 [23]。

Nick Montfort 在 2008 年组织的"比较媒介研究"专题研讨会中，同样布置了自生成风景画作业。Montfort 要求风景图能够导航，即观看者或使用者"能够在大型虚拟空间中来回移动，确保每时每刻看到的风景各不相同" [24]。这个作业的成果被 Montfort 收录在他 2016 年所著的书《为艺术类和人文类学生开设的探索性编程课》(Exploratory Programming for the Arts and Humanities) 中。他在书中为读者提供了一些简单的样例代码，用以"创造虚拟的、可导航的空间" [25]。Bohnacker 在他的书《自生成设计》(Generative Design) 中布置了一个作业，叫作"噪声风景画"，这个作业比其他的自生成风景画限定性更强 [26]。

虚拟生物

John Maeda 在 1999 年秋季学期时，在麻省理工学院开设了"计算性媒体设计原理"(MAS.110) 这门课程，当时布置的作业要求学生创造出虚拟生物。"我受到《生物学着色手册》(The Biology Coloring Book) 中细胞框图的启发，要求学生在计算机上画出一幅画，重新解读阿米巴原虫。" [27] 受到这个作业的启

发，Golan 在 2001 年 1 月启动了 Singlecell.org 项目，邀请 Lia、Marius Watz、Casey Reas、Martin Wattenberg 等艺术家设计并创造交互式生物，建立"由计算机艺术家和计算机设计师所推动的在线生物寓言集" [28]。Lukas Vojir 在 2008 年推出了《Processing 怪兽》(Processing Monsters) 项目，搜集了世界各地数十位艺术家采用 Processing 语言画出来的生物。该项目颇具影响力 [29]：

我尝试让更多的人用简单的色彩（黑白两色）在 Processing 中创建怪物。这个项目的最低目标就是鼓励大家学习 Processing 语言并分享代码。如果你感觉自己也能做出一个怪物，并乐意参与我们的项目，那么只有一条规则——只许使用黑白两色＋鼠标动作 [30]。

Chandler McWilliams 和 John Houck 在 2007 年至 2009 年间，曾在加州大学洛杉矶分校上课。他们布置的"生物"作业就提到了 Vojir 的项目《Processing 怪兽》，还提到了如何采用 Valentino Braitenberg 的自动驾驶原理进行生物的动作仿真。加州大学洛杉矶分校的作业强调使用 Java 类库和面向对象的编程方法，创造出带有参数化外观和行为的虚拟生物[31]。最近，OpenProcessing.org 组织了一次虚拟生物作业，Tifanie Bouchara、Margaretha Haughwout、Caroline Kassimo-Zahnd、Cedric Kiefer、Rose Marshack、Matt Richard、Matt Robinett、Kevin Siwoff 等教师都上传了自己的作品。其中一些作业用到了 Craig Reynolds 在 1999 年的经典论文《自主角色的转向行为》（Steering Behaviors For Autonomous Characters）中提到的兽群算法[32]。这个算法在 Dan Shiffman 的书籍《自然编程》（The Nature of Code）及其配套视频中有更为通俗的解释[33]。

定制像素

在计算机艺术领域，定制图像元素的创意概念最早起源于 20 世纪 60 年代，先驱者和先驱作品包括：贝尔实验室的 Leon Harmon 和 Ken Knowlton，Danny Rozin 的作品《木镜子》（Wooden Mirror）（1999）和其他交互式镜子雕塑作品，Joseph Francis 和 Rob Silvers 的马赛克拼图软件。有了 Processing 和其他编程软件之后，能够直接访问图像的每个像素点，使得定制像素这个行为变得更为容易。这也使得定制像素这个作业变得更具创造力和影响力，引领学生直接进入图像处理领域。有很多书籍中都有这个作业，这些书籍包括：Casey Reas 和 Ben Fry 的《Processing：写给视觉设计师和艺术家的编程手册》（Processing: A Programming Handbook for Visual Designers and Artists）（2007）[34]，Ira Greenberg 的《Processing：创意编程和计算性艺术》（Processing: Creative Coding and Computational Art）（2007）[35]，Dan Shiffman 的《学习 Processing》（Learning Processing）（2008）[36]，Andrew Glassner 的《视觉艺术家的 Processing：如何构建表现性图像和交互式艺术》（Processing for Visual Artists: How to Create Expressive Images and Interactive Art）（2010）[37]，Reas 和 McWilliams 的《形式＋代码》（Form+Code）（2010）[38]，Bohnacker 等人的《自生成设计》（Generative Design）（2012）[39]。

Golan 在 2004 年秋季开设的"交互式图像设计"课程中也布置了"定制像素"作业。他要求学生"创造一种图像元素"，并用这种元素来渲染所选择的图案，要求不能一眼就看出原始图片是什么[40]。

绘画机器

绘画机器作业受到 20 世纪 80 年代到 90 年代间艺术家各种交互式实验绘画作品的启发。这些作品包括：Paul Haeberli 的《DynaDraw》，Scott Snibbe 的《动作素描和泡泡竖琴》（Motion Sketch and Bubble Harp），Toshio Iwai 的《音乐昆虫》（Music Insects），以及 John Maeda 开发的观念绘画工具"Radial Paint""Time Paint""A-Paint"（Alive-Paint）[41]。到 1999 年，Maeda 对这类观念加以规范，形成了可用于教育的作业。在他的书《数值设计》（Design by Numbers）中有一个练习，要求开发一个极为精简的绘画程序——不断把鼠标指针所在的位置画成黑色。书中有一节叫作"特制画刷"，他写道："在学习数字绘画的过程中，可能最有趣的练习就是设计属于你自己的画刷。你所设计的画刷没有任何限制，可以是非常直观的，也可以是非常荒诞的。你到底能做出什么，全看你自己。"[42]Maeda 对这个作业给出了一些提示，比如，一支会随着时间而改变颜色的笔，带有对角线标识的书法刷，用来绘制多段线的向量组等。学生根据这些提示做出的作业，在 2001 年由 JT Nimoy（她当时是麻省理工学院 Maeda 研究组的本科实习生）搜集整理，并形成 20 种交互式"涂鸦变体"[43]。帕森斯设计学院的 Zach Lieberman 在他 2002 年的硕士论文《手势机器》（Gesture Machines）中，也用到了绘画机器的概念。Lieberman 的硕士毕业（交互式）作品已经在"now-defunct Remedi 项目"中展出[44]，之后又在 2015 年 Eyeo 艺术节上重新展出，并做了教学演讲[45]。

从 2000 年开始，又出现了各种绘画工具的变体，且数量来越多。Casey Reas 在加州大学洛杉矶分校 2003 年秋季学期的课程中，要求学生设计"使用鼠标画画的机器"[46]。在 2004 年春季学期的课程中，他要求学生：

> 要对绘画机器产生的绘画风格有明确的构想，而且保证你的想法能够经得住艺术批评。在完成项目之后，需要由机器完成大量高质量的画作，并且画作间存在着明显的不同。要让机器画出具象的图画非常困难，因此最好让机器画抽象画。不要使用随机变量，而是要用其他来源的数据来控制画作，生成画面中的形态和动作[47]。

麻省理工学院的 Golan 在 2000 年的硕士毕业论文是《用于视听觉表演的绘画接口》（Painterly Interfaces for Audiovisual Performance），他的导师是 John Maeda。Golan 在毕业设计中做了 5 个交互式软件，能够根据动态变化的图像和声音形成连贯的手势动作和表演形态。基于他的作品，Golan 在卡内基·梅隆大学 2004 年秋季开设的课程"交互式图形设计概论"中，布置了定制绘画程序作业[48]。在 2005 年春季，他对这个程序作业进行了改进，要求学生编写一个绘画程序，能够随着使用者的手势变化画出不同图画[49]。

Michael Mateas 在 2005 年发表了一篇论文，讲到他在佐治亚理工学院的"将计算作为一种表现媒介"课程中，给研究生布置了绘画工具作业。Mates 要求学生：

> 开发自己的绘画工具，将重点放在生成/修改/操作的算法上。这个作业的目标是让大家理解，什么才叫作工具。工具不是中性的，而是带着其创造的历史痕迹，暗藏了创造者的理想、偏好、政治倾向。工具总是让一些事情变得简单，但是会让另外一些事情变得复杂，甚至会让某些事情变得想都不能想，做都不能做[50]。

Chandler McWilliams 于 2007 年冬季和 2008 年春季在加州大学洛杉矶分校开设了"交互式设计"课程。他也布置了绘画机器作业，并仔细分析了利用鼠标所开发的"绘画机器"和"绘画工具"之间的差别[51]。从那以后，在 OpenProcessing.org 网站上发布了大量绘画机器的作业成果。这门网上课程是由 Antonio Belluscio、Tifanie Bouchara、Tomi Dufva、Briag Dupont、Rachel Florman、Erik Harloff、Cedric Kiefer、Steffen Klaue、Andreas Koller、Brian Lucid、Yasushi Noguchi、Paolo Pedercini、Julia Pierre、Ben Schulz、Devon Scott-Tunkin、Bridget Sitkoff 等人共同完成的。这个作业也在众多创意编程的图书中出现，比如 Bohnacker 等人的《自生成设计》（Generative Design）（2012 年）[52]。

模块化字符集

在传统的字体设计教育中，强调的是设计的参数化和模块性，这和使用代码设计字体完全不同。比如，1982 年 Hans-Rudolf Lutz 在俄亥俄州立大学布置了一个纸笔作业，要求学生设计一个字符集，在连续的字符间只需要 5 步即可完成转换[53]。巴利亚多利德大学设计学院的 Laura Meseguer 在 2013 年的课程中布置了设计字符集的作业，她要求学生使用最少的手绘元素组合成模块化字符集。Meseguer 说道："采用这种模块化的方法，能够让学生理解字符的形态结构、模块性、相关性，以及字体设计中所存在的固有的和谐感。"[54]

我们的模块化字符集作业是一项极具创意的编程作业，最早来自 1997 年 John Maeda 在麻省理工学院媒体实验室开设的"数字字体"课程。这门课程当时主要聚焦于"用算法的形式来描绘单词、符号和形式"[55]。Maeda 布置了"弯曲的字体"和"不稳定的字体"两个作业，要求学生（使用 Java）设计一种"基于矢量的字体，字形有较多变形"，以及一种"参数化的字体，表现出一种不稳定的状态"[56]。Peter Cho 的项目《似是而非》（Type Me, Type Me Not）就是受到 Maeda 的影响，对作业进行了升华[57]。Peter Cho 在作业成果的展示页上评论说，"当时我在课堂上已经萌发出一个强烈的想法。只需用简单的一段圆弧，就能把整个字符集都表示出来。而且只需要使用 Java 图形类中的 fillArc 函数就能够完成。因为每个字符都只需要用两段圆弧就能表示出来，所以字符之间的变化就能做得非常平滑"[58]。2004 年 Golan 在讲授"交互式图像"课程时，布置了作业"互相变形的字符集——定制的字符集图案"[59]。本书中的作业文字说明主要改编自他的教案。

使用计算机设计"参数化字体"，是对高德纳教授"元字体"（1977）思想的拓展，强调使用参数来控制字体的形态。在《自生成设计》（Generative Design）[60] 中，作者认为参数化设计"改变了字体的外观"（3.2.2 节），书中提示读者如何通过程序变量控制字体的倾斜度、扭曲度等属性。

数据自画像

在 2000 ～ 2010 年间，麻省理工学院媒体实验室社交媒体组的 Judith Donath 和她的研究生开始了一个项目，叫作"数据肖像画"：采用每个人在社交网络中积累的数据来表达他的个性，而不再是用他的照片。Donath 认为，"采用这种方法画出来的图像，应该叫作'数据肖像'而不是'数据可视化'，这和我们以前想的不一样"[61]。与此同时，Nick Felton 做了一个类似于日记的项目，叫作《每日报告》，将每天搜集的个人信息可视化。他把自己

2005 年到 2014 年十年间的个人数据都做了可视化。这个项目目前已经成为现代艺术博物馆（MoMA）的永久藏品。这个项目在社会上产生了巨大的影响，可以将其看成最早的由计算机设计、数据驱动的自画像作品。

到 21 世纪 10 年代早期，社会上开始流行使用个人健身记录器和手机自拍。这些现象也推动了数据自画像在实现手段和表现方式上的进化。本书中作业的文案说明，主要改编自 Golan 于 2014 年春季学期在卡内基·梅隆大学开设的"交互式艺术和计算性设计"课程，他当时在课程中布置了这个作业。Golan 要求学生"实现一种视觉化方法，能够深入洞察你所关注的数据"。当时作业的名称为"量化自拍"：采用各种（一种或多种）你自己创造的数据流，用程序画出自己的画像[62]。

增强投影

这个作业受到艺术家 Michael Naimark、Krystof Wodiczo、Christopher Baker、Andreas Gysin + Sidi Vanetti、HeHe（Helen Evans 和 Heiko Hansen）、Jillian Mayer、Joreg Djerzinski、Pablo Valbuena 等人作品的启发。Valbuena 的艺术作品《增强雕塑》（Augmented Sculpture）使用计算机程序生成，在 2007 年奥地利电子艺术节上展出，并在网络中得到广泛传播[63]。他的作品极大地启发了从事创意工作的技术人员，并推动了 MadMapper 和 Milumin 之类商业投影映射软件的出现。有了这些商业投影软件，投影映射日益成为剧场场景设计的主流技术方法，并且在视频和媒体设计领域出现了大量的研究生课程。

Golan 在 2013 年秋布置了类似的作业，叫作"在墙上投影出诗意的手势"。他要求学生用 Processing 编程，使用 Box2D 物理引擎库生成一个实时变化的图像，图像会模拟墙面的特征，出现电源插座和门把手等东西[64]。

单按键游戏

我们所知道的最早的单按键游戏，是 2005 年 4 月举办的第一届游戏编程公开赛上要求参赛者设计的"严格的单按键游戏"。这个大赛是由网络独立游戏开发者社区 Retro Remakes 组织的[65]。在此之后，Berbank Green 在游戏媒体 Gamasutra 上发表了相关文章，他深入研究了单按键游戏的设计理念，以及这类游戏的底层开发逻辑。他的研究成果获得了各类游戏开发者的广泛认同，并成为后来游戏设计的准则[66]。

2009 年 12 月，游戏公司 Kokoromi 宣布在 GAMMA IV 竞赛中，进行单按键游戏的设计比赛。比赛的胜利者将出席 2010 年 3 月的游戏开发者大会，赢得更多的关注。当时市面上出现了大量"高科技"的新型游戏控制器，如手势控制器、多点触摸板、乐器、语音识别器，甚至出现了大脑控制器。作为回应，Kokoromi 公司提倡游戏开发者"依然关注绝对简洁中的美感"[67]。2009 年 8 月，单按键游戏《屋顶狂奔》（Canabalt）正式上线并广受欢迎[68]。Chandler McWilliams 在加州大学洛杉矶分校 2009 年的冬季课程"交互性"中，也引入了单按键游戏的作业：

> 开发一个简单的单按键游戏，就意味着人机接口只有一个按键。聚焦于你要表达的主题，同时要让游戏者有良好的体验。千万不要把游戏做得过于技术化，伟大的游戏也可以是非常简单的。想想常见的视频游戏和平板游戏，回忆这些游戏是怎样操作的，游戏中的哪些物体和哪些机能够重新解读，从而具有新的表现形式。游戏不见得需要得分或者升级，它应该提供一种愉快的游戏体验。记住，概念设计和视觉设计与技术开发同样重要[69]。

Paolo Pedercini 也提到，2010 年秋季学期他在卡内基·梅隆大学所开设的"实验性游戏设计"课程中，布置了单按键游戏和无键游戏的作业[70]。

单按键游戏目前已经成为游戏中一个非常受欢迎的、边界清晰的门类。截至 2019 年 8 月，独立游戏分发平台 Itch.io 报告，该平台上已经有 2 800 个单按键游戏了。

实验性交谈

这个作业受到 20 世纪 90 年代中期远程通信艺术的启发。这类作品包括：Paul Sermon 的《远程之梦》（Telematic Dreaming）（1992），Scott Snibbe 的《动作电话》（Motion Phone）（1995），Rafael Lozano-Hemme 的《踪迹》（The Trace）（1995）。这个作业同样可追溯到 John Maeda 在 1999 年的课程"数值设计"中布置的作业"共享纸张"[71]。Maeda 的作业是，目前有一台大家都能访问的公共服务器，服务器上存储了 1 000 个数值，每个人的数值都能被其他人读取并修改。基于这个简单的平台，Maeda 启动了"协作绘画"项目，让鼠标坐标能够从一个人传递到另外一个人[72]。他还启动了"原始交谈"项目，用这个平台每次传递一个字符[73]。

Maeda 在《创意编程》（Creative Code）（2004）一书中对这个作业进行了解释：

> 课程的结课作业（1997 年）就是进行数据流的相互通信。当时的问题在于服务器。服务器需要把其中一个人发的消息同时发给所有连接到服务器的其他用户，这样才能构成基于互联网的交谈系统。由于服务很难保证一直可靠，我就停止布置这个作业了[74]。

浏览器插件

最早的浏览器插件作业来自 Alex Galloway 的项目《食肉动物》（Carnivore）（2000~2001）。他当时邀请了 15 位艺术家，他们通过定制软件的客户端，对网络嗅探器抓取的网络通信数据进行可视化。每个客户端抓取的互联网通信数据各不相同。2008

至 2009 年间，Google 和 Mozilla 两家公司为了营造 Chrome 和 Firefox 浏览器的生态系统而引入插件，从而引发了新的插件实验浪潮。自那时候起，在商业浏览器上制作插件成为一种新的艺术实践形式，其中以 Steve Lambert 的插件"增加艺术"（add art）最为出名。这个插件会自动把网页中的广告更换成艺术作品。Lambert 的作品启发了我们，同时我们还吸收了 Allison Burtch、Julian Oliver、Lauren McCarthy 等艺术家的作品中的创意。

创意密码学

2013 年斯诺登事件的曝光，激发了艺术界广泛的兴趣。艺术家开始关注数字隐私、安全、监控、匿名性和加密技术[75]。带着对这些技术名词的质疑，2015 年 Tega 在纽约州立大学帕切斯分校的"社交软件"课程中提出了这个作业。Addie Wagenecht、Julian Oliver、Adam Harvey、David Huerta 等人也展开了相应的艺术研究和艺术实践。

Brian Winkel、Neal Koblitz、Manmohan Kaur、Lorelei Koss 等数学教师也写过一些文章，呼吁让没有技术背景的学生了解密码学知识[76]。他们认为，密码学在数学教育和通识教育中都需要被覆盖。虽然他们的目标是培养学生的数学思维能力，而不是培养学生的艺术能力或设计能力。但是他们也发现，在学习密码学的过程中，也会引入政治、社会、数学、计算机等多个维度的知识。

语音机

从 21 世纪 10 年代末开始，也就是我们开始写这本书的时候，进行实时的语音人机交互已经成为现实，相应的艺术实践也随之展开。2017 年，Google 的创意实验室为了让开发者使用他们的 Google Home 平台和 Dialogflow 语音识别工具包，资助了一项艺术活动，主题是"当你在玩游戏、听音乐、讲故事时，若出现了开放式的自然语言交互，会出现什么样的新情景"[77]。在众多受资助的"语音实验"艺术作品中，艺术家 Nicole He 的项目《神秘的动物》（Mystery Animal）是一个由编程实现的游戏。在这个游戏中，计算机扮演一种动物，玩家需要不停地问各种问题，通过计算机的回答猜出是哪种动物。在 2018 年秋季，Nicole He 在纽约大学 ITP 项目讲授了课程"你好，计算机：语音技术的非常规使用方法"。课程的目标是：

> 培养学生创造性地使用语音技术，进一步提升想象和创意的技能。语音技术目前是一个逐渐成型的新领域，不断出现新的突破和新的应用方式。课程鼓励学生重新审视语音技术的应用方式，寻找新的使用方法。学生将使用人机交流的技术，创作出新的交互方式、表现形式、艺术作品和应用程序，开拓人们的新体验[78]。

我们的语音机作业受到 Nicole He 的启发，参考了她的课程体系和学生的工程作业[79]。我们还参考了 Google 语音识别项目，以及语音交互的早期先锋艺术作品，如 David Rokeby 的《起名人》(The Giver of Names)（1990）。

测量仪

在工程学、自然科学、社会科学、传播设计（如信息可视化）、当代艺术（严肃文化实践）等领域，其教学都需要进行数据搜集。我们的一些同行已经布置过一些创意编程的作业，要求学生通过 API 搜集数据（纽约大学 ITP 项目的 Jer Thorp）[80]，或者要求学生在互联网上采集数据（纽约大学 ITP 项目和诗意计算学院的 Sam Lavigne）[81]。我们在书中所设计的作业，需要学生开发专用的硬件，从动态系统或物理环境中采集相应的测量数据。

"采集数据即艺术"这项艺术实践活动，曾经吸引大量艺术家参与，包括 Hans Haacke、Mark Lombardi、On Kawara、Natalie Jeremijenko、Beatriz da Costa、Brooke Singer、Catherine D'Ignazio、Eric Paulos、Amy Balkin、Kate

Rich 等人。这个作业同样涵盖公民科学项目，如《安全播报》（Safecast）、《空气质量蛋》（the Air Quality Egg）、《智能公民平台》（Smart Citizen Platform）、《Pachube》（译者注：一个物联网数据平台），还可参考其他关于自制数据收集工具的网络在线教程。我们的作业参考了 Golan 的课程"电子媒体工作室 2"的课程大纲。Golan 曾在 2013 年为卡内基·梅隆大学艺术系的学生开设了这门课程[82]。

外化身体

外化身体作业受到 Myron Krueger 的交互艺术作品《视频之地》（Videoplace）（约 1974~1989）的启发，并参考了好莱坞长期使用离线动作捕捉进行艺术表达的经验。21 世纪 00 年代中期，Casey Reas 在加州大学洛杉矶分校所开设的课程中，就引入了使用计算机、摄像头和计算机视觉技术来做人体捕捉，并进行实时的人体增强。他的教学大纲也是这个专题最早的作业记录。在 2004 年冬季开设的课程中，他要求学生"使用自由的身体来与计算机软件进行交互。设计一种新的方式，让两个人通过投影机、摄像头、计算机进行交互。注意，摄像头能够跟踪人体动作、捕捉色彩、确定动作方向、解读手势，能干很多事情。因此，要考虑摄像头能够处理哪些数据"[83]。在 2006 年冬季开设的课程中，他则要求学生"利用计算机视觉技术设计一种新的镜子"[84]。

我们在 Lauren McCarthy 的作业"面具"的基础上，要求学生设计出的软件不仅"能够反馈身体状态"，还能同步产生相应的表现变化。在加州大学洛杉矶分校 2019 年冬季的"交互式设计"课程中，McCarthy 要求：

> 选择一段短文（一段文章或几句话），然后在课堂上读出来 / 表演出来。根据这段文字设计一个虚拟面具，配合你的阅读或表演。采用我为大家提供的程序模板，面具可以响应音频，根据你说话的音量来改变面具形态。

项目的评分将根据面具和文本的结合程度（变化的程度）、面具的设计和你在课堂上的表演行为[85]。

联觉乐器

联觉乐器作业要求学生设计一种能够同时进行声音和图像表演的工具。我们的设计概念来源于 Golan 在麻省理工学院媒体实验室的硕士论文（1998 ~ 2000）。而他的设计又是受到 Toshio Iwai 在 20 世纪 90 年代的音视频表演乐器的启发。在 2002 年 4 月，Golan 在帕森斯设计学院给研究生开设了"音视频系统和计算机"课程，他在这门课程中布置的作业为"实时同步的图形和声音"：

> 你需要开发一个系统，能够针对某种输入（比如，鼠标、键盘、某种实时数据流等）做出实时响应，从而生成集成一体的图像和声音。你所设计的系统不能使用预封装的音频或采样片段。所以你需要从头开始，设计并实现自己的数字合成器。要在图像和声音之间创建关系，比如你可以将描述视觉的数据以适当的方式映射成声音合成器的输入。在设计系统时，还需要考虑以下因素——这些因素也是没有"正确答案"的：声音和图像的联合是塑料感十足，还是其中一个更有可塑性？声音和图像是紧密联系的，还是间接联系的？把这种图像和声音的联合做成负形空间，效果会怎么样？节奏是在画面中体现，还是在声音中体现，还是在两者中都体现[86]？

附注

1. Dushko Petrovich and Roger White, eds., *Draw It with Your Eyes Closed: The Art of the Art Assignment* (Paper Monument, 2012), 122.

2. Nina Paim, Emilia Bergmark, and Corinne Gisel, eds., *Taking a Line for a Walk: Assignments in Design Education* (Leipzig, Germany: Spector Books, 2016), 3.

3. Grace C. Hertlein, "Design Techniques and Art Materials in Computer Art," *Computer Graphics and Art* 2, no. 3 (August 1977): 27, http://dada.compart-bremen.de/docUploads/COMPUTER_GRAPHICS_AND_ART_Aug1977.pdf.

4. Reiner Schneeberger, "Computer Graphics at the University of Munich (West Germany)," *Computer Graphics and Art* 1, no. 4 (November 1976): 28, http://dada.compart-bremen.de/docUploads/COMPUTER_GRAPHICS_AND_ART_Nov1976.pdf.

5. Schneeberger, "Computer Graphics," 28.

6. Casey Reas and Chandler McWilliams, *Form+Code in Design, Art, and Architecture* (New York: Princeton Architectural Press, 2010), 64. See the exercise "Code Examples: Embedded Iteration."

7. Hartmut Bohnacker, Benedikt Groß, and Julia Laub, *Generative Design: Visualize, Program, and Create with Processing*, ed. Claudius Lazzeroni (Hudson, NY: Princeton Architectural Press, 2012), 214–217. See the exercise "Complex Modules in a Grid."

8. Bruno Munari, "Variations on the Theme of the Human Face," in *Design as Art*, trans. Patrick Creagh (London: Pelican Books, 1971), n.p. Originally published in Italian as *Arte come mestiere* (Editori Laterza, 1966).

9. Mark Wilson, *Drawing with Computers* (New York: Perigee Books, 1985), 18, http://mgwilson.com/Drawing%20with%20Computers.pdf.

10. Filip Visnjic, "Bla Bla Bla," Creative Applications Network, April 26, 2011, https://www.creativeapplications.net/processing/bla-bla-bla-iphone-of-processing-sound/.

11. Casey Reas, syllabus for Interactivity (UCLA, Spring 2011 and Fall 2011), http://classes.design.ucla.edu/Spring11/28/exercises.html and http://classes.design.ucla.edu/Fall11/28/projects.html.

12. https://web.archive.org/web/20060519010135/http://artscool.cfa.cmu.edu/~levin/courses/dmc/iig_04f/ejercicio.php.

13. Paim, Bergmark, and Gisel, *Taking a Line for a Walk*, 135.

14. John Maeda, syllabus for MAS.961: Organic Form (MIT Media Lab, Fall 1999), https://web.archive.org/web/20000901042632/http://acg.media.mit.edu/courses/organic/, accessed January 18, 2000.

15. John Maeda, *Design by Numbers* (New York: Rizzoli, 1999), 208.

16. Gillian Crampton-Smith, "Computer-Related Design at the Royal College of Art," *Interactions* 4, no. 6 (November 1997): 27–33, https://doi.org/10.1145/267505.267511.

17. https://joelgethinlewis.com/oldrcasite/clock.html.

18. Ian Bogost, Michael Mateas, Janet Murray, and Michael Nitsche, "Asking What Is Possible: The Georgia Tech Approach to Game Research and Education," *IDMAa Journal* 2, no. 1 (Spring 2005): 59–68.

19. Nick Montfort, syllabus for CMS.950: Comparative Media Studies Workshop 1 (MIT, Fall 2008), http://nickm.com/classes/cms_workshop_i/2008_fall/.

20. http://classes.design.ucla.edu/Spring11/28/exercises.html.

21. https://www.youtube.com/watch?v=E4RyStef-gY.

22. George Kelly and Hugh McCabe, "A Survey of Procedural Techniques for City Generation," *The ITB Journal* 7, no. 2 (January 2006), doi:10.21427/D76M9P. Available at: https://arrow.dit.ie/itbj/vol7/iss2/5.

23. https://web.archive.org/web/20060617092315/http://artscool.cfa.cmu.edu/~levin/courses/dmc/iig_05f/ejercicio.php.

24. http://nickm.com/classes/cms_workshop_i/2008_fall/.

25. Nick Montfort, *Exploratory Programming for the Arts and Humanities* (Cambridge, MA: MIT Press, 2016), 260.

26. Bohnacker, Groß, and Laub, *Generative Design*, 330.

27. John Maeda, *Creative Code: Aesthetics + Computation* (London: Thames & Hudson, 2004), 53.

28. Golan Levin (editor), http://singlecell.org/singlecell.html, 2001.

29. https://web.archive.org/web/20090304170310/http://rmx.cz/monsters/.

30. Marc De Vinck, "Processing Monsters by Lukas Vojir," *Make:magazine* (blog), November 11, 2008, https://makezine.com/2008/11/11/processing-monsters-by-lu/, accessed August 9, 2019.

31. Chandler McWilliams, syllabus for Interactivity (UCLA, Winter 2007 and Spring 2008), http://classes.dma.ucla.edu/Winter07/28/ and http://classes.dma.ucla.edu/Spring08/28/; John Houck, syllabus for Interactivity (UCLA, Spring 2009), http://classes.dma.ucla.edu/Spring09/28/exercises/.

32. Craig W. Reynolds, "Steering Behaviors For Autonomous Characters," *Proceedings of Game Developers Conference 1999, San Jose, California* (San Francisco, CA: Miller Freeman Game Group, 1999), 763–782.

33. Daniel Shiffman, *The Nature of Code* (2012); *The Coding Train* (YouTube channel).

34. Casey Reas and Ben Fry, "Image as Data," in *Processing: A Programming Handbook* (Cambridge, MA: MIT Press, 2007), 364. Examples include "Convert pixel values into a

circle's diameter" and "Convert the red values of pixels to line lengths."

35. Ira Greenberg, *Processing: Creative Coding and Computational Art* (New York: Friends of Ed Publishing, 2007), 441–451. See the "Pixilate" and "Pixel Array Mask" examples.

36. Dan Shiffman, *Learning Processing: A Beginner's Guide to Programming Images, Animation, and Interaction* (Burlington, MA: Morgan Kaufmann Publishers, Inc., 2008), 324–327. See exercises like Example 15-4, "Pointillism" and Example 16-10, "The Scribbler Mirror."

37. Andrew Glassner, *Processing for Visual Artists: How to Create Expressive Images and Interactive Art* (Boca Raton, FL: A K Peters/CRC Press, 2010), 468–470.

38. Reas and McWilliams, *Form+Code in Design, Art, and Architecture* (New York: Princeton Architectural Press, 2010), 90. See the exercise "Transcoded Landscape."

39. Bohnacker, Groß, and Laub, *Generative Design*, 302–317. See exercises like "Graphic from pixel values," "Type from pixel values," and "Real-time pixel values."

40. https://web.archive.org/web/20060519010135/http://artscool.cfa.cmu.edu/~levin/courses/dmc/iig_04f/ejercicio.php.

41. John Maeda, *Maeda@Media* (New York: Rizzoli, 2000), 94–99.

42. Maeda, *Design by Numbers*, 166–169.

43. https://github.com/jtnimoy/scribble-variations.

44. http://www.theremediproject.com/projects/issue12/systemisgesture/.

45. Zach Lieberman, "From Point A to Point B" (lecture, Eyeo Festival, Minneapolis, MN, June 2015), https://vimeo.com/135073747.

46. Casey Reas, syllabus for Design for Interactive Media (UCLA, Fall 2003),

http://classes.dma.ucla.edu/Fall03/157A/exercises.html.

47. Casey Reas, syllabus for Programming Media (UCLA, Spring 2004) http://classes.design.ucla.edu/Spring04/160-2/exercises.html.

48. https://web.archive.org/web/20060519010135/http://artscool.cfa.cmu.edu/~levin/courses/dmc/iig_04f/ejercicio.php.

49. Golan Levin, syllabus for The Interactive Image (CMU, Spring 2005), https://web.archive.org/web/20060518224636/http://artscool.cfa.cmu.edu/~levin/courses/dmc/iig_05s/ejercicio.php.

50. Ian Bogost et al., "Asking What Is Possible," 59–68.

51. http://classes.dma.ucla.edu/Winter07/28/; http://classes.dma.ucla.edu/Spring08/28/.

52. Bohnacker, Groß, and Laub, Generative Design, 236–245. See exercises including "Drawing with Animated Brushes" and "Drawing with Dynamic Brushes."

53. Paim, Bergmark, and Gisel, Taking a Line for a Walk, 51.

54. Paim, Bergmark, and Gisel, Taking a Line for a Walk, 41.

55. John Maeda, course description for MAS.962: Digital Typography (MIT Media Lab, Fall 1997), https://ocw.mit.edu/courses/media-arts-and-sciences/mas-962-digital-typography-fall-1997/.

56. Maeda, Maeda@Media. See also https://web.archive.org/web/20010124052200/https://acg.media.mit.edu/courses/mas962/.

57. Cho's project appears in print in Maeda, Maeda@Media, 436.

58. The MAS.962 course gallery page is no longer available. See also Peter Cho, "Computational Models for Expressive

Dimensional Typography" (master's thesis, MIT, 1999), 34, https://acg.media.mit.edu/people/pcho/thesis/pchothesis.pdf.

59. https://web.archive.org/web/20060519010135/http://artscool.cfa.cmu.edu/~levin/courses/dmc/iig_04f/ejercicio.php.

60. Bohnacker, Groß, and Laub, Generative Design, 276–285.

61. Judith Donath et al., "Data Portraits" (lecture, SIGGRAPH '10, Los Angeles, CA, July 2010), https://smg.media.mit.edu/papers/Donath/DataPortraits.Siggraph.final.graphics.pdf.

62. http://golancourses.net/2014/assignments/project-3/.

63. http://www.pablovalbuena.com/augmented/.

64. Golan Levin, syllabus for 60-210: Electronic Media Studio 2 (CMU, Fall 2013), http://cmuems.com/2013/a/assignments/assignment-07/.

65. Barrie Ellis, "Physical Barriers in Video Games," OneSwitch.org.uk, March 20, 2006, http://www.oneswitch.org.uk/OS-REPOSITORY/ARTICLES/Physical_Barriers.doc, accessed September 28, 2010.

66. Berbank Green, "One Button Games," Gamasutra.com, June 2, 2005, https://web.archive.org/web/20050822041906/http://www.gamasutra.com/features/20050602/green_01.shtml.

67. http://web.archive.org/web/20091204142734/http://www.kokoromi.org/gamma4.

68. http://adamatomic.com/canabalt/.

69. http://classes.dma.ucla.edu/Winter09/28/exercises/.

70. http://gamedesign.molleindustria.org/2010/.

71. Maeda, Design by Numbers, 204.

72. Maeda, Design by Numbers, 207.

73. Maeda, Design by Numbers, 213.

74. Maeda, Creative Code, 106.

75. See events like the Prism Breakup conference and exhibition at New York's Eyebeam Center in 2013 (https://www.eyebeam.org/events/prism-break-up/) as well as numerous cryptoparties (https://www.cryptoparty.in/) and Art Hack Days (http://arthackday.net/) that brought together artists and technologists.

76. See Brian Winkel, "Lessons Learned from a Mathematical Cryptology Course," Cryptologia 32, no. 1 (January 2008): 45–55; Neal Koblitz "Cryptography as a Teaching Tool," Cryptologia 21, no. 4 (June 1997): 317–326; Manmohan Kaur, "Cryptography as a Pedagogical Tool," Primus 18, no. 2 (March 2008): 198–206; Lorelei Koss, "Writing and Information Literacy in a Cryptology First-Year Seminar," Cryptologia 38, no. 3 (June 2014): 223–231.

77. https://experiments.withgoogle.com/collection/voice.

78. https://nicolehe.github.io/schedule, last modified October 23, 2018.

79. https://medium.com/@nicolehe/fifteen-unconventional-uses-of-voice-technology-fa1b749c14bf.

80. Jer Thorp, syllabus for Data Art (NYU ITP, Spring 2016), https://github.com/blprnt/dataart2017a.

81. Sam Lavigne, syllabus for Scrapism (NYU ITP, Fall 2018), https://github.com/antiboredom/sfpc-scrapism.

82. Golan Levin, syllabus for Electronic Media Studio 2 (CMU, Fall 2013), http://cmuems.com/2013/a/assignments/assignment-08/, last modified December 2013.

83. Casey Reas, syllabus for Interactive Environments (UCLA, Winter 2004), http://classes.design.ucla.edu/Winter04/256/exercises.html#B.

84. Casey Reas, syllabus for Interactive Environments (UCLA, Winter 2006), http://classes.design.ucla.edu/Winter06/256/exercises.html#A.

85. Lauren McCarthy, syllabus for Interactivity (UCLA, Winter 2019), http://classes.dma.ucla.edu/Winter19/28/#projects.

86. Golan Levin, syllabus for Audiovisual Systems and Machines (Parsons School of Design MFADT Program, Spring 2002), https://web.archive.org/web/20020802181442/http://a.parsons.edu/~avsys/homework7/index.html.

附录

作者与贡献者

Tega Brain

Golan Levin

Tega Brain 是澳大利亚出生的艺术家、环境工程师和教育家。她的作品主要关注生态、数据系统和基础设施。她的作品曾经在维也纳双年展、广州三年展、德国公共艺术研究中心、纽约新当代艺术博物馆等机构或活动中展出。她目前是纽约大学集成数字媒体项目的助理教授。她在 Processing 基金会中参与了"学习教学"系列会议的组织工作，并参与了 p5.js 项目。

Golan Levin 是卡内基·梅隆大学的电子艺术教授，还是计算机科学学院、设计学院、建筑学院、娱乐与科技中心的客座教授。作为一名教师，他的教学理念是将计算机看成一种个人表达的媒介。他所教授的课程"计算机领域的艺术课"，涉及交互式艺术、自生成艺术和信息可视化。从 2009 年起，他成为卡内基·梅隆大学 Frank-Ratchye 创意研究室的主管，主要从事艺术、科学、技术、文化等领域的跨学科和超学科研究工作。

Taeyoon Choi

Taeyoon Choi 是一位来往于纽约和首尔之间的艺术家和教育家。他是纽约大学诗意计算学院的创立者之一，也是纽约大学交互式传播（ITP）项目的教师。Choi 曾经成立动手实验室（Making Lab），发起了《诗意科学实务倡议》（Poetic Science Fair initiatives），在艺术科技教育领域有着丰富的经验。他还是目光艺术和科技中心、下曼哈顿文化协会、卡内基·梅隆大学 Frank-Ratchye 创意研究室、洛杉矶艺术博物馆"艺术＋科技实验室"的驻场艺术家。他和 Christine Sun Kim 合作的艺术作品曾经在惠特尼美国艺术博物馆展出。

Heather Dewey-Hagborg

Heather Dewey-Hagborg 是一位跨界艺术家和教育家，她的兴趣是将艺术作为研究和严肃实践的工具。她曾经在世界经济论坛、深圳城市与建筑双年展、纽约新当代艺术博物馆、纽约现代艺术博物馆 PS1 等国际活动和展览馆展出其艺术作品。她的艺术作品曾经在《纽约时报》、BBC、TED 和《连线》等媒体上被广泛研讨。她是纽约大学阿布扎比分校交互式媒体专业的助理教授。她还是 REFRESH 网站的联合创始人。这个网站是一个具备包容性和参与性的协作平台，推进艺术、科学和技术的交叉研究工作。

R. Luke DuBois

R. Luke DuBois 是一位作曲家、艺术家和演奏家，他主要关注各种文化和个人的瞬息时刻，构造该时刻的空间、语言、听觉和视觉结构。他在哥伦比亚大学获得音乐作曲专业博士学位，然后在世界各地教授交互式音频和视频表演。DuBois 是一位活跃的视觉和音乐表演艺术家。DuBois 还是软件 Jitter 的联合开发者。Jitter 是一个用于实时处理矩阵数据的软件，由旧金山软件公司 Cycling'74 主导开发。DuBois 是纽约大学工学院布鲁克林实验媒体中心的主管，也是 ISSUE 项目的项目委员会主任。

De Angela L. Duff

De Angela L. Duff 是纽约大学工学院的工业教授，也是纽约大学的副教务长。她从 1999 年开始从事设计、艺术、科技交叉领域的教学工作。她曾获得纽约大学工学院 2018 年度卓越教学奖。Duff 在马里兰艺术学院获得摄影专业艺术硕士学位，在佐治亚州立大学获得图形设计专业艺术硕士学位，在佐治亚理工学院获得纺织专业硕士学位。

Minsun Eo

Minsun Eo 是马里兰艺术学院图形设计专业教授，也曾获得卓越教学理事会奖。Eo 还是纽约城市大学皇后区分校的兼职教授。他在纽约设立了设计研究工作室，主要从事艺术、技术、建筑、时尚、教育领域的融合和实践工作，进行相关的知识、系统和体验研究。Eo 在罗德岛设计学院获得图形设计专业艺术硕士学位，在韩国国民大学获得视觉传播设计专业艺术硕士学位。Eo 曾经在 Michael Rock 的指导下参与 "2×4纽约" 项目的工作（2013～2015年），并且是韩文字体协会的成员。

Zachary Lieberman

Zachary Lieberman 是 一 位 艺 术家、研究者、教育家和黑客。他的目标很简单——出人意料。他做出了众多以人类手势为输入的艺术作品和装置，用不同的方式展示人体的动作姿态。他做出了活的绘画，把声音画了出来，把画面转变成声音。他曾入选 Fast Company 杂志的最具创意人士。他的作品曾获得奥地利电子艺术节最高奖项金尼卡（Golden Nica）奖，并曾获得伦敦设计博物馆年度父母设计大奖。他使用软件代码进行艺术创作，也 是 OpenFrameworks 的 创 建 者 之 一。OpenFrameworks 是 一 个 C++ 工 具 包，可用于创意编程。Lieberman 也是诗意计算学院的创始人之一。诗意创意学院主要关注代码中的诗歌性。他还是麻省理工学院媒体实验室媒体艺术和科技研究组的兼职副教授，主要负责未来绘画研究组。

Rune Madsen

Rune Madsen 是一位以程序代码作为创作媒介的设计师、艺术家和教育家。他是 "Design Systems International" 工作室的联合创始人。这个工作室主要从事图形设计和数字媒体的系统设计工作。他在其中主要负责通用接口、品牌系统和定制设计工具。他是书籍《编程设计系统》（Programming Design Systems）的 作者。这是一本在线免费图书，介绍图形设计的基础知识。他还曾经在《纽约时报》社和 O'Reilly 出版社工作过，并担任过上海纽约大学艺术学助理教授。Rune 在哥本哈根大学获得学士学位，并在纽约大学 ITP 项目获得艺术硕士学位。

Lauren Lee McCarthy

Lauren Lee McCarthy 是一位在洛杉矶工作的艺术家，主要从事监管、自动化、算法生存等领域的艺术创作，并以此展开社会批评。她是 p5.js 的创作者，也是 Processing 基金会的联合主管。Lauren 的作品曾经在全球各地展出，包括伦敦巴比肯艺术中心、奥地利电子艺术节、温特图尔摄影博物馆、巴塞尔电子艺术博物馆、美国图形图像学会展、奥纳西斯文化中心、IDFA DocLab 交互艺术展、首尔艺术博物馆。她曾获得大量荣誉，包括创意领袖奖（Creative Capital Award）、圣丹斯伙伴奖（Sundance Fellowship）、目光艺术馆驻场艺术家（Eyebeam Residency），并接受了骑士基金会（Knight Foundation）、Mozilla 基金会、Google 和 Rhizome 的资助。Lauren 现在是加州大学洛杉矶分校设计与媒体艺术专业的副教授。

Allison Parrish

Phœnix Perry

Casey Reas

Daniel Shiffman

Allison Parrish 是一位计算机程序员、诗人、教育家和游戏设计师。她主要在语言和计算机相交叉的领域进行教学和实践，通过人工智能技术和计算创意的理念，孕育出不同凡响的新事物。她是纽约大学 ITP 项目的助理艺术学教授，并在 2008 年获得了硕士学位。她设计了项目《@Everyword: The Book》（2015 年，首发于 Instar），这个项目搜集了她多年来所设计的各种自动写作程序发布的内容，并逐词发布在 Twitter 上。这个项目在 Twitter 上有 10 万人关注。由于这个项目的成功，她在 2016 年被《乡村之声》周刊评选为"诗意机器人的最佳作者"。2018 年，Counterpath 出版了她的《倾诉》（Articulations），这是第一本完全由计算机生成的诗集。

Phœnix Perry 主要专注于实体游戏和艺术装置。她的作品会把人们聚在一起，让人们在互动中感受他人和环境。她作为女性游戏的倡导者，成立了代码解放基金会（Code Liberation Foundation）。目前，她主持着伦敦艺术大学创意编程学院的研究生课程工作。从 1996 年起，她的作品就曾经在各大艺术场所和游戏展上展出，包括萨默塞特宫（Somerset House）、威康收藏馆（Wellcome Collection）、林肯艺术中心、游戏开发者大会（GDC）、A Maze 艺术馆、Indiecade 协会。2009 至 2014 年，她曾经在纽约布鲁克林开设"Devotion"画廊。这个画廊主要关注艺术、技术和科学的交叉研究和创作。

Casey Reas 是加州大学洛杉矶分校设计媒体艺术专业教授，也是艺术条件工作室的联合创始人。Reas 的艺术作品涵盖实体艺术、观念艺术、实验性动画和绘画。他做过的项目既有自生成印刷品，也有城市大型艺术装置。他既单独创作，也和建筑师、音乐家联合创作。Reas 和 Ben Fry 一起开发了 Processing 编程语言。Processing 语言是一种开源的、灵活的编程语言，便于艺术家学习，可开发各类视觉艺术作品。Reas 是《设计、艺术和建筑中的形式与代码》（Form+Code in Design, Art, and Architecture）（普林斯顿建筑出版社，2010）一书的合著者。这本书从非技术的视角介绍了视觉艺术的历史和软件应用实践。他还出版了图书《Processing：写给视觉设计师和艺术家的编程手册》（Processing: A Programming Handbook for Visual Designers and Artists）（MIT 出版社，2007/2014）。

Daniel Shiffman 是纽约大学 ITP 项目的助理艺术教授。在他的 YouTube 频道 Coding Train 上已经发布了各种艺术编程的教程，包括物理世界模拟、计算机视觉、数据可视化等领域的算法。Shiffman 是 Processing 基金会的主管，也是书籍《学习 Processing：针对初学者的图像、动画和交互编程指南》（Learning Processing: A Beginner's Guide to Programming Images, Animation, and Interaction）和《自然编程：用 Processing 仿真自然系统》（The Nature of Code: Simulating Natural Systems with Processing）的作者。后者是一本开源书籍，讨论如何用 Processing 代码来模拟自然现象。

Kyuha (Q) Shim

Kyuha (Q) Shim 是一个在匹兹堡和首尔两地工作的计算机艺术设计师和研究者。他是卡内基·梅隆大学设计学院的助理教授，也是 Type 实验室的主管。在进入卡内基·梅隆大学之前，他曾在荷兰艾克艺术学院（Jan van Eyck Academie）和麻省理工学院感知城市实验室担任研究员，并且是麦绥莱勒艺术中心（Frans Masereel Centrum）的驻场艺术家，也是 Facebook 模拟研究实验室（Analog Research Lab）的研究伙伴。他的艺术作品在全球各地展出，包括库珀·休伊特－史密森尼设计馆（Cooper Hewitt, Smithsonian Design Museum）、巴西利亚国立艺术馆、韩国国立现На当代美术馆、东京 ggg 画廊。他还参与了众多设计活动，包括 AGI Open、北京设计周、伦敦设计节。Shim 是丛书《图形学 37：计算导论》（GRAPHIC #37: Introduction to Computation）（Propaganda, 2016）的编辑，即将出版书籍《平面设计中的计算制作》（Computational Making in Graphic Design）。

Winnie Soon

Winnie Soon 是一位艺术家、研究者。她在中国香港出生，在丹麦工作。她主要关注科学技术对文化的影响，特别是互联网监控、数据政治、实时数据处理、隐形基础设施和编程文化。她目前的研究重点主要在于严肃的技术实践和女权主义实践。目前，她有两本书即将出版，分别是《美学编程：软件学习手册》（Aesthetic Programming: A Handbook of Software Studies）（与 Geoff Cox 合著）和《修改我的代码》（Fix My Code）（与 Cornelia Sollfrank 合著）。她是丹麦奥尔胡斯大学的助理教授。

Tatsuo Sugimoto

Tatsuo Sugimoto 在许多领域跨界工作，包括信息设计、媒体艺术、媒体研究等。他是东京都立大学系统设计研究生院的教师。Sugimoto 的作品曾参加多个展览，包括韩国图画书博物馆、札幌国际艺术节，并获得过日本媒体艺术节和探索 IT 人力资源项目的奖项。他还是教材《媒体技术历史》（History of Media Technology）的合著者，也是图书《Processing：写给视觉设计师和艺术家的编程手册》（Processing: A Programming Handbook for Visual Designers and Artists）和《自生成设计：用 Processing 实现可视化、编程和创作》（Generative Design: Visualize, Program, and Create with Processing）的日文联合翻译者。

Jer Thorp

Jer Thorp 是一位来自加拿大温哥华的艺术家、作家和教育家。他目前生活在纽约。因为他的专业背景为基因学，所以他的艺术创作实践活动涵盖科学、数据、艺术和文化等多个领域。他是纽约大学 ITP 项目的兼职教授，也是创意研究室的联合创始人。Jer 曾是《纽约时报》的首位数据艺术驻场艺术家，并在 2017 至 2018 年成为国会图书馆的驻场艺术家。他是国家地理杂志的探险家，也是洛克菲勒基金会的成员。在 2015 年，Jerry 入选《加拿大地理》杂志"加拿大最伟大的探险家"。

关于本书设计的备注

Kyuha Shim

计算机是我进行设计的主要媒介，所以当 Golan 和 Tega 邀请我把这本书设计得更具计算性时，我感到责任重大。这是因为，这本书将是我为 MIT 出版社设计的第一本书，也是图形设计领域中第一本讲计算机程序设计的书。在我的工作室里，我会写程序，设计各种视觉动态图，用数据驱动程序的参数。我认为，计算机编程确实是图形设计的创新方式。与此同时，我还在卡内基·梅隆大学设计学院任教，讲授如何将计算作为创新的媒介。这门课非常有挑战性，而且时常进行内容更新。这是因为这门课需要新的工作方式——这都来自我和本书作者的教学合作和共同创作。

说到这本书的设计，处理数据的函数是由 Golan 和 Tega 编写的。我则在 Minsun Eo 的帮助下完成了图形设计。Minsun Eo 完成了其中的字体设计工作。在设计视觉系统时，我主要使用 Basil.js 这个编程工具，在数据和呈现框架间来回切换。Basil.js 这个工具能够让设计师在编程和设计之间来回穿梭，搭建起"代码生成图形与鼠标调整之间的桥梁"[1]。我使用 InDesign 文件设计和存储文本图片的风格（比如字符和段落风格），然后使用 Basil.js 进行参数控制的编程，最终导出 CSS 的网站设计风格。通过这样的工作流程，我能够系统地调整书中的文字和段落设计风格。正因为在这样的工作流程中，我用到了更为底层的计算机编程技术，所以能够克服软件工具带来的各种技术挑战，完成最终设计。

Golan 和 Tega 在撰写书籍内容的时候，把相关文件做成 markdown 文件，放在 GitHub 上共享。我则直接从代码仓库中调取数据，设计算法，生成书籍的设计方案。因此，撰写者和设计者都能实时看到最新的书籍内容呈现效果，而这种工作方式在传统印刷出版环境中是无法实现的——通常是作者完成初稿之后，书籍设计者才能工作。我在本书的设计实践过程中感受到，编程不仅仅能产生创新的结果，也有着独特的工作流程。虽然这本书的大部分设计工作都是通过代码完成的，但还是有一些工作完全是由我手工完成的，比如处理设计时的"孤儿寡母"（译者注：在出版设计中，孤儿指的是在页首单独成行的单词，寡母指的是在段末、页末单独成行的单词。孤儿寡母都会导致页面空间感的失序）。我希望代码能够让排版设计更加智能，而不只是解决编程问题。

关于这个用程序排版图书的项目，我还想起了与图形设计教育家、理论家 Ellen Lupton 之间的谈话。她预测，制作模板可能是设计师未来的主要工作之一[2]。但是，如果更多的设计师学会了使用代码，能够自己开发一套设计系统，那又会出现什么新情况？如果真这样的话，设计师就不需要做模板了，反而是利用代码去扩展自己的设计空间。当计算的作用不再是操作已有的形式，而是设计自有的形式，编程就会为设计创新提供更为广阔的空间。

附注

1. Ludwig Zeller, Benedikt Groß, and Ted Davis, "basil.js – Bridging Mouse and Code Based Design Strategies," in *Proceedings of the Third International Conference, DUXU 2014*, ed. Aaron Marcus (Cham, Switzerland: Springer, 2014): 686–696.

2. Ellen Lupton, "Conversation: Ellen Lupton," *GRAPHIC* 37 (2016): 158–167.

致谢

八年前，我们开始有了写这本书的小想法，当时只是希望自出版，做成一本小册子或者教学手册。当我们不断地导入各种作业、参考文献、课堂练习的素材之后，这本书也就在股掌间渐渐长大。和众多的奋斗故事一样，这本书的完成也得到了许多人的慷慨帮助，甚至有些人我们都叫不上名字。我们的同事和同行做出了直接的贡献，还有更多的人通过他们各自的工作照亮了我们前进的道路。

首先，我们要感谢 Casey Reas，他撰写了推荐序。Casey Reas 与 Ben Fry 共同创造了 Processing 编程语言，这是伟大的成就。与此同时，他还教书，做艺术创作。他在这些领域的成就不可比肩。同样还要感谢 John Maeda，他是 Casey、Ben、Golan 的导师，他所做过的基础性工作及其深远影响，直到今天仍在塑造这个新的领域。除此以外，我们还要感谢 Christiane Paul、Ellen Lupton、Chris Coleman，他们对于新兴的媒体艺术形式有着全景式的深刻理解，吸引着我们向着这个方向前进。

感谢我们的书籍制作团队：文案编辑兼设计师 Shannon Fry，从众多出版文献中用魔法拿到所需的资料；书籍设计师 Kyuha（Q）Shim 和 Minsun Eo，他们用计算机程序设计了这本书，从而让书籍设计与众不同，每一页都精彩异常。我们还要感谢 MIT 出版社的编辑 Doug Sery、Noah Springer、Gita Manaktala，设计师 Yasuyo Iguchi、Emily Gutheinz，制作协调员 Jay McNair，感谢他们为本项目做出的管理工作。

感谢所有接受我们采访的人：Taeyoon Choi、Heather Dewey-Hagborg、Luke DuBois、De Angela Duff、Zach Lieberman、Rune Madsen、Lauren McCarthy、Allison Parrish、Phœnix Perry、Dan Shiffman、Winnie Soon、Tatsuo Sugimoto、Jer Thorp。感谢他们愿意花费时间和精力来分享自己的观点。同时感谢我们的同事向书籍提供素材，并给手稿提出诸多建议。这些同事是 Daniel Cardoso-Llach、Matt Deslauriers、Benedikt Groß、Jon Ippolito、Sam Lavigne、Joel Gethin Lewis、Ramsey Nasser、Allison Parrish、Paolo Pedercini、Caroline Record、Tom White。还要感谢其他匿名的审稿人。我们还要真诚地感谢诸多艺术家、设计师、研究者，以及我们教过的学生，他们大度地允许我们在书籍中使用和分享他们的作品。

本书中有许多项目来自创意编程社区，很多开源工具也是由他们开发的。我们要向 Processing 基金会、Processing 社区、p5.js 社区表达最崇高的谢意。感谢 Lauren McCarthy、Dorothy Santos、Johanna Hedva，你们所秉承的多样性、公平性和社区精神，是我们编写此书的精神源泉。同样还要感谢 openFrameworks 社区的成员 Zach Lieberman、Theo Watson、Arturo Castro、Kyle McDonald，以及其他开源社区的成员。他们夜以继日地为各种开源工具修改 bug、解决问题，使得创意编程这个领域能够持续发展下去。我们还要感谢创意编程领域的教学模范：Dan Shiffman 作为新媒体艺术领域的教育家，为本领域的发展做出了基础性贡献；Taeyoon Choi 和诗意计算学院为本书分享了他们最富激情的教学实践经验；丹佛大学的 Chris Coleman 创办的开源艺术研究所，为本领域的不断向前提供了强大的理论支持。

本书的创作想法是在 2013 年 Eyeo 艺术节中的"代码＋教育"峰会上首次提出的。感谢 Eyeo 艺术节的主管 Jer Thorp、Dave Schroeder、Wes Grubbs、Caitlin Rae Hargarten，感谢他们为创意编程社区交流信息、提高认识、联合创作所做出的贡献以及所给予的支持和鼓励。同样，我们也要感谢 Filip Visnjic。他是回声艺术节（Resonate Festival）的前策展人，还和 Greg J. Smith 一起举办了 CreativeApplications.net 的线上展览，建设了一个弥足珍贵的平台，让普罗大众更深刻地认识到了创意编程的艺术价值。

这本书得到了美国国家艺术基金媒体艺术项目的资助，资助编号为 ArtWorks grant #1855045-34-19。感谢美国国家教育协会和相关审稿人，特别是媒体艺术主管 Jax Deluca，因为她的努力，我们才获得了宝贵的资助。这本书同样得到了 Frank-Ratchye 艺术基金的资助。这个基金是由卡内基·梅隆大学 Frank-Ratchye 创意研究室主管的。感谢 Edward H. Frank 和 Sarah Ratchye 给予我们慷慨的资助。除此以外，本书还得到了纽约大学工学院集成数字媒体专业的研究生奖学金资助。

本书在资料搜集和项目管理过程中，得到了卡内基·梅隆大学 Frank-Ratchye 创意研究室专业人士的指导，这些人员包括 Thomas Hughes、Linda Hager、Carol Hernandez、Bill Rodgers。我们还要感谢卡内基·梅隆大学美术学院资助项目办公室的工作人员 Jenn Joy Wilson 和 January Johnson。他们帮我们拉到了各种资助。我们还要感谢卡内基·梅隆大学和纽约大学的本科生研究助理：Sarah Keeling 不知疲倦地从互联网上找到数千个作业；Najma Dawood-McCarthy、Chloé Desaulles、Cassidy Haney、Andrew Lau、Tatyana Mustakos、Cassie Scheirer、Xinyi（Joyce）Wang、T. James Yurek 等则帮助我们完成了搜集代码示例、规范参考文献引用、获得图片许可等关键性任务。

我们承认，我们的工作是建立在同行的基础上的。他们已经在计算机艺术和图形设计领域出版了多部优秀的图书。这些同行包括：John Maeda、Casey Reas、Ben Fry、Daniel Shiffman、Lauren McCarthy、Andrew Blauvelt、Koert van Mensvoort、Greg Borenstein、Andrew Glassner、Nikolaus Gradwohl、Ira Greenberg、Benedikt Groß、Hartmut Bohnacker、Julia Laub、Claudius Lazzeroni、Carl Lostritto、Rune Madsen、Nick Montfort、Joshua Noble、Kostas Terzidis、Jan Vantomme、Mitchell Whitelaw、Mark Wilson、Chandler McWilliams。本书中所用到的多个练习及其改编版本，都来自 p5.js 网站中发布的艺术项目，以及 OpenProcessing.org 网站上的在线公开课。因此，特别感谢 Cassie Tarakajian 和 Sinan Ascioglu，因为他们创建和维护了这些极其珍贵的社区学习资源。

我们还要向众多教师、学生、朋友、同行表示感谢。也许大家相互之间并不熟悉，但大家依然在我们的书中倾注各自的热情。这些人包括：Alba G. Corral、Andreas Koller、Art Simon、Arthur Violy、Barton Poulson、Bea Alvarez、Ben Chun、Ben Norskov、Brian Lucid、Caitlin Morris、Caroline KZ、Cedric Kiefer、Charlotte Stiles、Chris Sugrue、Chris G. Todd、Christophe Lemaitre、Christopher Warnow、Claire Hentschker、Clement Valla、Connie Ye、Felix Worseck、Florian Jenett、Francisco Zamorano、Gabriel Dunne、Gene Kogan、Herbert Spencer、Hyeoncheol Kim、Isaac Muro、Joan Roca Gipuzkoa、Jeremy Rotsztain、Jim Roberts、Joey K. Lee、John Simon、Juan Patino、Juseung Stephen Lee、Kasper Kamperman、Kate Hollenbach、Kenneth Roraback、Lali Barriere、Lingdong Huang、Luiz Ernesto Merkle、Manolo Gamboa Naon、Marius Watz、Marty Altman、Matt Richard、Michael Kontopoulos、Monica Monin、Nick Fox-Gieg、Nick Senske、Nidhi Malhotra、Ozge Samanci、Paul Ruvolo、Pinar Yoldas、Rose Marshack、Ryan D'Orazi、Seb Lee-Delisle、Sheng-Fen Nik Chien、Stanislav Roudavski、Steffen Fiedler、Steffen Klaue、Tami Evnin、Thomas O. Fredericks、Winterstein/Riekoff。

最后，感谢我们的家人、伙伴、密友，特别是 Andrea Boykowycz 和 Sam Lavigne。在我们看似无法结束的项目过程中，他们一直用反馈、鼓励和不竭的耐心支持着我们。

附录

参考文献

相关资源

这是一本用于计算机艺术和计算机设计的教材和自学手册。关于书中涉及的主题，有大量相关资源。下面就是我们所找到的相关资源，希望对大家有所帮助。

艺术作业汇编

Bayerdörfer, Mirjam, and Rosalie Schweiker, eds. *Teaching for People Who Prefer Not to Teach*. London: AND Publishing, 2018.

Blauvelt, Andrew, and Koert van Mensvoort. *Conditional Design: Workbook*. Amsterdam: Valiz, 2013.

Cardoso Llach, Daniel. *Exploring Algorithmic Tectonics: A Course on Creative Computing in Architecture and Design*. State College, PA: The Design Ecologies Laboratory at the Stuckeman Center for Design Computing, The Pennsylvania State University College of Arts and Architecture, 2015.

Fulford, Jason, and Gregory Halpern, eds. *The Photographer's Playbook: 307 Assignments and Ideas*. New York: Aperture, 2014.

Garfinkel, Harold, Daniel Birnbaum, Hans Ulrich Obrist, and Lee Lozano et al. *Do It*. St. Louis, MO: Turtleback, 2005.

Heijnen, Emiel, and Melissa Bremmer, eds. *Wicked Arts Assignments: Practising Creativity in Contemporary Arts Education*. Amsterdam: Valiz, 2020.

Johnson, Jason S., and Joshua Vermillion, eds. *Digital Design Exercises for Architecture Students*. London: Routledge, 2016.

Ono, Yoko. *Grapefruit*. London: Simon & Schuster, 2000.

Paim, Nina, Emilia Bergmark, and Corinne Gisel. *Taking a Line for a Walk: Assignments in Design Education*. Leipzig, Germany: Spector, 2016.

Petrovich, Dushko, and Roger White. *Draw It with Your Eyes Closed: The Art of the Art Assignment*. Paper Monument, 2012.

Smith, Keri. *How to Be an Explorer of the World: Portable Life Museum*. New York: Penguin Books, 2008.

计算机艺术与设计的历史

Allahyari, Moreshin, and Daniel Rourke. *The 3D Additivist Cookbook*. Amsterdam: The Institute of Network Cultures, 2017. Accessed July 20, 2020. https://additivism.org/cookbook.

Armstrong, Helen, ed. *Digital Design Theory: Readings from the Field*. New York: Princeton Architectural Press, 2016.

Cornell, Lauren, and Ed Halter, eds. *Mass Effect: Art and the Internet in the Twenty-First Century*. Vol. 1. Cambridge, MA: MIT Press, 2015.

Freyer, Conny, Sebastien Noel, and Eva Rucki. *Digital by Design: Crafting Technology for Products and Environments*. London: Thames & Hudson, 2008.

Hoy, Meredith. *From Point to Pixel: A Genealogy of Digital Aesthetics*. Hanover, NH: Dartmouth College Press, 2017.

Klanten, Robert, Sven Ehmann, and Lukas Feireiss, eds. *A Touch of Code: Interactive Installations and Experiences*. New York: Die Gestalten Verlag, 2011.

Kwastek, Katja. *Aesthetics of Interaction in Digital Art*. Cambridge, MA: MIT Press, 2013.

Montfort, Nick, Patsy Baudoin, John Bell, Ian Bogost, Jeremy Douglass, Mark C. Marino, Michael Mateas, Casey Reas, Mark Sample, and Noah Vawter. *10 PRINT CHR $(205.5+ RND (1));; GOTO 10*. Cambridge, MA: MIT Press, 2012.

Paul, Christiane. *A Companion to Digital Art*. Hoboken, NJ: John Wiley & Sons, 2016.

Paul, Christiane. *Digital Art (World of Art)*. London: Thames & Hudson, 2015.

Plant, Sadie. *Zeros and Ones: Digital Women and the New Technoculture*. London: Fourth Estate, 1998.

Reas, Casey, and Chandler McWilliams. *Form+Code in Design, Art, and Architecture.* New York: Princeton Architectural Press, 2011.

Rosner, Daniela K. *Critical Fabulations: Reworking the Methods and Margins of Design.* Cambridge, MA: MIT Press, 2018.

Shanken, Edward A. *Art and Electronic Media.* London: Phaidon Press, 2009.

Taylor, Grant D. *When the Machine Made Art: The Troubled History of Computer Art.* New York: Bloomsbury Academic, 2014.

Tribe, Mark, Reena Jana, and Uta Grosenick. *New Media Art.* Los Angeles: Taschen, 2006.

Whitelaw, Mitchell. *Metacreation: Art and Artificial Life.* Cambridge, MA: MIT Press, 2004.

艺术与设计相关教材

Barry, Lynda. *Syllabus: Notes from an Accidental Professor.* Montreal: Drawn & Quarterly, 2014.

Davis, Meredith. *Teaching Design: A Guide to Curriculum and Pedagogy for College Design Faculty and Teachers Who Use Design in Their Classrooms.* New York: Simon and Schuster, 2017.

Itten, Johannes. *Design and Form: The Basic Course at the Bauhaus and Later.* New York: Van Nostrand Reinhold Company, 1975.

Jaffe, Nick, Becca Barniskis, and Barbara Hackett Cox. *Teaching Artist Handbook, Volume One: Tools, Techniques, and Ideas to Help Any Artist Teach.* Chicago: University of Chicago Press, 2015.

Klee, Paul, and Sibyl Moholy-Nagy. *Pedagogical Sketchbook.* London: Faber & Faber, 1953.

Lostritto, Carl. *Computational Drawing: From Foundational Exercises to Theories of Representation.* San Francisco: ORO Editions / Applied Research + Design, 2019.

Lupton, Ellen. *The ABC's of Triangle, Circle, Square: The Bauhaus and Design Theory.* New York: Princeton Architectural Press, 2019.

Schlemmer, Oskar. *Man: Teaching Notes from the Bauhaus.* Cambridge, MA: MIT Press, 1971.

Tufte, Edward R. *The Visual Display of Quantitative Information.* Cheshire, CT: Graphics Press, 2001.

Wong, Wucius. *Principles of Two-Dimensional Design.* New York: John Wiley & Sons, 1972.

计算性艺术与设计手册

Bohnacker, Hartmut, Benedikt Groß, and Julia Laub. *Generative Design: Visualize, Program, and Create with JavaScript in p5.js.* Ed. Claudius Lazzeroni. New York: Princeton Architectural Press, 2018.

De Byl, Penny. *Creating Procedural Artworks with Processing: A Holistic Guide.* CreateSpace Independent, 2017.

Fry, Ben. *Visualizing Data: Exploring and Explaining Data with the Processing Environment.* Sebastopol, CA: O'Reilly Media, Inc., 2008.

Gonzalez-Vivo, Patricio, and Jennifer Lowe. *The Book of Shaders.* Last modified 2015. https://thebookofshaders.com/.

Greenberg, Ira. *Processing: Creative Coding and Computational Art.* New York: Apress, 2007.

Igoe, Tom. *Making Things Talk: Practical Methods for Connecting Physical Objects.* Cambridge, MA: O'Reilly Media, Inc., 2007.

Madsen, Rune. *Programming Design Systems.* Accessed July 20, 2020. https://programmingdesignsystems.com/.

Maeda, John. *Design by Numbers.* Cambridge, MA: MIT Press, 2001.

McCarthy, Lauren, Casey Reas, and Ben Fry.

Getting Started with P5.js: Making Interactive Graphics in JavaScript and Processing. San Francisco: Maker Media, Inc., 2015.

Montfort, Nick. *Exploratory Programming for the Arts and Humanities.* Cambridge, MA: MIT Press, 2016.

Murray, Scott. *Creative Coding and Data Visualization with p5.js: Drawing on the Web with JavaScript.* Sebastopol, CA: O'Reilly Media, Inc., 2017.

Parrish, Allison, Ben Fry, and Casey Reas. *Getting Started with Processing.py: Making Interactive Graphics with Processing's Python Mode.* San Francisco: Maker Media, Inc., 2016.

Petzold, Charles. *Code: The Hidden Language of Computer Hardware and Software.* Redmond, WA: Microsoft Press, 2000.

Reas, Casey, and Ben Fry. *Processing: A Programming Handbook for Visual Designers and Artists.* Cambridge, MA: MIT Press, 2014.

Shiffman, Daniel. *Learning Processing: A Beginner's Guide to Programming Images, Animation, and Interaction.* San Francisco: Morgan Kaufmann, 2009.

Shiffman, Daniel. *The Nature of Code: Simulating Natural Systems with Processing.* 2012.

Wilson, Mark. *Drawing with Computers.* New York: Perigee Books, 1985.

计算性文化相关书籍

Baudrillard, Jean. *Simulacra and Simulation.* Ann Arbor: University of Michigan Press, 1994.

Benjamin, Ruha. *Race after Technology: Abolitionist Tools for the New Jim Code.* New York: Wiley, 2019.

Bridle, James. *New Dark Age: Technology and the End of the Future.* London: Verso, 2018.

Browne, Simone. *Dark Matters: On the Surveillance of Blackness.* Durham, NC: Duke University Press, 2015.

Cox, Geoff, and Alex McLean. *Speaking Code: Coding as Aesthetic and Political Expression.* Cambridge, MA: MIT Press, 2013.

D'Ignazio, Catherine, and Lauren F. Klein. *Data Feminism.* Cambridge, MA: MIT Press, 2020.

Haraway, Donna J. *Simians, Cyborgs and Women: The Reinvention of Nature.* New York: Routledge, 1991: 149–181.

Hayles, N. Katherine. *How We Became Posthuman: Virtual Bodies in Cybernetics, Literature, and Informatics.* Chicago: University of Chicago Press, 1999.

Kane, Carolyn L. *Chromatic Algorithms: Synthetic Color, Computer Art, and Aesthetics after Code.* Chicago: University of Chicago Press, 2014.

McNeil, Joanne. *Lurking: How a Person Became a User.* New York: Macmillan, 2020.

Odell, Jenny. *How to Do Nothing: Resisting the Attention Economy.* London: Melville House, 2019.

Quaranta, Domenico. *In Your Computer.* LINK Editions, 2011.

Steyerl, Hito. *Duty Free Art: Art in the Age of Planetary Civil War.* London: Verso, 2017.

图片来源

除非特别提示，否则所有的图片都来自艺术家本人。

迭代图案

1. Todo. *Spamghetto*. 2010. Wall coverings with computer-generated patterns. https://flickr.com/photos/todotoit/albums/72157616412434905.

2. Pólya, Georg. "Über die Analogie der Kristallsymmetrie in der Ebene." *Zeitschrift für Kristallographie* 60 (1924): 278–282.

3. Alexander, Ian. "Ceramic Tile Tessellations in Marrakech." 2001. Ceramic tile. https://en.wikipedia.org/wiki/Tessellation#/media/File:Ceramic_Tile_Tessellations_in_Marrakech.jpg.

4. Reas, Casey. *One Non-Narcotic Pill A Day*. 2013. Print, 27 x 48". https://paddle8.com/work/casey-reas/27050-one-non-narcotic-pill-a-day.

5. Gondek, Alison. *Wallpaper*. 2015. Generative wallpaper design. http://cmuems.com/2015c/deliverables/deliverables-03/project-03-staff-picks/.

6. Molnár, Vera. *Untitled*. 1974. Computer drawing, 51.5 x 36 cm. Courtesy of the Mayor Gallery, London. https://www.mayorgallery.com/artists/190-vera-molnar/works/10579. Courtesy of The Mayor Gallery, London.

7. Buechley, Leah. *Curtain (Computational Design)*. 2017. Lasercut wool felt. https://handandmachine.cs.unm.edu/index.php/2019/12/02/computational-design/.

人脸生成器

8. Dörfelt, Matthias. *Weird Faces*. 2012. Archival digital print on paper. http://www.mokafolio.de/works/Weird-Faces.

9. Dewey-Hagborg, Heather. *Stranger Visions*. 2012. 3D-printed full-color portraits. http://deweyhagborg.com/projects/stranger-visions.

10. Chernoff, Herman. "The Use of Faces to Represent Points in K-Dimensional Space Graphically." *Journal of the American Statistical Association* 68, no. 342 (June 1973): 361–368. http://doi.org/b42z6k.

11. Compton, Kate. *Evolving Faces with User Input*. 2009. Interactive software. https://vimeo.com/111667058.

12. Pelletier, Mike. *Parametric Expression*. 2013. Video loops. http://mikepelletier.nl/Parametric-Expression.

13. Sobecka, Karolina. *All the Universe Is Full of the Lives of Perfect Creatures*. 2012. Interactive mirror. http://cargocollective.com/karolinasobecka/All-The-Universe-is-Full-of-The-Lives-of-Perfect-Creatures.

14. National Safety Council, Energy BBDO, MssngPeces, Tucker Walsh, Hyphen-Labs, RMI, and Rodrigo Aguirre. *Prescribed to Death*. 2018. Installation wall with machine-carved pills. http://www.hyphen-labs.com/nsc.html. Courtesy of National Safety Council and U.S. Justice Department.

时钟

15. Byron, Lee. *Center Clock*. 2007. Abstract generative clock. http://leebyron.com/centerclock.

16. Ängeslevä, Jussi, and Ross Cooper. *Last Clock*. 2002. Interactive slit-scan clock. https://lastclock.net.

17. Levin, Golan. *Banded Clock*. 1999. Abstract clock. http://www.flong.com/projects/clock.

18. Puckey, Jonathan, and Studio Moniker. *All the Minutes*. 2014. Twitter bot. https://twitter.com/alltheminutes.

19. Formanek, Mark. *Standard Time*. 2003. Video, 24:00:00. http://www.standard-time.com/index_en.php.

20. Diaz, Oscar. *Ink Calendar*. 2009. Paper and ink bottle, 420 x 595 mm. http://www.oscar-diaz.net/project/inkcalendar.

自生成风景画

21. Brown, Daniel. *Dantilon: The Brutal Deluxe*, from the series *Travelling by Numbers*.

Generative Architecture. 2016. Collection of digital renderings. http://flic.kr/s/aHskyNR2Tz.

22. Solie, Kristyn Janae. *Lonely Planets*. 2013. Stylized 3D terrain. https://www.instagram.com/kyttenjanae.

23. Mandelbrot, Benoît B. *The Fractal Geometry of Nature*. San Francisco: W. H. Freeman, 1982. Image courtesy of Richard F. Voss.

24. Pipkin, Everest. *Mirror Lake*. 2015. Virtual landscape generator. https://everestpipkin.itch.io/mirrorlake.

25. Tarbell, Jared. *Substrate*. 2003. Virtual landscape generator. http://www.complexification.net/gallery/machines/substrate.

虚拟生物

26. Watanabe, Brent. *San Andreas Streaming Deer Cam*. 2015–2016. Live video stream of modified game software. http://bwatanabe.com/GTA_V_WanderingDeer.html.

27. Design IO. *Connected Worlds*. 2015. Large-scale interactive projection installation. New York: Great Hall of Science. http://design-io.com/projects/ConnectedWorlds.

28. Walter, William Grey. *Machina Speculatrix*. 1948–1949. Context-responsive wheeled robots. http://cyberneticzoo.com/cyberneticanimals/w-grey-walter-and-his-tortoises.

29. Sims, Karl. *Evolved Virtual Creatures*. 1994. Animated simulated evolution of block creatures. https://archive.org/details/sims_evolved_virtual_creatures_1994.

定制像素

30. Bartholl, Aram. *0,16*. 2009. Light installation, 530 x 280 x 35 cm. https://arambartholl.com/016.

31. Albers, Anni. *South of The Border*. 1958. Cotton and wool weaving, 4 1/8 x 15

1/4". Baltimore Museum of Art. https://albersfoundation.org/art/anni-albers/weavings/#slide15. Image courtesy of Albers Foundation.

32. Harmon, Leon, and Ken Knowlton. *Studies in Perception #1*. 1966. Print. https://www.albrightknox.org/artworks/p20142-computer-nude-studies-perception-i. Image used with permission of Nokia Corporation and AT&T Archives.

33. Odell, Jenny. *Garbage Selfie*. 2014. Collage. http://www.jennyodell.com/garbage.html.

34. Gaines, Charles. *Numbers and Trees: Central Park Series II: Tree #8, Amelia*. 2016. Black and white photograph, acrylic on plexiglass, 95 x 127 x 6". https://vielmetter.com/exhibitions/2016-10-charles-gaines-numbers-and-trees-central-park-series-ii. Image courtesy of the artist and Hauser & Wirth.

35. Koblin, Aaron, and Takashi Kawashima. *10,000 Cents*. 2008. Crowdsourced digital artwork. http://www.aaronkoblin.com/project/10000-cents.

36. Rozin, Daniel. *Peg Mirror*. 2007. Interactive sculpture with wood dowels, motors, video camera, and control electronics. https://www.smoothware.com/danny/pegmirror.html. Image courtesy of bitforms gallery, New York.

37. Blake, Scott. *Self-Portrait Made with Lucas Tiles*. 2012. Digital collage. http://freechuckcloseart.com.

绘画机器

38. Wagenknecht, Addie. *Alone Together*. 2017–. Mechanically assisted paintings. http://www.placesiveneverbeen.com/details/alonetogether.

39. Chung, Sougwen. *Drawing Operations*. 2015–. Robot-assisted drawings. https://sougwen.com/project/drawing-operations.

40. Knowles, Tim. *Tree Drawings*. 2005. Tree-assisted drawings. http://www.cabinetmagazine.org/issues/28/knowles.php.

41. Front Design. *Sketch Furniture*. 2007. Hand-sketched 3D-printed furniture. http://www.frontdesign.se/sketch-furniture-performance-design-project.

42. Graffiti Research Lab (Evan Roth, James Powderly, Theo Watson et al.). *L.A.S.E.R. Tag*. 2007. System for projecting "graffiti." http://www.theowatson.com/site_docs/work.php?id=40.

43. Warren, Jonah. *Sloppy Forgeries*. 2018. Painting game. https://playfulsystems.com/sloppy-forgeries.

44. Maire, Julien. *Digit*. 2006. Performance, writing printed text with fingers. https://www.youtube.com/watch?v=IzDtVR0-0Es.

45. Haeberli, Paul. *DynaDraw*. 1989. Computational drawing environment. http://www.graficaobscura.com/dyna.

模块化字符集

46. Pashenkov, Nikita. *Alphabot*. 2000. Interactive typographic system. https://tokyotypedirectorsclub.org/en/award/2001_interactive.

47. Huang, Mary. *Typeface: A Typographic Photobooth*. 2010. Interactive type system that translates facial dimensions into type design. https://mary-huang.com/projects/typeface/typeface.html.

48. Lu, David. *Letter 3*. 2002. Interactive typographic system.

49. Cho, Peter. *Type Me, Type Me Not*. 1997. Interactive typographic system. https://acg.media.mit.edu/people/pcho/typemenot/info.html.

50. Katsumoto, Yuichiro. *Mojigen & Sujigen*. 2016. Robotic typographic system. http://www.katsumotoy.com/mojisuji.

51. Munari, Bruno. *ABC with Imagination*. 1960. Game with plastic letter-composing elements. Corraini Edizioni. https://www.corraini.com/en/catalogo/scheda_libro/336/Abc-con-fantasia. Courtesy of The Museum

of Modern Art, New York. Digital Image © The Museum of Modern Art/Licensed by SCALA / Art Resource, NY.

52. Soennecken, Friedrich. *Schriftsystem*. 1887. Modular type system. http://luc.devroye.org/fonts-49000.html.

53. Devroye, Luc. *Fregio Mecano*. 1920s. Modular font. http://luc.devroye.org/fonts-58232.html.

54. Popp, Julius. *bit.fall*. 2001–2016. Physical typographic installation. https://www.youtube.com/watch?v=AICq53U3dl8. Photograph: Rosa Menkman.

数据自画像

55. Huang, Shan. *Favicon Diary*. 2014. Browser extension. http://golancourses.net/2014/shan/03/06/project-3-shan-browser-history-visualization.

56. Lupi, Giorgia, and Stephanie Posavec. *Dear Data*. 2016. Analog data drawing project. http://dear-data.com.

57. Viégas, Fernanda. *Themail* (2006). Email visualization software. https://web.archive.org/web/20111112164734/http://www.fernandaviegas.com/themail/.

58. Emin, Tracey. *Everyone I Have Ever Slept With 1963–1995*. 1995. Appliquéd tent, mattress, and light, 122 x 245 x 214 cm. https://en.wikipedia.org/wiki/Everyone_I_Have_Ever_Slept_With_1963%E2%80%931995. Image courtesy of Artists Rights Society, NY.

59. Rapoport, Sonya. *Biorhythm*. 1981. Interactive computer-mediated participation performance. http://www.sonyarapoport.org/portfolio/biorhythm. Image courtesy of the Estate of Sonya Rapoport.

60. Elahi, Hasan. *Stay*. 2011. C-print, 30 x 40". https://elahi.gmu.edu/elahi_stay.php.

增强投影

61. Wodiczko, Krzysztof. *Warsaw Projection*. 2005. Public video projection. Zachęta National Gallery of Art, Warsaw. http://www.art21.org/artists/krzysztof-wodiczko. © Krzysztof Wodiczko. Photograph: Sebastian Madejski, Zachęta National Gallery of Art. Image courtesy of Galerie Lelong & Co., New York.

62. Naimark, Michael. *Displacements*. 1980. Rotating projector in exhibition space. Art Center College of Design, Pasadena, CA. http://http://www.naimark.net/projects/displacements.html.

63. McKay, Joe. *Sunset Solitaire*. 2007. Custom software. http://www.joemckaystudio.com/sunset.php.

64. HeHe. *Nuage Vert*. 2008. Laser projection on vapor cloud. Salmisaari power plant, Helsinki. https://vimeo.com/17350218.

65. Mayer, Jillian. *Scenic Jogging*. 2010. Video. The Solomon R. Guggenheim Museum, New York City. https://youtu.be/uMq9Th3NgGk. Image courtesy of David Castillo Gallery.

66. Obermaier, Klaus, and Ars Electronica Futurelab. *Apparition*. 2004. http://www.exile.at/apparition.

67. Peyton, Miles Hiroo. *Keyfleas*. 2013. Interactive augmented projection. Carnegie Mellon University, Pittsburgh. https://vimeo.com/151334392.

68. Valbuena, Pablo. *Augmented Sculpture*. 2007. Virtual projection on physical base. Medialab Prado, Madrid. http://www.pablovalbuena.com/augmented. Courtesy of Ars Electronica.

69. Sugrue, Christine. *Delicate Boundaries*. 2006. Interactive projection. Medialab Prado, Madrid. http://csugrue.com/delicateboundaries. Courtesy of the Science Gallery Dublin.

70. Sobecka, Karolina. *Wildlife*. 2006. Public projection from car. ZeroOne ISEA2006, San Jose, CA. http://cargocollective.com/karolinasobecka/filter/interactive-installation/Wildlife.

单按键游戏

71. Nguyen, Dong. *Flappy Bird*. 2013. Mobile game. https://flappybird.io.

72. Rozendaal, Rafaël, and Dirk van Oosterbosch. *Finger Battle*. 2011. Mobile game. https://www.newrafael.com/new-iphone-app-finger-battle.

73. Hummel, Benedikt, and Marius Winter (Major Bueno). *Moon Waltz*. 2016. Video game. http://www.majorbueno.com/moon-waltz.

74. Rubock, Jonathan. *Nipple Golf*. 2016. Online game. https://jrap.itch.io/obng.

75. Abe, Kaho. *Hit Me!* 2011. Two-player physical game. http://kahoabe.net/portfolio/hit-me. Photograph: Shalin Scupham.

76. Bieg, Kurt, and Ramsey Nasser. *Sword Fight*. 2012. Two-player physical game. https://swordfightgame.tumblr.com.

机器人

77. Thompson, Jeff. *Art Assignment Bot*. 2013. Twitter bot. https://twitter.com/artassignbot.

78. Parrish, Allison. *Ephemerides*. 2015. Twitter bot. https://twitter.com/the_ephemerides.

79. Pipkin, Everest, and Loren Schmidt. *Moth Generator*. 2015. Twitter bot. http://everest-pipkin.com/#projects/bots.html.

80. Kazemi, Darius. *Reverse OCR*. 2014. Tumblr bot. http://reverseocr.tumblr.com.

81. !Mediengruppe Bitnik. *Random Darknet Shopper*. 2014. Bot. https://bitnik.org/r.

82. Lavigne, Sam. *CSPAN 5*. 2015. YouTube bot. https://twitter.com/CSPANFive.

群体记忆

83. McDonald, Kyle. *Exhausting a Crowd*. 2015. Video with crowdsourced annotations. https://www.exhaustingacrowd.com.

84. Klajban, Michal. *Rock Cairn at Cairn Sasunnaich, Scotland*. 2019. Photograph. https://commons.wikimedia.org/wiki/File:Rock_cairn_at_Cairn_Sasunnaich,_Scotland.jpg.

85. Goldberg, Ken, and Santarromana, Joseph. *Telegarden*. 1995. Collaborative garden with industrial robot arm. Ars Electronica Museum, Linz, Austria. http://ieor.berkeley.edu/~goldberg/garden/Ars.

86. Vasudevan, Roopa. *Sluts across America*. 2012. Digital map with user input. http://www.slutsacrossamerica.org.

87. Bartholl, Aram. *Dead Drops*. 2010. http://deaddrops.com/.

88. Studio Moniker. *Do Not Touch*. 2013. Interactive crowdsourced music video. https://studiomoniker.com/projects/do-not-touch.

89. Davis, Kevan. *Typophile: The Smaller Picture*. 2002. Collaborative pixel art gallery. https://kevan.org/smaller.cgi.

90. Reddit. */r/place*. 2017. Crowdsourced pixel art. https://reddit.com/r/place.

91. Asega, Salome, and Ayodamola Okunseinde. *Iyapo Repository*. 2015. http://www.salome.zone/iyapo-repository.

实验性交谈

92. Galloway, Kit, and Sherrie Rabinowitz. *Hole in Space*. 1980. Public communication sculpture. http://y2u.be/SyIJJr6Ldg8. Courtesy of the 18th St Arts Center.

93. Lozano-Hemmer, Rafael. *The Trace*. 1995. Telepresence installation. http://www.lozano-hemmer.com/the_trace.php.

94. Horvitz, David. *The Space Between Us*. 2015. App. https://rhizome.org/editorial/2015/dec/09/space-between-us.

95. Snibbe, Scott. *Motion Phone*. 1995. Interactive software for abstract visual communication. https://www.snibbe.com/projects/interactive/motionphone.

96. Varner, Maddy. *Poop Chat Pro*. 2016. Chatroom. https://cargocollective.com/maddyv/POOPCHAT-PRO. Photograph: Thomas Dunlap.

97. Fong-Adwent, Jen, and Soledad Penadés. *Meatspace*. 2013. Ephemeral chatroom with animated GIFs. https://chat.meatspac.es/.

98. Pedercini, Paolo. *Online Museum of Multiplayer Art*. 2020. Collection of chatrooms with interaction constraints. https://likelike2.glitch.me/?room=flrstFloor.

99. Artist, American. *Sandy Speaks*. 2017. Chat platform based on video archive. https://americanartist.us/works/sandy-speaks.

浏览器插件

100. Hoff, Melanie. *Decodelia*. 2016. Browser extension. https://melaniehoff.github.io/DECODELIA/.

101. Lund, Jonas. *We See in Every Direction*. 2013. Web browser. Mac OS X 10.7.5 or later. http://ineverydirection.net/.

102. Lambert, Steve. *Add Art*. 2008. Browser extension. http://add-art.org/.

103. Oliver, Julian, and Daniil (Danja) Vasiliev. *Newstweek*. 2011. Custom internet router. https://julianoliver.com/output/newstweek.

104. McCarthy, Lauren, and Kyle McDonald. *Us+*. 2013. Google Hangout video chat app. http://lauren-mccarthy.com/us.

创意密码学

105. 略

106. Sherman, William H. "How to Make Anything Signify Anything: William F. Friedman and the Birth of Modern Cryptanalysis." *Cabinet* 40 (Winter 2010–2011): n.p. http://www.cabinetmagazine.org/issues/40/sherman.php. Courtesy of New York Public Library.

107. Varner, Maddy. *KARDASHIAN KRYPT*. 2014. Browser extension. https://cargocollective.com/maddyv/KARDASHIAN-KRYPT.

108. Dörfelt, Matthias. *Block Bills*. 2017. Digital print on paper, 5.9 x 3.3". https://www.mokafolio.de/works/BlockBills.

109. Plummer-Fernández, Matthew. *Disarming Corruptor*. 2013. Encryption software. https://www.plummerfernandez.com/works/disarming-corruptor.

110. Tremmel, Georg, and Shiho Fukuhara. *Biopresence*. 2005. Trees transcoded with human DNA. https://bcl.io/project/biopresence.

111. Katchadourian, Nina. *Talking Popcorn*. 2001. Sound sculpture. http://www.ninakatchadourian.com/languagetranslation/talkingpopcorn.php. Courtesy of the artist, Catharine Clark Gallery, and Pace Gallery.

112. Kenyon, Matt, and Douglas Easterly. *Notepad*. 2007. Microprinted ink on paper. http://www.swamp.nu/projects/notepad.

语音机

113. Leeson, Lynn Hershman. *DiNA, Artificial Intelligent Agent Installation*. 2002–2004. Interactive network-based multimedia installation. Civic Radar, ZKM Museum of Contemporary Art, Karlsruhe. https://www.lynnhershman.com/project/artificial-intelligence. Programming: Lynn Hershman Leeson and Colin Klingman. Courtesy of Yerba Buena Center for the Arts. Photograph: Charlie Villyard.

114. Dinkins, Stephanie. *Conversations with Bina48*. 2014–. Ongoing effort to establish a social relationship with a robot built by Terasem Movement Foundation. https://www.stephaniedinkins.com/conversations-with-bina48.html.

115. Everybody House Games. *Hey Robot*. 2019. A party game involving smart speakers. https://everybodyhousegames.com/heyrobot.html.

116. Rokeby, David. *The Giver of Names*. 1990–. Computer system for naming objects. Kiasma Museum of Contemporary Art, Helsinki. http://www.davidrokeby.com/gon.html. Photograph: Tiffany Lam.

117. Lev, Roi. *When Things Talk Back. An AR Experience*. 2018. Mobile augmented reality artificial intelligence app. http://www.roilev.com/when-things-talk-back-an-ar-experience.

118. Lublin, David. *Game of Phones*. 2012–. Social game of telephone transcription. http://www.davidlubl.in/game-of-phones.

119. Thapen, Neil. *Pink Trombone*. 2017. Interactive articulatory speech synthesizer. https://experiments.withgoogle.com/pink-trombone.

120. Dobson, Kelly. *Blendie*. 2003–2004. Interactive voice-controlled blender. https://web.media.mit.edu/~monster/blendie.

121. He, Nicole. *ENHANCE.COMPUTER*. 2018. Interactive speech-driven browser game. https://www.enhance.computer.

测量仪

122. Jeremijenko, Natalie, and Kate Rich (Bureau of Inverse Technology). *Suicide Box*. 1996. Camera, video, and custom software. http://www.bureauit.org/sbox.

123. Oliver, Julian, Bengt Sjölen, and Danja Vasiliev (Critical Engineering Working Group). *The Deep Sweep*. 2016. Weather balloon, embedded computer, and RF equipment. https://criticalengineering.org/projects/deep-sweep.

124. Varner, Maddy. *This or That*. 2013. Interactive poster. https://www.youtube.com/watch?v=HDWxq1v6A2k.

125. Ma, Michelle. *Revolving Games*. 2014. Location-based game and public intervention. https://vimeo.com/83068752.

126. D'Ignazio, Catherine. *Babbling Brook*. 2014. Water sensor with voice interface. http://www.kanarinka.com/project/the-babbling-brook/.

127. Sobecka, Karolina, and Christopher Baker. *Picture Sky*. 2018. Participatory photography event. http://cargocollective.com/karolinasobecka/Picture-Sky-Zagreb.

128. Onuoha, Mimi. *Library of Missing Datasets*. 2016. Mixed media installation. http://mimionuoha.com/the-library-of-missing-datasets. Photograph: Brandon Schulman Photography.

人体义肢

129. Clark, Lygia. *Dialogue Goggles*. 1968. Wearable device. http://www.laboralcentrodearte.org/en/recursos/obras/dialogue-goggles-dialogo-oculos-1968. Image courtesy Associação Cultural O Mundo de Lygia Clark.

130. Sputniko!. *Menstruation Machine – Takashi's Take*. 2010. Installation with video and wearable device. Scai the Bathhouse, Tokyo. https://sputniko.com/Menstruation-Machine.

131. Dobson, Kelly. *ScreamBody*. 1998–2004. Wearable device. MIT Media Lab, Cambridge. http://web.media.mit.edu/~monster/screambody. Photograph: Toshihiro Komatsu.

132. Ross, Sarah. *Archisuits*. 2005–2006. Wearable soft sculpture. Los Angeles. https://www.insecurespaces.net/archisuits.html.

133. Woebken, Chris, and Kenichi Okada. *Animal Superpowers*. 2008–2015. Series of wearable devices. https://chriswoebken.com/Animal-Superpowers. Photograph:

Haeyoon Yoo.

134. Hendren, Sara, and Caitrin Lynch. *Engineering at Home*. 2016. Documentation and discussion of adapted household implements. Olin College of Engineering, Needham, MA. http://engineeringathome.org.

135. Montinar, Steven. 2019. *Entry Holes and Exit Wounds*. Performance with wearable electronics. Carnegie Mellon University, Pittsburgh. https://www.youtube.com/watch?v=KBsTpQgyvhk.

136. McDermott, Kathleen. *Urban Armor #7: The Social Escape Dress*. 2016. Bio-responsive electromechanical garment. http://www.kthartic.com/index.php?/class/urban-armor-7.

137. Okunseinde, Ayodamola. *The Rift: An Afronaut's Journey*. 2015. Afronaut suit. http://www.ayo.io/rift.html.

参数化物体

138. Desbiens Design Research. *Fahz*. 2015. System for rendering profiles as 3D-printed vases. http://www.fahzface.com/. Photograph: Nicholas Desbiens.

139. Nervous System. *Kinematic Dress*. 2014. System for 3D-printing custom one-piece dresses. https://n-e-r-v-o-u-s.com/projects/sets/kinematics-dress. Photograph: Steve Marsel Studio.

140. Eisenmann, Jonathan A. *Interactive Evolutionary Design with Region-of-Interest Selection for Spatiotemporal Ideation & Generation*. 2014. Ph.D. defense slides, Ohio State University. https://slides.com/jeisenma/defense# and https://etd.ohiolink.edu/pg_10?0::NO:10:P10_ACCESSION_NUM:osu1405610355.

141. Epler, Matthew. *Grand Old Party*. 2013. Political polling data visualized as silicone butt plugs. https://mepler.com/Grand-Old-Party.

142. Lia. *Filament Sculptures*. 2014. Computational and organically formed filament sculptures. https://www.liaworks.

com/theprojects/filament-sculptures.

143. Csuri, Charles A. *Numeric Milling*. 1968. Computational wood sculpture created with punch cards, an IBM 7094, and a 3-axis milling machine. https://csuriproject.osu.edu/index.php/Detail/objects/769.

144. Ijeoma, Ekene. *Wage Islands*. 2015. Interactive installation and data visualization. New York. https://studioijeoma.com/Wage-Islands.

145. Segal, Adrien. *Wildfire Progression Series*, 2017. Data-driven sculpture. https://www.adriensegal.com/wildfire-progression.

146. Ghassaei, Amanda. *3D Printed Record*. 2012. System for rendering audio files as 3D-printed 33RPM records. https://www.instructables.com/id/3D-Printed-Record.

147. Binx, Rachel, and Sha Huang. *Meshu*. 2012. System for rendering geodata as 3D-printed accessories. http://www.meshu.io/about.

148. Chung, Lisa Kori, and Kyle McDonald. *Open Fit Lab*. 2013. Performance producing custom-tailored pants for audience members. http://openfitlab.com.

149. Allahyari, Morehshin. *Material Speculation: ISIS; King Uthal*. 2015–2016. 3D-printed resin and electronic components. 12 x 4 x 3.5" (30.5 x 10.2 x 8.9 cm). http://www.morehshin.com/material-speculation-isis/.

虚拟公共雕塑

150. Matsuda, Keiichi. *HYPER-REALITY*. 2016. Augmented reality futuristic cityscape. http://km.cx/projects/hyper-reality.

151. Shaw, Jeffrey. *Golden Calf*. 1994. Augmented reality idol with custom hardware. https://www.jeffreyshawcompendium.com/portfolio/golden-calf. Image: Ars Electronica '94, Design Center Linz, Linz, Austria, 1994.

152. Bailey, Jeremy. *Nail Art Museum*. 2014. Augmented reality miniature museum.

https://www.jeremybailey.net/products/nail-art-museum.

153. Y&R New York. *The Whole Story*. 2017. Augmented reality public statuary. https://play.google.com/store/apps/details?id=ca.currentstudios.thewholestory.

154. Skwarek, Mark, and Joseph Hocking. *The Leak In Your Hometown*. 2010. Augmented reality protest app triggered by BP's logo. https://theleakinyourhometown.wordpress.com.

155. Shafer, Nathan, and the Institute for Speculative Media. *The Exit Glacier Augmented Reality Terminus Project*. 2012. Augmented reality climate data visualization app. Kenai Fjords National Park. http://nshafer.com/exitglacier.

156. Raupach, Anna Madeleine. *Augmented Nature*. 2019. Augmented reality project series using natural objects with data visualization. http://www.annamadeleine.com/augmented-nature.

外化身体

157. Jones, Bill T., and Google Creative Lab. *Body, Movement, Language*. 2019. Pose model experiments. https://experiments.withgoogle.com/billtjonesai. Image courtesy of Google Creative Lab.

158. Akten, Memo, and Davide Quayola. *Forms*. 2012. Digital renderings. https://vimeo.com/38017188. This project was commissioned by the National Media Museum, with the support of imove, part of the Cultural Olympiad programme. Produced by Nexus Interactive Arts.

159. Universal Everything. *Walking City*. 2014. Video sculpture. https://vimeo.com/85596568.

160. Groupierre, Karleen, Adrien Mazaud, and Sophie Daste. *Miroir*. 2011. Interactive augmented reality installation. http://vimeo.com/20891308.

161. YesYesNo. *Más Que la Cara*. 2016.

Interactive installation. https://www.instagram.com/p/BDxsVZ0JNpm/. Discussed in Lieberman, Zach. "Más Que la Cara Overview." Medium, posted April 3, 2017. https://medium.com/@zachlieberman/m%C3%A1s-que-la-cara-overview-48331a0202c0.

联觉乐器

162. Pereira, Luisa, Yotam Mann, and Kevin Siwoff. *In C*. 2015. Evolving web-based interactive audiovisual score and performance. http://www.luisapereira.net/projects/project/in-c.

163. Pitaru, Amit. *Sonic Wire Sculptor*. 2003. Audiovisual composition and performance instrument. https://www.youtube.com/watch?v=ji4VHWTk8TQ.

164. Van Gelder, Pia. *Psychic Synth*. 2014. Interactive audiovisual installation powered by brain waves. https://piavangelder.com/psychicsynth.

165. Brandel, Jono, and Lullatone. *Patatap*. 2012. Audiovisual composition and performance instrument. https://works.jonobr1.com/Patatap.

166. Clayton, Jace. *Sufi Plug Ins*. 2012. Suite of music-making apps with poetic interface. http://www.beyond-digital.org/sufiplugins.

167. Hundred Rabbits (Rekka Bellum and Devine Lu Linvega). *ORCA*. 2018–2020.

课堂练习

(p. 152) Aliyu, Zainab. *p5.js Self-Portrait*. Student project from 15-104: Computation for Creative Practices, Carnegie Mellon University, 2015. http://cmuems.com/2015c/.

(p. 178) Blankensmith, Isaac. *ANTI-FACE-TOUCHING MACHINE*. Interactive software presented on Twitter, March 2, 2020. https://twitter.com/Blankensmith/status/1234603129443962880.

(p. 179) MSCHF (Gabriel Whaley et al.).

MSCHF Drop #12: This Foot Does Not Exist. Software and text message service. 2020. https://thisfootdoesnotexist.com/.

(p. 179) Pietsch, Christopher. *UMAP Plot of the OpenMoji Emoji Collection*. Presented on Twitter, April 15, 2020. https://twitter.com/chrispiecom/status/1250404420644454406/.

缘起

(p. 239) Stoiber, Robert. Student artwork. In Schneeberger, Reiner. "Computer Graphics at the University of Munich (West Germany)," *Computer Graphics and Art* 1, no. 4 (November 1976): 28, http://dada.compart-bremen.de/docUploads/COMPUTER_GRAPHICS_AND_ART_Nov1976.pdf.

(p. 240) Wilson, Mark. "METAFACE". Generated face designs. In *Drawing with Computers* (New York: Perigee Books, 1985), 18. http://mgwilson.com/Drawing%20with%20Computers.pdf.

(p. 241) Maeda, John. "Problem 2A — Time Display". Assignment from *MAS.961: Organic Form* (MIT Media Lab, fall 1999). https://web.archive.org/web/20000901042632/http://acg.media.mit.edu/courses/organic/, accessed January 18, 2000. Screenshot courtesy Casey Reas.

(p. 242) Vojir, Lukas. *Processing Monsters*. 2008. Website with contributed interactive sketches. https://web.archive.org/web/20090304170310/http://rmx.cz/monsters/.